Ai

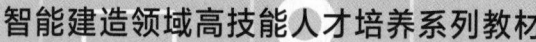

智能建造领域高技能人才培养系列教材

智慧施工组织设计

广联达科技股份有限公司　组织编写

主　编　朱仕香　韩琪

副主编　祁巧艳　林泽昱　曹世勇　胡功垒

主　审　田卫

中国教育出版传媒集团

高等教育出版社·北京

内容提要

本书是智能建造领域高技能人才培养系列教材之一。全书以智能建造理念为基础，以楚雄职教办公楼工程项目为载体，介绍项目施工组织设计文件的编制和应用场景。内容包括认知智慧施工组织设计、编制工程概况、编制施工部署、编制施工进度计划、编制施工准备及资源配置计划、编制施工方案、编制施工现场平面布置图、编制施工管理计划八个模块。本书以"理论＋智慧实践应用"的方式，将理论知识融入各模块的任务教学中，围绕工程案例，结合广联达斑马梦龙、场布策划、模架分析等数字化工具开展情景式教学，有助于培养学生运用理论知识解决实际问题的能力和创新能力。

本书可作为应用型本科院校、高等职业院校智能建造相关专业的课程教材，亦可作为建筑行业从业人员自学参考用书和建筑企业培训教材。

授课教师如需要本书配套的教学课件等资源，请登录"高等教育出版社产品信息检索系统"（https://xuanshu.hep.com.cn/）免费下载。

图书在版编目（CIP）数据

智慧施工组织设计 / 广联达科技股份有限公司组织编写；朱仕香，韩琪主编. -- 北京：高等教育出版社，2025. 8. --ISBN 978-7-04-063804-2

Ⅰ. TU721.1

中国国家版本馆 CIP 数据核字第 20250SM865 号

ZHIHUI SHIGONG ZUZHI SHEJI

策划编辑	刘东良	责任编辑	刘东良	封面设计	李卫青	版式设计	李彩丽
责任绘图	马天驰	责任校对	马鑫蕊	责任印制	耿 轩		

出版发行	高等教育出版社	网　址	http://www.hep.edu.cn	
社　址	北京市西城区德外大街 4 号		http://www.hep.com.cn	
邮政编码	100120	网上订购	http://www.hepmall.com.cn	
印　刷	鸿博昊天科技有限公司		http://www.hepmall.com	
开　本	787mm×1092mm　1/16		http://www.hepmall.cn	
印　张	18.5			
字　数	430 千字	版　次	2025 年 8 月第 1 版	
购书热线	010-58581118	印　次	2025 年 8 月第 1 次印刷	
咨询电话	400-810-0598	定　价	49.80 元	

编审委员会

（排名不分先后）

主任

赵宪忠　同济大学

副主任

钱　锋　广联达科技股份有限公司
谢利娟　深圳职业技术大学
徐锡权　日照职业技术学院
叶　雯　广州职业技术大学
袁利国　河北工业职业技术大学

委员

编写委员会

智能建造是我国建筑业转型升级和实现建筑新型工业化体系的重要过程和核心成果，也是我国信息化社会建设的重要组成部分。自2018年同济大学率先开设智能建造专业至今，全国已有230多所高等院校设置了智能建造相关专业，这充分体现了广大院校对智能建造领域新专业的积极关注和主动参与。智能建造专业是在原有土建类专业基础上引入"机器代人"施工，融合了大数据、人工智能、物联网等新技术、新模式、新平台的新兴跨界融合专业，对实现以"互联网＋建筑业"为标志的建筑业新业态具有积极意义。

随着智能建造相关专业办学点数量的快速增长，院校在人才培养方面也面临着诸多有待破解的难题。在专业培养目标、人才规格、对应岗位等顶层设计基本完成之后，如何开辟产教融合畅通渠道，如何实现"想法与做法相互支撑"，如何设计出教育教学过程中的"有效落地手段"，如何配置好一流的教学平台与资源，已经成为今后一个时期专业建设发展的关键要素。就教材建设而言，亟待解决的问题主要有：一是适应智能建造相关专业教学的教材开发相对滞后，各院校对优质、适用、特色鲜明、成套系编写的教材需求急迫；二是软件应用、自动控制、机电及大数据等"跨界课程"，如何为专业服务、如何进入专业和设计教学空间，也需要高水平的教材来引领；三是与实际工程对接紧密，行动导向或理实一体化的新形态教材整体缺失，对专业与课程的创新发展促进作用不突出。院校亟需一套兼顾"前沿"与"系统"、"交叉"与"专业"、"理论"与"实践"的教材。

近年来，国家和有关部委陆续出台了一系列推动智能建造与建筑工业化协同发展的系列文件，为了服务国家发展战略，紧跟建筑行业转型升级和数字化发展趋势，助力培养新业态背景下行业所需的智能建造人才，高等教育出版社和广联达科技股份有限公司合作组织编写了智能建造领域高素质技术技能人才培养系列教材。系列教材由12本涵盖智能建造相关专业技术和管理领域，并兼顾专业通识和专业拓展功效的教材组成，拟分批陆续出版发行。本套教材有以下三个方面的特点：一是突出了立德树人，系列教材深入贯彻党的二十大报告提出的"深入实施人才强国战略""努力培养造就更多大师、战略科学家、一流科技领军人才和创新团队、青年科技人才、卓越工程师、大国工匠、高技能人才"的要求，充分挖掘教材的思政元素，将社会主义核心价值观、家国情怀、专业素养和工匠精神融入学习任务中，为培养造就德才兼备的高层次、高素质智能建造技术技能人才提供支撑；二是突出了应用性，系列教材基于对行业发展及岗位能力迁移的整体思考，融入了广联达科技股份有限公司"四流一体"（即业务流、数据流、案例流、教学流）的培养培训模式，建立整体编写框架思维，各本教材通过一个典型的工程案例来展开内容，从项目"立项→设计→施工→交付→运维"的全生命周期中进行业务流、数据流的演示，通过各阶段实体及虚拟数字孪生模型的任务要求，完成各阶段需要产生的成果，形成完整的案例流，达到完整的一体化教学的目的；三是创新了呈现形式，系列教材积极响应教学创新的实际需要，突出职业教育的应用性特色，深入挖掘"项目式、任务式"教材内涵，采用"模块→项目→任务"分层进行整体设计，创新应用了"任务引入→知识准备→任务实施→知识拓展"的教材框架结构，以项目驱动教学活动开展，积极探索"内化于心，外化于形"的理念。

　　本系列教材在广泛调查研究、认真研讨论证的基础上，由校企协同团队开发编写，相信一定会对智能建造人才培养起到支撑促进作用，成为教师授课的有力助手，学生学习的有效资源，业内人士培训的教学范本。希望本系列教材的出版，能够助力智能建造人才培养体系的完善与优化，为行业培养出更多德才兼备的高层次、高素质智能建造人才，为我国建筑业实现高质量发展、早日建成世界一流的建筑业强国贡献力量。

党的二十大报告提出，培养造就大批德才兼备的高素质人才，是国家和民族长远发展大计。本书紧紧围绕党的二十大精神，体现专创融合目标，为培养造就智能建造领域德才兼备的高素质技能人才提供支撑。

当前，我国经济正由高速增长阶段转向高质量发展阶段，建筑业作为国民经济的支柱产业之一，亟需通过转型升级实现高质量发展，因此需要建筑行业不断融合大数据、云计算、物联网、建筑信息模型（BIM）、人工智能等新一代信息技术和手段，大力推进智能建造技术的发展和应用，并提升从业人员的综合素质和能力。智能建造时代对编写智慧施工组织设计教材提出了新的要求，需要从项目总承包角度考虑施工建造、与设计阶段衔接、与数字化建造匹配，以及满足当前智能建造及工业化应用场景。

本书基于楚雄职教办公楼工程项目的实践案例展开相关教学内容，将项目施工组织设计文件的编制业务活动进行模块化任务分解，实施施工组织设计文件编制的实战演练。本书涵盖了施工组织设计文件编制的相关知识、技能要求，施工员岗位技能要求，"1+X"建筑信息模型（BIM）职业技能等级证书的考评要求，BIM建模与应用大赛的技术规程要求，实现了"岗课赛证"的融通。通过任务驱动引导学生探究理论知识，并会运用所学知识进行实践应用，将理论学习与技能实践融为一体。

本书将信息化手段和课程思政融入传统教学中，注重培养职业技能和培养职业素养。结合教学内容，弘扬劳模精神、劳动精神和工匠精神，树立安全意识、规范意识、质量意识、绿色意识、创新意识和工程思维意识，将价值塑造、知识传授和能力培养融为一体。

限于编者水平有限，书中难免有不当之处，恳请读者批评指正。

编者

2025 年 3 月

目录

1 模块一
认知智慧施工组织设计
任务 1　建筑施工组织设计基本知识　/3
任务 2　施工组织设计中智慧施工的应用　/13

21 模块二
编制工程概况
任务　工程概况的编制　/23

31 模块三
编制施工部署
任务 1　施工组织机构及施工目标　/33
任务 2　施工进度安排和空间组织　/42

51 模块四
编制施工进度计划
任务 1　流水施工的原理　/53
任务 2　网络计划技术　/84
任务 3　BIM 施工进度计划的编制　/128

149 模块五
编制施工准备及资源配置计划
任务 1　施工准备工作计划的编制　/151
任务 2　资源配置计划的编制　/160

173 模块六
编制施工方案

　　任务1　主要分部（分项）工程施工方案的编制　/175

　　任务2　BIM 脚手架模板专项施工方案的编制　/214

225 模块七
编制施工现场平面布置图

　　任务1　施工现场平面布置图的内容及要点　/227

　　任务2　BIM 施工现场平面布置　/249

265 模块八
编制施工管理计划

　　任务　施工管理计划的编制　/267

283 参考文献

模块一
认知智慧施工组织设计

【学习目标】

知识目标:

1. 了解工程项目的划分方法。

2. 掌握施工组织设计文件的分类、作用、内容及审批程序。

3. 熟悉工程施工中智慧施工组织设计的应用。

能力目标:

1. 能进行工程项目的划分。

2. 能阐述不同施工组织设计文件的编制内容及审批程序。

3. 能阐述 BIM 技术在施工组织设计中的应用价值。

素养目标:

1. 培养精益求精、追求卓越的工匠精神。

2. 培养突破陈规、大胆探索、勇于创新的思想观念。

3. 具有良好的思想品德和吃苦耐劳的职业素养。

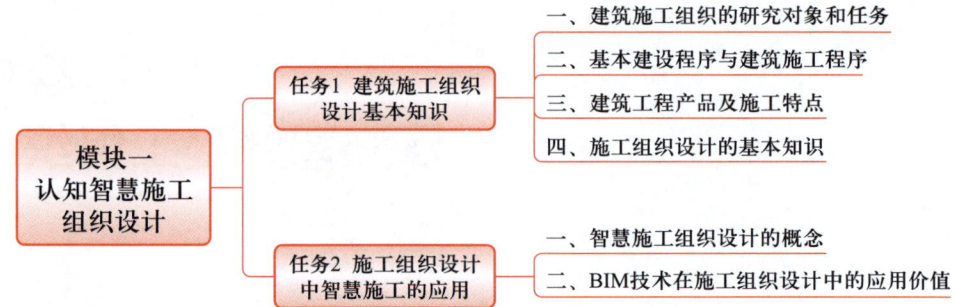

任务1 建筑施工组织设计基本知识

【任务引入】

施工总承包单位楚雄建设发展有限公司中标楚雄职教办公楼工程项目，该项目位于××市北部。工程采用钢筋混凝土框架结构体系，工期目标为365日历天。施工总承包单位总工程师广小智会同各单位开展项目施工组织总设计文件的编制，要求根据给定的楚雄职教办公楼工程项目，完成施工组织总设计文件编制大纲的拟定，并明确其编制依据。

楚雄职教办公楼工程项目资料

【知识链接】

1. 建筑施工组织的研究对象和任务

（1）建筑施工组织的研究对象

随着经济的发展和施工技术的进步，建筑产品的施工生产已成为一项多人员、多工种、多专业、多设备、高技术、信息化、工业化、现代化的综合而复杂的系统工程。要提高工程质量、缩短施工工期、降低工程成本、实现安全文明施工，就必须运用科学的方法进行施工管理，统筹施工全过程。

建筑施工组织是以所有建筑产品（包括建筑物和构筑物）为研究对象，针对工程施工的复杂性，研究工程建设的统筹安排与系统管理的客观规律，制定建筑工程施工最合理的组织与管理方法的一门科学。它是推进建筑企业技术进步，加强现代化施工管理的核心。

（2）建筑施工组织的任务

建筑施工组织的任务是：在党和政府有关建筑施工方针、政策的指导下，从施工全局出发，根据具体条件，以最优的方式解决施工组织问题，对施工的各项活动作出全面、科学的规划和部署，使人力、物力、财力、技术资源得以充分利用，达到优质、低耗、高速完成施工任务的目的。

2. 基本建设程序与建筑施工程序

（1）基本建设及基本建设程序

1）基本建设的定义

基本建设是指国民经济部门为实现新的固定资产生产而开展的一种经济活动，它涵盖了设备购置、安装和建筑生产活动以及与其联系的其他有关工作。

基本建设是一个物质资料再生产的动态过程，这个过程概括起来，就是将一定的建筑材料、机械设备等转换为固定资产，形成新的生产能力和使用效益的建设工作。与之相关的其他工作，如土地征用、勘察设计、房屋拆迁、招投标、工程监理等也是基本建设的组成部分。

基本建设程序

2）基本建设程序

基本建设程序是指一项建设工程从设想、提出、决策，经过设计、施工，直至投产或交付使用的整个过程中应遵循的内在规律。

基本建设程序是建设项目在整个建设过程中各项工作必须遵循的先后顺序和客观规律。基本建设程序包括项目建议书、可行性研究、勘察设计、施工准备（包括招投标）、建设实施、生产准备、竣工验收、交付使用和项目后评价九个阶段。这九个阶段基本上反映了建设工作的全过程。九个阶段可以进一步概括为项目决策、建设准备、工程实施三大阶段。

（2）基本建设项目及其组成

建设项目
及其组成

基本建设项目简称建设项目，凡是按一个总体设计组织施工，建成后具有完整的系统，可以独立地形成生产能力或使用价值的建设工程，都称为一个建设项目。如一所学校的建设便是一个独立的建设项目。

1）基本建设项目的分类

基本建设项目的分类有以下几种方法：

① 按项目建设规模的大小，可分为大型建设项目、中型建设项目、小型建设项目。

② 按建设项目的性质，可分为新建建设项目、扩建建设项目、改建建设项目、恢复建设项目、迁建建设项目等。

③ 按建设项目的投资主体，可分为国家投资建设项目、地方政府投资建设项目、企业投资建设项目、合资企业以及各类投资主体联合投资建设项目。

④ 按建设项目的用途，可分为生产性建设项目和非生产性建设项目。

2）基本建设项目的组成

按照基本建设项目分解管理的需要，可将基本建设项目分解为单项工程、单位工程（子单位工程）、分部工程（子分部工程）、分项工程、检验批，如图1-1-1所示。

① 单项工程。

具有独立的设计文件，竣工后能单独发挥设计所规定的生产能力或效益的一组工程项目称为单项工程。如某工厂建设项目中的生产车间、办公楼、住宅等即可称为单项工程；某学校建设项目中的教学楼、食堂、宿舍等也可称为单项工程。

② 单位工程（子单位工程）。

单位工程（子单位工程）是指具有单独设计和独立施工条件，不能独立发挥生产能力或效益的工程，它是单项工程的组成部分。如学校教学楼由土建工程、给排水工程、电气照明工程等单位工程组成。

③ 分部工程（子分部工程）。

分部工程（子分部工程）是建筑物按单位工程（子单位工程）的部位、专业性质划分的工程，即单位工程（子单位工程）的进一步分解。如一幢房屋的建筑工程，可以划分为土建工程分部和安装工程分部，而土建工程分部又可划分为地基与基础、主体结构、建筑装饰装修和建筑屋面四个分部工程。

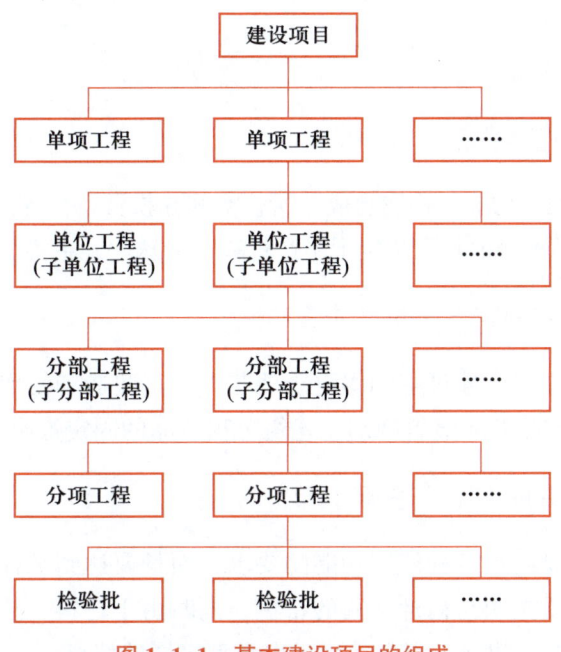

图 1-1-1 基本建设项目的组成

当分部工程（子分部工程）较大或较复杂时，可按材料种类、施工特点、施工程序、专业系统及类别等划分为若干子分部工程。如主体结构分部工程可以划分为混凝土结构、钢筋（管）混凝土结构、砌体结构、钢结构、木结构、网架和索膜结构等子分部工程。

④ 分项工程。

分项工程是分部工程（子分部工程）的组成部分，一般是按主要工种、材料、施工工艺、设备类别等进行划分。例如，混凝土结构工程中按主要工种分为钢筋工程、模板工程、混凝土工程等分项工程；按施工工艺分为预应力结构、现浇结构、装配式结构等分项工程。分项工程是建筑施工生产活动的基础，也是计量工程用工用料和机械台班消耗的基本单元。

⑤ 检验批。

分项工程可由一个或若干个检验批组成，检验批可根据施工及质量控制和专业验收的需要按照施工段、楼层、变形缝等进行划分。建筑工程地基基础分部工程中的分项工程一般划分为一个检验批；有地下层的基础工程按不同地下层划分为不同的检验批；屋面分部工程中的分项工程按照不同楼层屋面划分为不同的检验批；单层建筑工程中的分项工程按变形缝等划分检验批；多层及高层建筑工程中主体分部工程的分项工程按照楼层或施工段划分检验批。

（3）建筑施工程序

建筑施工程序是指工程建设项目在整个施工过程中各项工作必须遵循的先后顺序，是过去施工实际经验的总结，是施工过程中客观规律的必然反映，建筑施工的一般程序如下：

① 承接施工任务，签订承包合同。

② 全面统筹安排，做好施工规划。

③ 落实施工准备，提交开工报告。

④组织施工。

⑤竣工验收、交付使用。

3. 建筑工程产品及施工特点

建筑工程产品在体型、功能、构造组成、所处空间和投资特征等方面，较其他产品存在明显的差异。建筑工程产品本身的特点决定了生产过程的特殊性，主要表现在以下几个方面。

（1）建筑工程产品的固定性与生产的流动性

各种建筑物和构筑物都是通过基础固定于地基上，其建造和使用地点在空间上是固定不动的，这与一般的工业产品有着显著区别。建筑工程产品的固定性决定了生产的流动性。

（2）建筑工程产品的多样性与生产的单件性

建筑工程产品不但要满足各种使用功能的要求，而且要达到某种艺术效果，体现出地区特点、民族风格以及物质文明与精神文明的特色，同时由于材料、技术经济和地区自然条件等多种因素的影响和制约，建筑工程产品呈现出类型多样的特点。

建筑工程产品的固定性和多样性决定了生产的单件性，即每一个建筑工程产品必须单独计量和组织施工，不可批量生产。

（3）建筑工程产品的庞大性与生产的综合性、协作性

为了达到使用功能的要求，满足所用材料的物理、力学性能要求，建筑工程产品需要占据广阔的平面与空间，耗用大量的物质资源，因而体型大、高度大、重量大。这些特点对材料运输、安全防护、施工周期、作业条件等方面会产生不利的影响，但是为各个专业的人员、机械设备在不同部位进行立体交叉作业创造了有利条件。

由于建筑工程产品体型庞大、构造复杂，建设、设计、施工、监理、构（配）件生产、材料供应、运输等各个方面以及各个专业施工单位之间要通力协作。企业内部要组织多专业、多工种的综合作业。

（4）建筑工程产品的复杂性与生产的干扰性

建筑工程产品涉及范围广、类别丰富、做法多样、形式多变，需使用数千种不同规格的材料；要由电力照明、通风空调、给排水、消防、电信和网络等多种系统共同组成；要使技术与艺术融为一体等，这都充分体现了建筑工程产品的复杂性。

建筑工程的实施过程会受政策法规、合同文件、设计图纸、人员素质、材料质量、能源供应、场地条件、周围环境、自然气候、安全隐患、基本特征与质量验收等多种因素的干扰和影响，因此必须在精神上、物质上做好充分准备，以提高抗干扰的能力。

（5）建筑工程产品投资大，生产周期长

建筑工程产品的生产属于基本建设的范畴，需要投入大量的资金。工程量大、工序繁

多、工艺复杂、交叉等待多，再加上各种因素的干扰，使得生产周期较长，占用流动资金较大。建设单位（业主）为了及早使投资发挥效益，往往限制工期。施工单位为获得较好的效益，需寻求合理工期，并恰当安排资源投入。

4. 施工组织设计的基本知识

（1）施工组织设计的概念

施工组织设计概论

施工组织设计是以施工项目为对象编制的，用以指导施工的技术、经济和管理的综合性文件。即根据拟建工程的特点，对人力、材料、机械、资金、施工方法等方面的因素作全面分析，科学合理地进行安排，从而形成指导拟建工程施工全过程各项活动的综合性文件，它不仅包含技术方面的内容，同时还涵盖了施工管理和造价控制方面的内容。

（2）施工组织设计的必要性与作用

1）施工组织设计的必要性

编制施工组织设计，既有利于反映客观实际，符合建筑产品及施工特点的要求，也是建筑施工在工程建设中的地位决定的，更是建筑施工企业经营管理程序的需要。编制并贯彻施工组织设计，可以保证拟建工程施工的顺利进行，使建筑施工取得好、快、省和安全的施工效果。

2）施工组织设计的作用

① 施工组织设计既是施工准备工作的重要组成部分，又是做好施工准备工作的主要依据和重要保证。

② 施工组织设计是对拟建工程施工全过程实行科学管理的重要手段，是编制施工预算和施工计划的主要依据，是建筑企业合理组织施工和加强项目管理的重要措施。

③ 施工组织设计是检查工程施工进度、质量、成本三大目标的依据，是建设单位与施工单位之间履行合同、处理关系的主要依据。

（3）施工组织设计的分类、内容及编制审批

施工组织设计按编制对象的不同，可分为施工组织总设计、单位工程施工组织设计和施工方案。

1）施工组织总设计

施工组织总设计是以若干单位（子单位）工程组成的群体工程或特大型项目为主要对象编制的施工组织设计，对整个项目的施工过程起统筹规划、重点控制的作用。

施工组织总设计经过招投标确定总包单位以后，在总包单位的总工程师的主持下，由其会同建设单位、设计单位、分包单位的相应工程师共同编制，由总承包单位技术负责人负责审批。

施工组织总设计主要内容包括：工程概况、总体施工部署、施工总进度计划、总体施工准备与主要资源配置计划、主要施工方法、施工总平面布置等。施工组织总设计是编制单项（单位）工程施工组织设计的依据。

2）单位工程施工组织设计

单位工程施工组织设计是以单位（子单位）工程为主要对象编制的施工组织设计，对单位（子单位）工程的施工过程起指导和制约作用。

单位工程施工组织设计是在签订相应工程施工合同之后，在项目经理的组织下，由项目工程师负责编制，由施工单位技术负责人或技术负责人授权的技术人员负责审批。

单位工程施工组织设计主要内容包括：工程概况、施工部署、施工进度计划、施工准备与资源配置计划、主要施工方案、施工现场平面布置等。单位工程施工组织设计是编制分部（分项）工程施工组织设计的依据。

3）施工方案

施工方案是以分部（分项）工程或专项工程为主要对象编制的施工技术与组织方案，用以具体指导其施工过程。

施工方案是在编制单项（单位）工程施工组织设计的同时，由项目主管技术人员负责编制。施工方案应由项目技术负责人审批；重点、难点分部（分项）工程和专项工程施工方案应由施工单位技术部门组织相关专家评审，由施工单位技术负责人审批；由专业承包单位施工的分部（分项）工程或专项工程的施工方案应由专业承包单位技术负责人或技术负责人授权的技术人员审批（若有总承包单位，应由总承包单位项目技术负责人审批）；规模较大的分部（分项）工程和专项工程的施工方案应按单位工程施工组织设计进行编制和审批。

施工方案主要内容包括：工程概况、施工安排、施工进度计划、施工准备与资源配置计划、施工方法及工艺要求等。施工方案是项目专业工程具体实施的依据。

（4）施工组织设计的编制程序

施工组织总设计的编制程序如图 1-1-2（a）所示；单位工程施工组织设计的编制程序如图 1-1-2（b）所示；施工方案组织设计的编制程序如图 1-1-2（c）所示。

（5）施工组织设计的编制依据

施工组织设计文件应以下列内容作为编制依据：

① 与工程建设有关的法律、法规和文件。

② 国家现行有关标准和技术经济指标。

③ 工程所在地区行政主管部门的批准文件。

④ 工程施工合同或招投标文件，建设单位对施工的要求。

⑤ 工程设计文件。

⑥ 工程施工范围内的现场条件，工程地质及水文地质、气象等自然条件。

⑦ 与工程有关的资源供应情况。

⑧ 施工企业的生产能力、机具设备状况、技术水平等。

（6）施工组织设计的编制原则

在编制施工组织设计和组织项目施工时，应遵守以下原则：

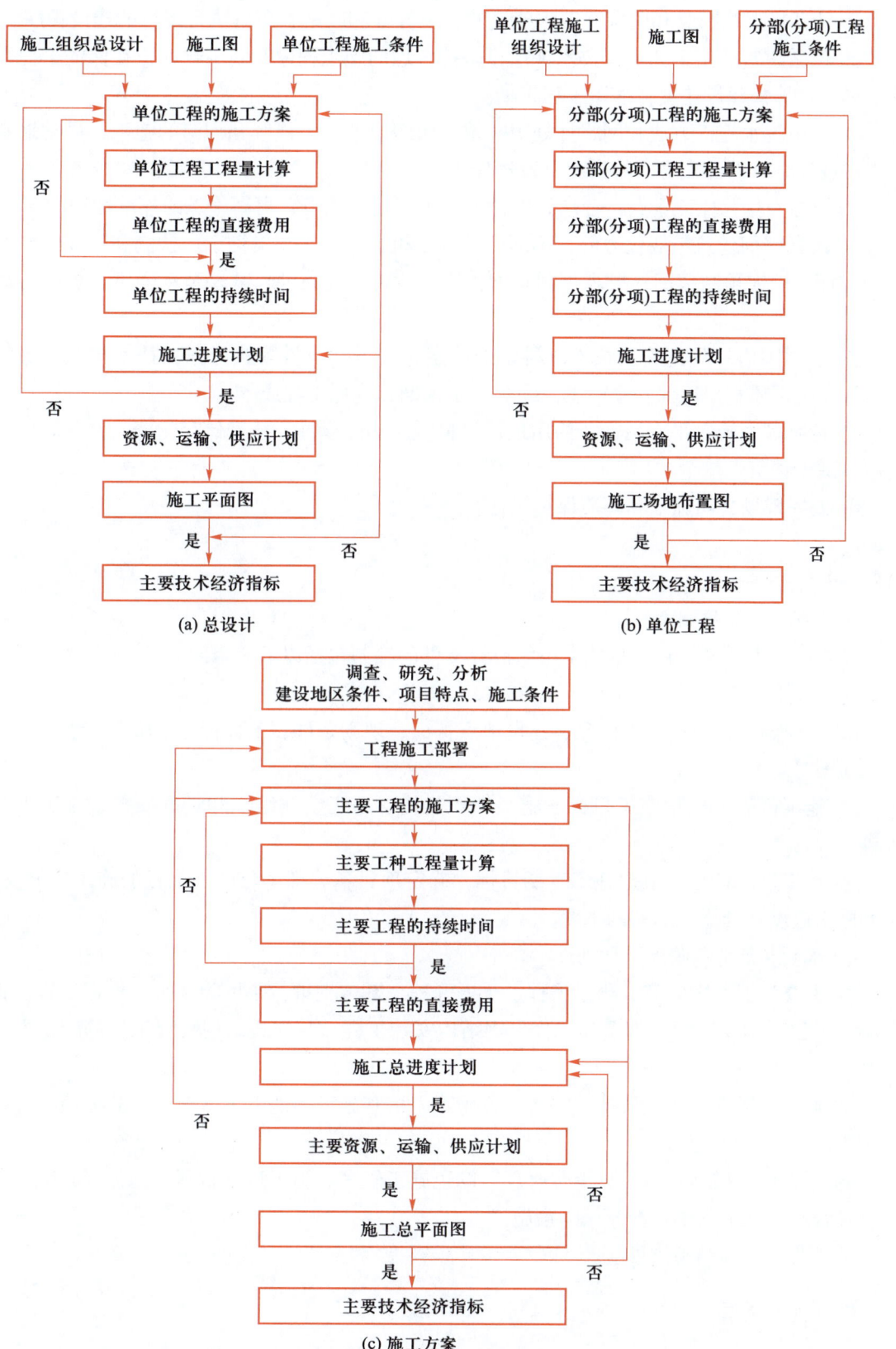

图 1-1-2 施工组织设计的编制程序

①认真贯彻执行党和国家对工程建设的各项方针和政策，严格执行现行的建设程序。

②遵循建筑施工工艺及其技术规律，坚持合理的施工程序和施工顺序，在保证工程质量的前提下，加快建设速度，缩短工程工期。

③采用流水施工方法和网络计划等技术，组织有节奏、连续和均衡的施工，科学地安排施工进度计划，保证人力、物力充分发挥作用。

④统筹安排，保证重点，合理地安排冬、雨期施工项目，提高施工的连续性和均衡性。

⑤认真贯彻建筑工业化方针，不断提高施工机械化水平，贯彻工厂预制和现场预制相结合的方针，扩大预制范围，提高预制装配程度；改善劳动条件，减轻劳动强度，提高劳动生产率。

⑥采用国内外先进施工技术，科学地确定施工方案，贯彻执行施工技术规范、操作规程，提高工程质量，确保安全施工，缩短施工工期，降低工程成本。

⑦精心规划施工平面图，节约用地；尽量减少临时设施，合理储存物资，充分利用当地资源，减少物资运输量。

⑧做好现场文明施工和环境保护工作。

⚛ 【任务实施】

第一步　确定编制大纲

楚雄职教办公楼工程项目施工组织设计文件的编制包括以下8个部分：

①编制依据。

②工程概况：包括工程概况、建设地点特征、现场条件、工程特点、施工重点、难点分析及对策等。

③施工部署：包括施工目标、施工组织机构、施工空间组织和进度安排、施工工艺流程等。

④施工进度计划：根据施工工期目标，确定项目各分部（分项）工程的施工进度安排，绘制施工进度计划横道图和网络图。

⑤施工准备与资源配置计划。

⑥主要施工方案：完成测量工程、土方开挖、基坑支护、基坑降排水、模板工程、钢筋混凝土工程、砌体工程、脚手架工程、钢结构安装工程、装配式结构安装工程等施工方案的编制。

⑦施工现场平面布置设计：完成土方施工、桩基施工、地下主体施工、装饰施工等各阶段施工现场平面布置设计。

⑧施工保障措施：包括总承包管理、绿色施工管理、施工进度管理、施工成本管理、施工质量管理、施工安全管理等保障措施。

第二步　明确编制依据

（1）施工合同

楚雄职教办公楼工程项目施工合同文件。

（2）施工图纸

楚雄职教办公楼工程项目建筑图、结构图、给排水图、暖通图、电气图、弱电图等。

（3）主要规范、规程、标准

《建筑施工组织设计规范》（GB/T 50502—2022）、《混凝土结构工程施工规范》（GB 50666—2011）、《建筑工程施工质量验收统一标准》（GB 50300—2013）、《混凝土结构工程施工质量验收规范》（GB 50204—2015）等。

（4）主要图集

《建筑构造通用图集》（88 J1～14）、《混凝土结构施工图平面整体表示方法制图规则和构造详图》（22 G101-1～3）等。

（5）主要法律、法规

《中华人民共和国建筑法》《中华人民共和国消防法》《中华人民共和国安全生产法》《中华人民共和国环境保护法》《建设工程质量管理条例》《建设工程安全生产管理条例》《危险性较大的分部分项工程安全管理规定》等。

（6）其他

《楚雄职教办公楼工程项目岩土工程勘察报告》、ISO 9001 质量管理体系、ISO 14001 环境管理体系、OHSAS 18001 职业健康与安全管理体系、企业制定的《质量、环境及职业安全健康管理手册》以及总承包管理、技术管理、质量管理、安全管理、文明施工管理文件等。

❀【学习自测】

一、单项选择题

1. 具有独立的设计文件，在竣工投产后可以发挥效益或生产能力的车间生产线或独立工程称为（　　）。

A. 建设项目　　　　　　　　　　B. 单项工程

C. 单位工程　　　　　　　　　　D. 分部工程

2. 具有单独设计和独立施工条件，不能独立发挥生产能力或效益的工程称为（　　）。

A. 建设项目　　　　　　　　　　B. 单项工程

C. 单位工程　　　　　　　　　　D. 分部工程

3. 施工组织总设计是以若干（　　）为编制对象，用以指导全局性施工全过程的各项施工活动综合技术经济性文件。

A. 单位工程　　　　　　　　　　B. 分项工程

C. 分部工程　　　　　　　　　　D. 工程项目

4. 施工方案是以（　　）为主要对象编制的施工技术与组织方案，用以具体指导其施工过程。

    A. 单项工程   B. 单位工程

    C. 分部（分项）工程   D. 工程项目

    5. 单位工程施工组织设计是在项目经理组织下，由项目工程师负责编制，（   ）负责审批。

    A. 总承包单位技术负责人

    B. 施工单位技术负责人或技术负责人授权的技术人员

    C. 专业承包单位技术负责人或技术负责人授权的技术人员

    D. 项目技术负责人

    6. 施工组织总设计在总包单位的总工程师主持下，由其会同建设单位、设计单位、分包单位的相应工程师共同编制，（   ）负责审批。

    A. 总承包单位技术负责人

    B. 施工单位技术负责人或技术负责人授权的技术人员

    C. 专业承包单位技术负责人或技术负责人授权的技术人员

    D. 项目技术负责人

    7. 下列（   ）不是单位工程施工组织设计的主要内容。

    A. 工程概况及施工特点   B. 施工进度计划

    C. 工程设备供应商   D. 施工平面图

二、技能实训

背景资料：某房建工程地上 20 层，地下 2 层，建筑面积为 43 210 m²，采用筏板地基，地上部分为框架剪力墙结构。某省建筑安装工程总公司中标施工总承包，中标价 1.56 亿元人民币。质量目标：合格，争创"鲁班奖"。工期：2020 年 1 月 1 日至 2022 年 1 月 1 日。该省建筑安装工程总公司授权其全资子公司——第一分公司组织实施。施工单位成立了直营项目经理部，并于 2019 年 12 月 15 日进场，2019 年 12 月 16 日，建设单位组织相关方进行了场地书面交底和图纸交底。

施工过程中发生了如下事件：

事件一：2019 年 12 月 21 日，施工单位项目负责人组织了项目部首次会议。其中安排施工组织设计由项目技术负责人主持编制，项目技术负责人审核后上报第一分公司总工程师审批。

事件二：施工组织设计审批加盖受控章后，施工单位报送了监理单位。监理工程师认为，基本内容只有编制依据、工程概况、施工部署、施工进度计划四项，内容也不全。

问题：

1. 指出事件一中的不妥之处，并分别说明理由。

2. 事件二中，施工组织设计还应报送和发放哪些单位？

3. 事件二中，施工组织设计的基本内容还应包括哪些内容？

任务 2　施工组织设计中智慧施工的应用

◎【任务引入】

在互联网时代，随着建筑施工行业对信息化建设的探索不断深入，信息化建设越来越趋向具体工程项目的应用，通过信息技术的集成，改变传统管理方式，实现传统施工模式的变革，使施工现场更智慧化。目前 BIM 技术已广泛应用在施工组织设计中，使"智慧施工"策划成为可能，其主要特征是：应用信息系统自动采集项目的相关数据信息，结合项目施工环境、节点工期、施工组织、施工工艺等因素，为项目施工场地布置、施工机械选型、施工进度安排、施工资源计划制定、施工方案优化等内容提供智能决策或辅助决策的数据。施工总承包单位总工程师广小智要求各单位以 BIM 技术的应用为基础，确定楚雄职教办公楼工程项目智慧化施工的应用点，完成施工组织设计文件的编制。

◎【知识链接】

1. 智慧施工组织设计的概念

随着新一轮科技革命和产业变革，以人工智能、大数据、物联网、云计算和区块链等为代表的新一代信息技术加速向各行业融合渗透。建筑业是我国国民经济的支柱产业，为我国经济的持续健康发展提供了有力支撑。2020 年，住房和城乡建设部、科技部、工信部等 13个部门联合印发《关于推动智能建造与建筑工业化协同发展的指导意见》，该指导意见为推进建筑工业化、数字化、智能化升级，加快建造方式转变，推动建筑业高质量发展指明了方向。同时还表明了如果施工阶段仍停留在传统的施工组织设计方式，则不能紧跟时代的步伐，因此必须拓展智能建造、建筑工业化的组织管理模式，其中施工组织设计需要从项目总承包角度考虑施工建造、与设计阶段衔接、与数字化建造匹配，以及满足当前智能建造及建筑工业化应用场景的需求。

在信息化时代，施工组织设计的数字化是发展的必然趋势。在智能建造与建筑工业化的协同发展中，"互联网"与建筑行业深度融合，围绕人、机、料、法、环等生产要素，充分利用人工智能、大数据、物联网、云计算和区块链等新一代信息技术，彻底改变了传统建筑施工现场参建各方现场管理的交互方式、工作方式和管理模式。基于信息时代下的施工组织设计具有网络集成化和建造数字化的特点。

智慧施工组织设计的内容以项目数字模型为信息数据基础，形成建筑信息模型（BIM），这些信息数据的汇集是不同阶段的建造信息流。

（1）前期数字模型

前期数字模型是指根据项目设计的功能生产的三维数字化模型。建造者首先利用模型进行虚拟仿真施工，检查其正确性、施工可行性；其次进行模型的碰撞检查，发现各专业的错、漏、碰问题，把问题解决在施工实施之前。前期数字模型是标前施工组织编制的基础，编制投标阶段的施工组织设计，强调符合招标文件的要求，以中标为目的，主要通过可视化、虚拟仿真展示施工单位的能力。基于前期数字模型的标前施工组织设计的内容见图1-2-1。

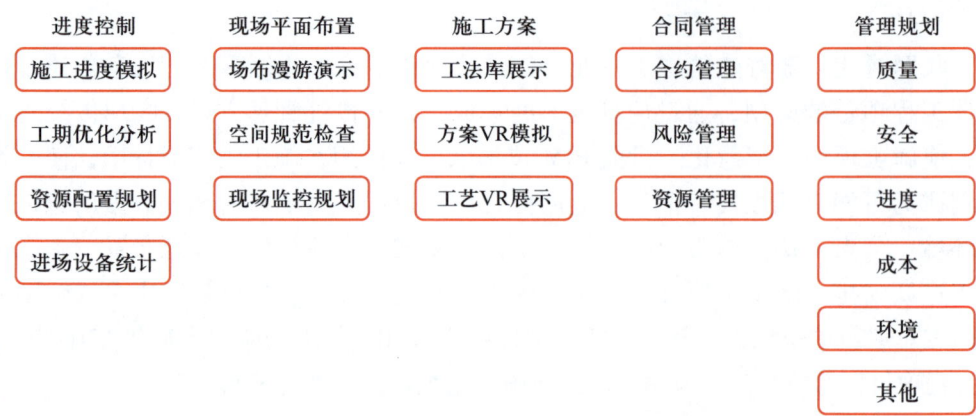

图1-2-1　基于前期数字模型的标前施工组织设计的内容

（2）中期数字模型

中期数字模型中包含了大量建造阶段的各类建造信息，在施工过程中，项目建造者的管理过程全部记载到建筑信息模型（BIM）中，而且与模型图元一一对应。中期数字模型属于项目管理产品的形成过程，由于这些信息是建造过程真实信息的记载，以记录性、可验证性、可追溯性为特征。编制实施阶段施工组织设计强调可操作性，同时鼓励企业进行技术创新。这个阶段的施工组织设计主要以优化施工安排（时间、空间）、采用科学的施工方法、应用先进的管理手段为主，体现的是针对性施工组织设计。基于中期数字模型的标前施工组织设计的内容见图1-2-2。

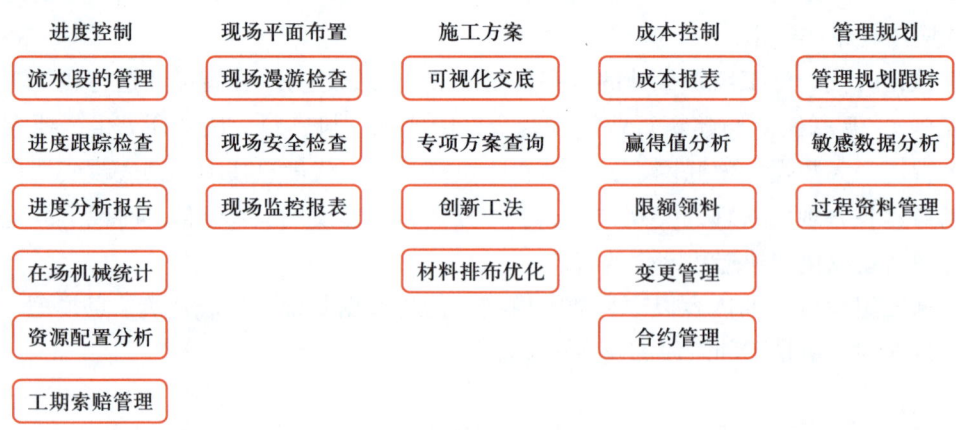

图1-2-2　基于中期数字模型的标前施工组织设计的内容

（3）后期数字模型

后期数字模型是指大量建造阶段的信息加载完成后形成的竣工信息模型，它是交付建设单位的数字化管理产品，在竣工交付的建设项目成果中，即有建设项目的实体，又有建筑信息模型（BIM），建筑信息模型（BIM）是城市信息模型（CIM）的基本单元。后期数字模型记载了建造过程信息，这些信息不但对建造过程具有可追溯性，而且为建设单位提供了固化的建造信息。这个阶段的施工组织设计主要贯彻企业的诚信经营理念，并注重保修回访服务。

综上，BIM技术很好地实现了施工组织设计的智慧化，也展现出仿真可视化、建造智能化、管理动态化的特征。传统施工组织设计无论从内容上还是形式上都发生着变化。

2021年3月16日，住房和城乡建设部办公厅印发《绿色建造技术导则（试行）》，标志着绿色发展理念融入了工程策划、设计、施工、交付的建造全过程。绿色施工策划需要通过绿色施工组织设计、绿色施工方案和绿色施工技术交底等文件的编制实现。践行"碳中和"理念，在建设各阶段必须践行低碳建造理念，采取节能施工措施、优化节能降耗施工方案、监管施工全过程排放、做好节能评估，这些指标必将成为绿色施工组织的核心内容。

2. BIM技术在施工组织设计中的应用价值

（1）施工现场的布置

BIM技术在施工组织设计中的运用

施工现场布置是在拟建工程的建筑平面上（包括周边环境），布置为施工服务的各种临时建筑、临时设施及材料、施工机械等的过程。施工现场布置方案是施工方案在现场的空间体现，它反映已有建筑与拟建工程间、临时建筑与临时设施间的相互空间关系，表达建筑施工生产过程中各生产要素的协调与统筹。布置得恰当与否对现场的施工组织、文明施工、施工进度、工程成本、工程质量和安全都将产生直接的影响。

施工现场活动本身是一个动态变化的过程，施工现场对材料、设备、机械等的需求也是随着项目施工的不断推进而变化的。传统模式下的施工现场布置普遍采用不参照项目进度的二维静态布置方案，随着项目的进行，很有可能变得不适应项目施工的需求。这样一来，就要重新对现场布置方案进行调整，再次布置必然会需要更多的拆卸、搬运等程序，需要投入更多的人力、物力，进而增加施工成本，降低项目效益。

基于BIM的现场布置策划运用三维信息模型技术表现建筑施工现场，运用BIM动画技术形象模拟建筑施工过程，结合建筑施工过程中施工现场布置的实际情况或远景规划，将现场的施工情况、周边环境和各种施工机械等运用三维仿真技术形象地表现出来，并通过虚拟模拟进行合理性、安全性、经济性评估，实现施工现场布置的合理、合规。

（2）施工进度计划的编制

施工进度计划是施工单位进行生产活动和经济活动的重要依据，它从施工单位取得建设单位提供的设计图纸进行施工准备开始，直到工程竣工验收为止，是项目建设和指导工程施工的重要技术和经济文件。传统施工进度计划的编制流程及方法存在以下问题：

① 编制过程杂乱，工作量大。进度计划的编制过程考虑因素多、相关配套资源的分析预测难度大、丢项漏项时有发生，不合理的进度安排给后续施工埋下进度隐患。

② 编制、审核工作效率低。传统的施工进度计划大部分工作都要由人工完成，如工作项目的划分、逻辑关系的确定、持续时间的计算，以及最后进度计划的审核、调整、优化等一系列的工作。

③ 进度信息的静态性。施工进度计划一旦编制完成，就以数字、横道、箭线等方式存储在横道图或者网络图中，不能表达工程的变更信息。工程的复杂性、动态性、外部环境的不确定性等都可能导致工程变更的出现。由于进度信息的静态性，常常会出现施工进度计划与实际施工不一致的情况。

通过智慧策划中的 BIM 技术对编制的计划进行模拟，结合 BIM 技术特点，在计划编制期间利用 BIM 提供的各类工程量信息，结合工种工效、设备工效等业务的数据积累，可以更加科学地预测出施工期间的资源投入，并进行合理性评估，为支撑过程提供有力的帮助。在施工策划阶段，编制切实有效的进度计划是项目成功的基石，通过 BIM 技术进行模拟策划，可以确保计划的最优及最合理性。

（3）资源计划的制定

策划阶段的资源控制作为进度计划的重要组成部分，是决定工程进度能否执行、能否按期交工的重要环节。资源控制的核心是制定资源计划，资源计划是通过识别和确定项目的资源需求，确定出项目需要投入的劳动力、材料、机械、场地、交通等资源种类，以及这些资源的投入数量和投入时间，从而制定出项目资源供应计划，满足项目从立项阶段到实施过程中的使用目的。

在传统的资源计划制定过程中，主要依据平面图、施工进度计划、技术文件要求等进行制定，主要存在以下不足：

① 各类资源（主要包括劳动力、材料、机械设备等）的名称及项目种类杂多，常造成漏项情况。

② 策划阶段时间紧迫，难以在有限的时间内高效计算、精确计算，造成计划的工程量不准确、偏差较大，给后期施工造成资源供应不足等情况，影响施工进度。

③ 资源计划投入时间的节点与进度计划的制定不匹配，造成进度计划难以直接指导后期施工，导致资金的价值难以做到最大化、施工安排不合理的现象时有发生。

④ 劳动力计划在策划阶段制定不合理时，可能会导致劳动力安排与实际用工需要不对应，在后期的施工过程中经常会出现人员闲置、窝工或少工、断工等现象；人数安排不当，导致在小的工作面安排过多人员，在大的工作面安排过少人员，不能充分发挥出劳动力的工作效率，影响工程进度；各劳动工种人数结构安排不合理，各工种之间协调性差，效率低。

BIM 包含了建筑物的所有信息，BIM 技术的可视化及虚拟施工等特性，能让管理者在策划阶段提前直观地了解建筑物完成后的形态，以及具体的施工过程。通过 BIM 可以获取完整的实体工程量信息，进而计算出劳动力需求量，以及其他资源信息，通过 BIM 模拟技术来评估资源投入量的合理性，可在策划阶段制定出合理完善的资源项目、资源工程量及进场时间等信息，为后期施工过程中减少返工和浪费、保证进度的正常进行提供前期保障。

（4）BIM5D 的应用

BIM5D（5D，即五维，是指在三维模型的基础上增加时间和成本两个维度）以 BIM 平台为核心，能够集成多类型 BIM 软件产生的模型，并以集成模型为载体，关联施工过程中的进度、合同、成本、质量、安全、图纸、物料等信息，为项目提供数据支撑，实现有效决策和精细管理，最终达到减少施工变更、缩短工期、控制成本、提升质量的目的。

传统的施工组织设计及方案优化流程是由项目人员熟悉设计施工图纸、进度要求、现场资源情况，进而编制工程概况、施工部署以及施工平面布置，并根据工程需要编制工程投入的主要施工机械设备和劳动力等内容，在完成相关工作之后提交监理单位审核，审核通过后，相关工作按照施工组织设计执行。

基于 BIM5D 的施工组织设计优化了施工组织设计的流程，提高了施工组织设计的表现力。BIM5D 在施工组织设计中的价值主要体现在以下几个方面：

① 基于 BIM5D 的施工组织设计结合三维模型对施工进度相关控制节点进行施工模拟，直观展示不同的进度控制节点、工程各专业的施工进度。

② 在对相关施工方案进行比选时，通过创建相应的三维模型，可对不同的施工方案进行三维模拟，并自动统计相应的工程量，为施工方案的选择提供参考。

③ 基于 BIM5D 的施工组织设计为劳动力计算和材料、机械、加工预制品等的统计提供了新的解决方法，在进行施工模拟的过程中，将资金以及相关材料资源数据录入模型中，在进行施工模拟的同时也可以查看不同的进度节点相关资源的投入情况。

⚛ 【任务实施】

楚雄职教办公楼工程项目智慧施工策划的应用具体体现在以下方面。

1. 施工进度计划的编制

基于广联达斑马软件进行项目施工进度计划的编制，可以有效进行项目进度管理，实时跟踪项目进度情况，该软件提供了多种进度计算方式，可以满足项目管理不同阶段的需求，同时还提供了可视化报表和图标，支持多人协作，可以方便快捷地查看项目进度。将项目进度计划关联到 BIM5D 中，通过 BIM 可以获取完整的实体工程量信息，进而计算出劳动力需求量，以及其他资源信息，通过 BIM 模拟技术来评估资源投入量的合理性，可在策划阶段制定合理完善的资源项目、资源工程量及进场时间等信息。基于 BIM 的施工进度计划的编制见图 1-2-3。

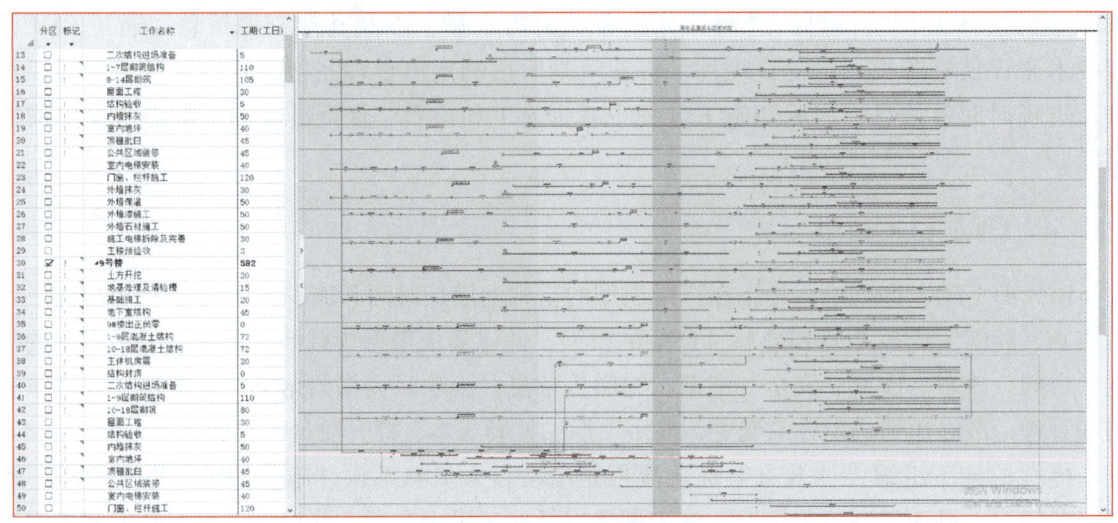

图 1-2-3　基于 BIM 的施工进度计划的编制

2. 施工方案的编制

在智慧施工策划模式下，运用 BIM 技术进行施工方案及工艺模拟，不仅可以检查和比较不同的施工方案、优化施工方案，还可以提高向作业人员技术交底的效果。整个模拟过程包括施工工序、施工方法、设备调用、资源（包括建筑材料和人员等）配置等。通过模拟不仅可以发现不合理的施工程序、冲突的设备调用程序、资源的不合理利用、安全隐患、作业空间不充足等问题，还可以及时更新施工方案，以解决相关问题。施工过程的模拟、优化是一个重复的过程，即"初步方案→模拟→更新方案"，直至找到一个最优的施工方案，尽最大可能实现"零碰撞、零冲突、零返工"，从而降低不必要的返工成本，减少资源浪费与施工安全问题。同时，施工模拟也为项目各参建方提供了沟通与协作的平台，帮助各方及时、快捷地解决各种问题，从而提高工作效率，节省大量的时间。基于 BIM 的模架专项施工方案的编制见图 1-2-4。

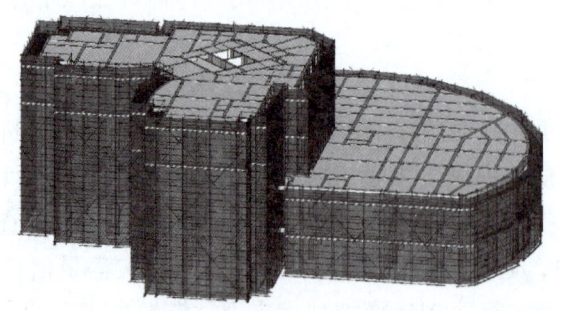

图 1-2-4　基于 BIM 的模架专项施工方案的编制

3. 施工现场的平面布置

基于 BIM 技术对传统施工现场布置策划中难以量化的潜在空间冲突进行量化分析，同时结合动态模拟从源头减少安全隐患，可方便后续施工管理、降低成本、提高项目效益。

　　基于 BIM 的现场布置策划运用三维信息模型技术表现建筑施工现场，运用 BIM 动画技术形象模拟建筑施工过程，结合建筑施工过程中施工现场布置的实际情况或远景规划，将现场的施工情况、周边环境和各种施工机械等运用三维仿真技术形象地表现出来，并通过虚拟模拟进行合理性、安全性、经济性评估，实现施工现场布置的合理、合规。基于 BIM 的施工现场的平面布置见图 1-2-5。

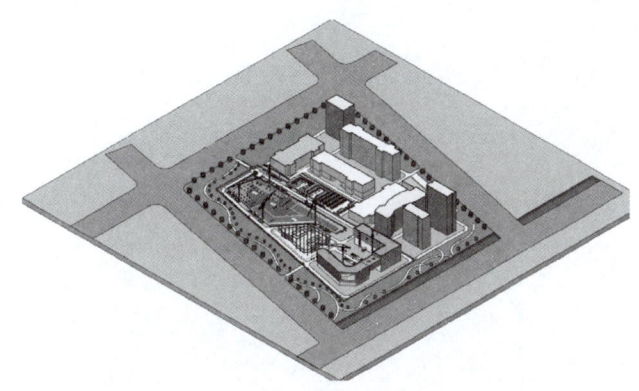

图 1-2-5　基于 BIM 的施工现场的平面布置

⚛ 【学习自测】

一、单项选择题

1. 基于信息时代下的施工组织设计具备的特点是（　　　）。

A. 建造数字化　　　　　　　　　　B. 流程化

C. 信息化　　　　　　　　　　　　D. 可视化

2. 数字化施工组织设计以项目的（　　　）作为信息数据基础，形成建筑信息模型（BIM）。

　　A. 三维场布模型　　　　　　　　B. 数字模型

　　C. 施工模拟动画　　　　　　　　D. 施工进度模拟

3. 前期数字模型是（　　　）编制的基础，编制投标阶段施工组织设计，强调符合招标文件的要求，以中标为目的，主要通过可视化、虚拟仿真显示施工单位的施工能力。

　　A. 施工方案　　　　　　　　　　B. 实施阶段施工组织设计

　　C. 施工组织总设计　　　　　　　D. 标前施工组织设计

4. 中期数字模型属于项目管理产品的形成过程，以记录性、可验证性、可追溯性为特征，编制（　　　），强调可操作性，主要以优化施工安排、采用科学的施工方法、应用先进的管理手段为主，体现的是针对性施工组织设计。

　　A. 施工方案　　　　　　　　　　B. 实施阶段施工组织设计

　　C. 施工组织总设计　　　　　　　D. 标前施工组织设计

5. 以下不属于基于中期数字模型的施工组织设计中施工方案的内容的是（　　　）。

A. 可视化交底   B. 专项方案查询

C. 工法库展示   D. 材料排布优化

二、思考题

1. 在信息化时代，传统的施工组织设计需要拓展哪些内容？

2. 什么是绿色施工组织设计？

模块二
编制工程概况

 【学习目标】

知识目标：

1. 了解单位工程概况的编制依据。
2. 掌握单位工程概况的编写内容及方法。

能力目标：

1. 能解释单位工程概况的编制依据。
2. 能编制单位工程概况。

素养目标：

1. 培养善于总结归纳的思想观念。
2. 具有规范意识、大局意识。

模块二
编制工程概况 ── 任务 工程概况的编制 ──
一、工程主要情况
二、各专业设计简介
三、工程施工条件
四、工程施工特点

任务　工程概况的编制

【任务引入】

结合给定的楚雄职教办公楼工程项目相关资料，编制工程概况。

单位工程
工程概况

【知识链接】

单位工程施工组织设计的工程概况，是对拟建工程特点、建设地区特点、施工环境及施工条件等所作的简洁明了的文字描述。在描述时也可加入拟建工程的平面图、剖面图及表格进行补充说明。通过对建筑结构特点、建筑地点特征、施工条件的描述，能够找出施工中的关键问题，以便为选择施工方案、组织物资供应和配备技术力量提供依据。工程概况应包括工程主要情况、各专业设计简介、工程施工条件、工程施工特点等。

1. 工程主要情况

工程主要情况包括以下内容：

① 工程的名称、性质和地理位置。

② 工程的建设、勘察、设计、监理和总承包等相关单位的情况。

③ 工程承包范围和分包工程范围。

④ 施工合同、招标文件或总承包单位对工程施工的重点要求。

⑤ 其他应说明的情况，如资金来源及工程投资额、工程造价、开工和竣工日期、施工图纸情况（是否齐全、会审）等。

2. 各专业设计简介

（1）建筑设计简介

建筑设计简介应依据建设单位提供的建筑设计文件进行描述，包括建筑规模、建筑功能、建筑特点，以及拟建工程的建筑面积、平面形状、层数、层高、总高、总宽、总长、建筑耐火、防水及节能要求等，并应简单描述工程的主要装修做法。

（2）结构设计简介

结构设计简介应依据建设单位提供的结构设计文件进行描述，包括结构形式、地基基础形式、结构安全等级、抗震设防类别、主要结构构件类型及要求等。

（3）机电设备安装专业设计简介

机电设备安装专业设计简介应依据建设单位提供的各相关专业设计文件进行描述，包括给排水及采暖系统、通风与空调系统、电气系统、智能化系统、电梯等各专业系统的做法要求。

3. 工程施工条件

工程施工条件包括以下内容：

① 项目建设地点气象状况。简要介绍项目建设地点的气温、雨、雪、风和雷电等气象变化情况以及冬、雨期的期限和冬季土的冻结深度等情况。

② 项目施工区域地形和水文地质状况。简要介绍项目施工区域地形变化和绝对标高；地质构造、土的性质和类别、地基土的承载力；河流流量和水质、最高洪水位和枯水期水位；地下水位的高低变化、含水层的厚度、流向、流量和水质等情况。

③ 项目施工区域地上、地下管线及相邻的地上、地下建（构）筑物情况。

④ 与项目施工有关的道路、河流等状况。

⑤ 当地建筑材料、设备供应和交通运输等服务能力状况。简要介绍建设项目的主要材料、特殊材料和生产工艺设备供应条件及交通运输条件。

⑥ 当地供电、供水、供热和通信能力状况。根据当地供电、供水、供热和通信情况，按照施工需求描述相关资源的提供能力及解决方案。

⑦ 其他与施工有关的主要因素。

4. 工程施工特点

工程施工特点的主要内容涵盖了工程施工的重点所在，以便突出关键环节，使工程施工顺利地进行，提高施工单位的经济效益和管理水平。不同类型的建筑、不同条件下的工程施工，均有不同的施工特点。例如，带有地下室的现浇钢筋混凝土多层和高层建筑的施工特点主要有：地下结构施工难度大，涉及深基坑边坡稳定、基坑降水、基坑周边环境保护、地下室底板大体积混凝土施工、地下防水施工等；上部结构和施工机械设备的稳定性要求高，钢材加工量大，混凝土浇筑难度大，脚手架搭设高，安全问题突出；材料运输量大，要有高效率的垂直运输系统。

✿【任务实施】

第一步　熟悉工程资料

熟悉该工程相关资料。

第二步　编制工程概况

（1）工程建设基本情况

① 该单体建筑为"楚雄职教办公楼工程项目"，建设地点位于 ×× 市北部。

② 建设用地地貌较为平坦。

③ 该建筑物为多层办公建筑，使用年限为 50 年。

④ 该建筑物呈一字型内走道布局，设计标高 ±0.000 相当于绝对标高 1 314.00 米；室内外高差为 0.90 m。

工程建设基本情况见表 2-1-1。

表 2-1-1　工程建设基本情况

序号	项目	内容
1	工程名称	楚雄职教办公楼工程项目
2	工程地址	××市北部，地块西至向山路，东至经一路，北为纬一路，南为北清路
3	建设单位	×××建设投资有限公司
4	勘察单位	×××设计咨询有限公司
5	设计单位	楚雄建筑设计研究院
6	监理公司	×××建筑咨询有限公司
7	施工总包	楚雄建设发展有限公司
8	合同范围	土建工程、钢结构工程、给排水工程、消防工程、通风空调工程、电气工程、小市政工程、园林景观工程、室内外装修工程
9	合同工期	计划开工日期为2022年1月1日，计划竣工日期为2022年12月31日，总工期365日历天
10	合同质量目标	合格

（2）工程建设地点气候特征

　　××市属暖温带半湿润半干旱大陆性季风气候，四季分明，夏季高温多雨，冬季寒冷干燥，春、秋季短促。××市处在大陆干冷气团向东南移动的通道上，每年从10月到翌年5月几乎完全受来自西伯利亚的干冷气团控制，只有6~9月前后三个多月受到海洋暖湿气团的影响。所以降水主要集中在夏季，7月、8月尤为集中。夏季的高温主要出现在6~8月。

（3）建筑概况

　　根据建筑平面图可以看出，该单位工程的平面形状、总建筑面积、占地面积、总长和总宽；根据建筑设计总说明，可以知道保温节能、防水和门窗构造；根据立面图可以看出，该单位工程的层高和房屋总高。工程项目建筑设计概况一览表如表2-1-2所示。

表 2-1-2　工程项目建筑设计概况一览表

序号	项目	内容			
1	建筑功能	办公类建筑，包含办公楼主体，报告厅			
2	建筑特点	办公楼主体为钢筋混凝土框架结构，报告厅为钢结构形式			
3	建筑面积	总建筑面积	7 895.70 m²	建筑高度	20.40 m
		地下建筑面积	1 241.46 m²	地上建筑面积	6 654.24 m²

序号	项目	内容			
4	建筑层数		地下一层	地上六层	
		地下部分层高	B1 层	4.80 m	
		地上部分层高	F1 层	4.50 m	
			F2 层	4.20 m	
			F3 层	3.90 m	
			F4 层	3.90 m	
			F5 层	3.90 m	
			屋顶层	3.60 m	
5	建筑高度	±0.000 绝对标高	1 314.00 m	室内外高差	0.90 m
6	建筑平面	横轴编号	1～8	纵轴编号	A～F
		横轴轴线距离	57 000 mm	纵轴轴线距离	23 100 mm
7	防火等级	地上二级、地下一级			
8	外装修	外墙	涂料、穿孔铝板外墙		
		屋面	金属铝板屋顶		
9	室内装修	隔墙	100 或 200 厚加气混凝土墙		
		顶棚	板底抹灰刮腻子顶棚		
		地面	地砖楼面、防滑地砖、防水楼面、大理石楼面		
		内墙	涂料墙面、瓷砖墙面		
		门窗	普通门	木质夹板门、旋转玻璃门	
			特种门	防火门	
		楼梯	混凝土楼梯		
10	防水	屋面防水	屋面为Ⅱ级防水，屋面防水层采用 4 厚双面自黏沥青复合 SBS 改性沥青防水卷材（阻燃型）		
		厕浴间防水	卫生间地面及四周 1 800 高墙体上满涂单组分聚氨酯防水涂料三遍，厚度大于 1.5，且基层应平整、干燥		
		地下室防水	地下室一级防水，主体建筑采用防水混凝土和防水卷材，施工缝采用 30×20 遇水膨胀止水条。地下室防水在室外地坪上 500 高范围内采用 20 厚防水砂浆完成设防高度		

（4）结构概况

由结构设计总说明可知，工程项目结构设计概况一览表如表 2-1-3 所示。

表 2-1-3　工程项目结构设计概况一览表

序号	项目		内容
1	结构形式	基础形式	筏板基础
		主体结构形式	主体为钢筋混凝土框架结构；报告厅为钢结构
2	土质、水位	基底土质	第④层卵石层
		地下水位	地表下约 31 m（勘探期间 25 m 内无地下水）
3	混凝土强度等级	垫层	C15
		基础	C30
		地下室外墙	C30 抗渗混凝土，抗渗等级为 P6
		框架柱、剪力墙	C30
		主梁、次梁、板	C30
		楼梯	C30
		构造柱、圈梁、现浇带等其他构件	C25
4	抗震设计	设防烈度	8 度
		抗震等级	全楼抗震等级三级
5	钢筋类别	钢筋等级	HPB300、HRB400、HRB500
6	混凝土结构断面	柱截面 /mm	400 × 400、300 × 300 等
		混凝土梁断面 /mm	200 × 600、200 × 700、300 × 700、300 × 600、200 × 400、200 × 500 等
7	钢筋连接形式		柱、钢筋混凝土墙、板：$d < 12$ mm 搭接连接；12 mm $\leq d < 22$ mm 焊接连接；$d \geq 22$ mm 机械连接；梁纵筋：$d < 22$ mm 焊接连接；$d \geq 22$ mm 机械连接（d 为钢筋公称直径）。转换梁、转换柱纵筋均采用机械连接
8	钢筋保护层		按照标准图集 22G101-1 采用
9	楼梯结构形式		现浇钢筋混凝土
10	二次结构		加气混凝土砌块
11	混凝土结构环境类别		室内潮湿环境、非严寒和非寒冷的露天环境及非严寒和非寒冷地区与无侵蚀性的水或土壤直接接触的环境为二类，其他部分构件处于一类环境中

（5）机电设计概况

由机电设计总说明可知，工程项目给排水专业设计概况一览表如表 2-1-4 所示，工程项目电气专业工程概况一览表如表 2-1-5 所示。

表 2-1-4　工程项目给排水专业设计概况一览表

序号	系统	系统概况
1	生活给水系统	生活供水水源来自市政供水，供水压力 0.15 MPa。建筑供水采用下行上给式系统。最高日生活用水量为 32 m³
2	污、废水系统	室内排水系统采用污废合流设计，经室外化粪池处理后，排入市政污水管网。地上室内生活污废水均经重力流排出，地下一层污水排至室外污水提升设施
3	雨水排水系统	屋面雨水为内排水系统，屋面设置雨水斗，雨水经内排雨水管排入院区雨水管道
4	消防系统	室内消火栓用水量为 15 L/s，室内消防用水量由消防水池提供，供水方式为消防水泵、高位 19 m。高位消防水箱设在其他高层建筑屋顶，有效容积为 18 m³。消防水箱联合供水，消防水池有效容积为 108 m³。本建筑室内消火栓所需水泵出口压力为 18 MPa，并配备增压稳压设施。 室外消防用水量为 30 L/s。室外消防用水量由环状市政管网直接供给，由两条市政管网引入两条给水干管，布置管径 DN150。室外消火栓间隔不超过 120 m，保护半径不超过 150 m。路边不大于 2 m，距房屋外墙不宜小于 5 m
5	自动喷淋系统	采用湿式自动喷淋系统，地上危险等级为轻危险级，喷水强度不低于 4 L/min·m²，作用面积为 160 m²。地上危险等级为中危险二级，喷水强度不低于 8 L/min·m²，作用面积为 160 m²，喷淋用水量为 30 L/s。湿式报警网组设置于报警网间内，报警网组前环形管网接出两套水泵接合器。自动喷淋所需水泵出口压力为 0.60 MPa
6	建筑灭火器	本建筑为中危险级 A 类火灾，采用 MF/ABC5 型磷酸铵盐干粉灭火器，每处消火栓处放置两具，地下为中危险级 A/B/C 类火灾，采用 MF/ABC5 型磷酸铵盐干粉灭火器，每处消火栓处放置两具

表 2-1-5　工程项目电气专业工程概况一览表

序号	系统	系统概况
1	负荷等级	二级负荷：应急照明、消防风机、防火卷帘等（消防负荷）；电梯用电、生活水泵、公共照明等（非消防负荷）；安全防范系统、通信系统、计算机管理系统的用电负荷。 三级负荷：一般照明、插座等其余负荷
2	供电电源	变配电房内设总变配电所，由市电力网引入一路 10 kV 电源至变配电房内变配电所，每处变配电所附近设柴油发电机组作为备用电源，以满足该工程二级负荷的供电要求。本子项 220 V/380 V 电源引自变配电房
3	低压系统	低压配电线路根据敷设方式及供电对象的性质选用相应电线电缆，该工程电线电缆使用场所为二级，普通电缆采用 YJV，消防干线电缆采用 BTTRZ 或采用《工业与民用配电设计手册》（第四版）规定的矿物电缆。消防报警总线设备采用 ZCN。室外进户电缆埋深在 −1 000 mm 以下

序号	系统	系统概况
4	照明系统	应选择采用节能光源的灯具，消防应急照明灯具的光源色温不应低于2 700 K；不应采用蓄光型指示标志替代消防应急标志灯具；灯具的蓄电池电源宜优先选择安全性高、不含重金属等对环境有害物质的蓄电池；应急照明灯具均选用 A 型灯具。 灯具面板或灯罩的材质应符合下列规定： ① 除地面上设置的标志灯的面板可以采用厚度 4 及以上的钢化玻璃外，设置在距地面 1 m 及以下的标志灯的面板或灯罩不应采用易碎材料或玻璃材质。 ② 在顶棚、疏散路径上方设置的灯具的面板或灯罩不应采用玻璃材质。 标志灯的规格应符合下列规定： ① 室内高度大于 4.5 m 的场所，应选择特大型或大型标志灯。 ② 室内高度为 3.5 ~ 4.5 m 的场所，应选择大型或中型标志灯。 ③ 室内高度小于 3.5 m 的场所，应选择中型或小型标志灯。 灯具及其连接附件的防护等级应符合下列规定： ① 在地面上设置时，防护等级不应低于 IP67。 ② 在潮湿场所内设置时，防护等级不应低于 IP65
5	防雷接地系统	建筑物防雷等级按二类设防，接闪带需热镀锌及进行防腐处理，防雷带支持卡高度为 150 mm。在屋顶、屋脊和屋面周围明敷安装一圈 25×4 热镀锌扁钢作为接闪带，形成不大于 10 m × 10 m 或 12 m × 8 m 的米网格以防直击雷，凡突出屋面的金属，物体均应与接闪带可靠连接，防雷引下线利用建筑物结构柱内 2 根主筋（$\phi \geqslant 16$）引下至基础接地体，引下线上端通过构造柱内预埋的 $100 \times 100 \times 8$ 热镀锌钢板和 40×4 热镀锌扁钢与接闪带焊接，并在距室外地坪下 0.5 m 处预埋 $100 \times 100 \times 8$ 热镀锌钢板作电阻测试点，防雷接地电阻 R 不大于 1 Ω，在引下线距室外地坪下 0.8 m 处预埋一 $100 \times 100 \times 8$ 热镀锌钢板，并焊一 40×4 热镀锌扁钢，伸出外墙 1 米，以便在达不到设计要求时补打人工接地极，直到满足设计要求为止。凡突出屋面的所有金属构件、金属通风管道、金属屋面、金属屋架等均应与接闪带可靠焊接

（6）现场条件

工程项目现场条件如表 2-1-6 所示。

表 2-1-6　工程项目现场条件

序号	项目	内容
1	场地现状	场地平整，无电缆电线、临时房屋等占用物，周边道路通畅
2	水接驳	西北侧管径 100 mm 水源点
3	电接驳	东北侧 1 200 kV·A 变压器
4	测量控制点	场内布设 3 点

序号	项目	内容
5	热力接驳	—
6	通讯接驳	—
7	燃气接驳	—

第三步　总结

编制单位工程概况时必须细致研读工程相关资料，全面了解工程情况后按照工程概况包含的内容逐项编写。

❀【学习自测】

一、多项选择题

1. 施工组织总设计中工程概况内容应包括（　　）。

A. 工程的主要情况　　　　　　　　　B. 各专业简介

C. 主要施工条件　　　　　　　　　　D. 可行性研究报告

2. 单位工程施工组织设计中的工程概况内容包括（　　）。

A. 工程的主要情况　　　　　　　　　B. 各专业简介

C. 主要施工条件　　　　　　　　　　D. 可行性研究报告

3. 建筑设计简介包括（　　）。

A. 拟建工程的建筑面积　　　　　　　B. 建筑层数和层高

C. 主体结构的类型　　　　　　　　　D. 建筑防水及节能要求

E. 地基基础形式

4. 建筑结构设计简介包括（　　）。

A. 拟建工程的建筑面积　　　　　　　B. 建筑层数和层高

C. 主体结构的类型　　　　　　　　　D. 建筑防水及节能要求

E. 地基基础形式

5. 工程项目主要施工条件包括（　　）。

A. 建设地点气象状况

B. 施工区域地形和工程水文地质状况

C. 施工区域地上、地下管线及相邻的地上、地下建（构）筑物情况

D. 当地建筑材料、设备供应和交通运输等服务能力状况

E. 当地供电、供水、供热和通信能力状况

二、思考题

1. 简述施工组织总设计和单位工程施工组织总设计工程概况的编制内容。

2. 施工组织设计中主要施工条件包括的内容有哪些？

模块三
编制施工部署

【学习目标】

知识目标:

1. 熟悉工程项目施工部署的编制依据和编制内容。
2. 掌握工程项目施工部署的编制方法。

能力目标:

1. 能解释施工部署的编制依据。
2. 能编制工程施工部署。

素养目标:

1. 培养系统性的工程思维。
2. 具有绿色意识、规则意识、大局意识。

【思维导图】

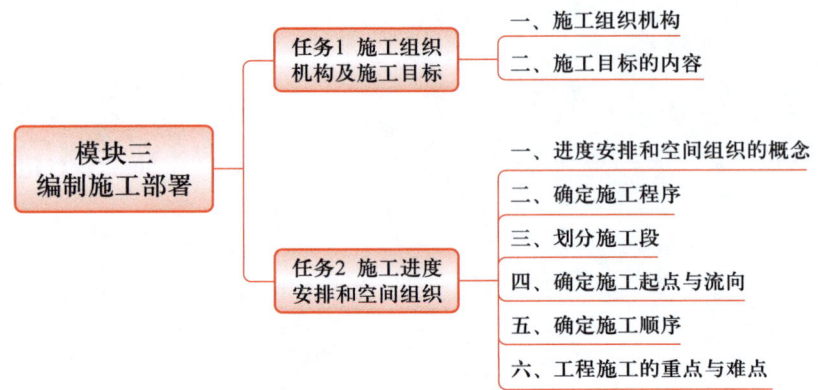

模块三
编制施工部署

任务1 施工组织
机构及施工目标

一、施工组织机构

二、施工目标的内容

任务2 施工进度
安排和空间组织

一、进度安排和空间组织的概念

二、确定施工程序

三、划分施工段

四、确定施工起点与流向

五、确定施工顺序

六、工程施工的重点与难点

任务1 施工组织机构及施工目标

❀【任务引入】

施工部署是在充分了解单位工程情况、施工条件和建设要求的基础上，对单位工程施工组织做总体的布置和安排。施工部署是否合理，将直接影响到工程的施工质量、施工速度、工程造价及企业的经济效益，是单位工程施工组织设计的核心。施工部署的编制依据包括：施工合同或招投标文件、施工图纸、勘察报告、工程地质及水文地质资料、气象资料、施工组织总设计、资源供应资料等。

单位工程项目施工组织机构及施工目标

施工部署的内容包括确定项目施工目标、建立施工现场项目管理组织机构、进度安排和空间组织、施工重点与难点分析等。对于工程施工中开发和使用的新技术、新工艺应作出部署，对新材料和新设备的使用应提出技术及管理要求，对主要分包工程施工单位的选择要求及管理方式应进行简要说明。

根据给定的楚雄职教办公楼工程项目相关资料，编制施工准备工作计划。

❀【知识链接】

1. 施工组织机构

（1）施工组织机构的作用

建筑施工是通过业主单位、设计单位、质监单位、监理单位及施工单位的全体努力，将设计图纸变成业主要求的特定使用功能的建筑物的过程。建筑施工涉及面广，采用先进、科学的项目管理模式和完善的组织机构是保证施工顺利进行的先决条件，是工程项目取得良好的社会效益和经济效益的保证。项目施工前，组建一个目的性强、精干高效、管理跨度适当、管理层次合理、业务管理系统化、组织机构一体化、动态的项目组织机构是项目管理成功的首要内容。

（2）施工组织机构的层次

根据不同工程的特点，可将施工组织机构分为以下四个层次。

1）决策层——工程总指挥部

工程总指挥部是项目施工的决策和保护机构，在公司整个范围内，对项目施工所需要的人员、机械、材料、资金等进行统一协调和调配，为项目提供可靠的保证。

2）指导层——由公司相关职能部门组成

公司相关职能部门对工程施工中涉及的各方面进行对口指导、协助和协调，为项目施工提供全方位的服务。

3）项目管理层——工程总承包项目经理部

按照"项目法施工"的项目经理负责制，强调对工程进度、质量、安全、文明施工、合同履约全面发包的协同，并协调各专业之间的工序搭接和进度、场地、交叉作业的相互配合。确保工程按照既定质量、进度目标交付使用。

项目经理部由项目经理、项目技术负责人、内业技术部、质量安全部、计划部、材料供应部、施工管理部等人员和部门组成，具体实施项目部的职能。

4）施工作业层——直接参与施工的作业班组

公开进行劳务招标，精选曾施工过多项优质工程并有施工同类型工程经验的各专业班组。

（3）施工组织机构的确定

确定施工组织机构的主要内容包括确定施工管理组织机构形式，制定岗位职责和选定管理人员，制定施工管理工作程序、制度和考核标准等。

① 确定施工管理组织机构形式。项目部应明确项目管理组织机构形式，并宜采用框图的形式表示，施工管理组织机构框图见图3-1-1。施工管理组织机构形式是根据工程规模、复杂程度、专业特点及企业的管理模式与要求，按照合理分工与协作、精干高效的原则确定，并按因事设岗、因岗选人的原则配备项目管理班子。

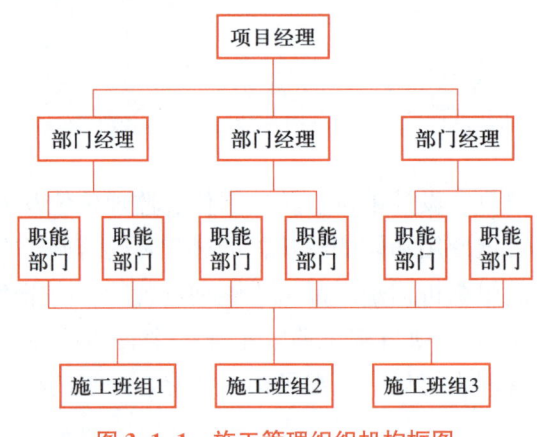

图3-1-1　施工管理组织机构框图

② 制定岗位职责和选定管理人员。项目部管理组织内部的岗位职务和职责必须明确，责权必须一致，并形成规章制度。

③ 制定施工管理工作程序、制度和考核标准。为了提高施工管理工作效率，要按照管理的客观性规律，制定出管理工作程序、制度和相应考核标准。

2. 施工目标的内容

单位工程施工组织设计应在施工组织总设计已明确总体目标的前提下，根据施工合同、招标文件以及本单位对工程管理目标的要求，进一步明确单位工程施工的进度、质量、安全、环境和成本等目标。其中，进度目标应以施工合同或施工组织总设计的要求为依据，根据总工期目标制定单位工程的工期目标；质量目标应按合同约定，制定出总目标和分解目标，总目标如确保省优、市优，争创国优（鲁班奖），分解目标指各分部工程拟达到的质量等级；安全目标应按政府主管部门和企业的要求以及合同约定，制定出事故等级、伤亡率、事故频率和限制目标。

⚛ 【任务实施】

第一步　熟悉工程资料

熟悉该工程相关资料。

第二步　编制施工管理目标

（1）工期管理目标

该工程计划开工日期为 2022 年 1 月 1 日，计划竣工日期为 2022 年 12 月 31 日，总计划工期为 365 日历天。

（2）质量管理目标

质量标准：合格。

（3）安全管理目标

认真执行地方标准、地方颁布的安全管理办法及现行其他有关法律、法规、文件、规程、规范、标准等，切实落实安全管理职责，消除安全隐患，确保如下目标：

① 零死亡、零重伤、零职业病、零中毒。

② 零火灾、零坍塌、零重大财产损失及负面影响事件、零群体性事件。

（4）消防管理目标

杜绝重大伤亡事故、火灾事故和人员中毒事件的发生。

（5）绿色施工管理目标

创绿色安全文明施工样板工地。

（6）CI 管理目标

达到标准化工地 A 类标准。

（7）技术管理目标

① 积极推广和应用新技术、新工艺和成熟适用的科技成果，组织专家顾问组研究适用于本工程的新技术，解决工程实施中的技术难题，确保工程顺利实施完成。

② 采用先进合理的现代化管理手段，提高质量，缩短工期，圆满完成工程施工任务。

③ 本项目 BIM 技术的应用按照"技术研究与应用考核评价实施细则"，项目 BIM 应用点的复杂程度和个数应达到 C 级标准。运用 BIM 技术建立模型，用于现场施工管理，及时发现土建专业与机电专业间的碰撞和本专业内的碰撞问题。

（8）降低成本目标

采用科学的项目管理方法、运用先进的技术设备、采取经济合理的施工工艺，并进行有效的组织、协调、控制，努力使工程的成本造价得到最为有效的控制。同业主、设计、监理和相关各方共同努力，优化施工组织，使工程各个环节衔接紧密，推动项目高效顺利地前进；从图纸设计、材料设备选型、专业承包商的选择和现场组织、协调等各个方面，提出合理化建议和方案，加强"过程""程序"和"环节"控制，避免不必要的拆改、浪费，尽最大能力减少和节约工程成本，使业主的投资发挥最佳的效益和效果。最终完成技术创效 5项，整体降低成本 0.5%。

（9）用户服务目标

① 在工程的各方面、各个阶段对业主、监理、设计单位提供服务和配合工作，对指定的分包商、供应商及业主直接聘用的其他承包商提供总承包配合服务工作。施工过程中，积极协助业主，提出合理化建议，科学地编制施工方案和作业计划，减少消耗，为业主最大限度节约投资。

② 用户服务满意率 100%。在工程保修阶段提供细心周到的服务，并定期回访，承担保修责任，提供翔实的用户服务手册。

第三步　施工组织机构

（1）项目施工管理组织机构框图

楚雄职教办公楼工程项目组织机构图如图 3-1-2 所示。

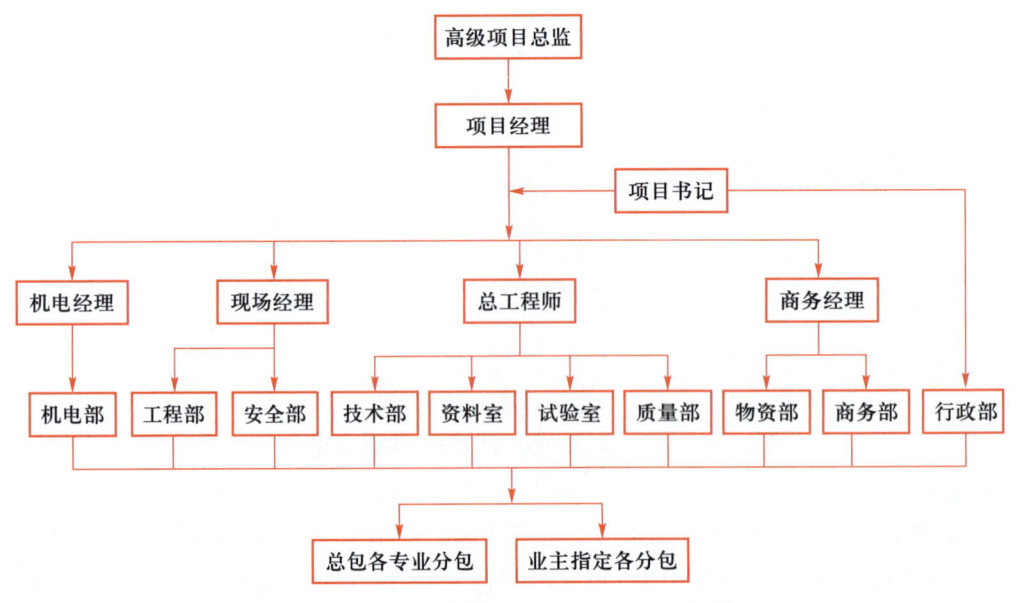

图 3-1-2　楚雄职教办公楼工程项目组织机构图

（2）项目管理部门岗位职责

项目主要管理岗位职责明细见表 3-1-1。

表 3-1-1　项目主要管理岗位职责明细

序号	岗位名称	职责
1	项目经理	1. 参与策划项目总承包管理组织架构的构成并配备人员，制定规章制度，明确总承包部有关人员和各分包商的职责，领导总承包部开展工作。 2. 主持编制项目总承包管理方案，是编制施工组织设计的第一责任人，负责主持编制项目施工组织设计，项目施工技术方案（除规范规定由企业技术负责人审批的方案外）由项目经理审批。 3. 组织实施项目管理目标，确保进度目标的达成；批准各分包商的重大施工方案与管理方案，并监督、协调其实施行为。 4. 控制施工阶段工程造价的合理性和工程进度款的支付情况，确保工程投资控制目标的实现。 5. 监督各分包商的履约情况，根据工程造价的控制目标，审核分包工程进度付款书。 6. 及时、适当地作出项目总承包管理决策，其主要内容包括人事任免决策、重大技术方案决策、财务工作决策、资源调配决策、工期进度决策及变更决策等。 7. 是工程质量、进度、安全、文明施工的第一责任人
2	总工程师	1. 直接领导总包技术方案部、深化设计部，负责总承包项目部的技术工作，统筹管理工程的深化设计工作，协调管理工程的 BIM 工作。 2. 负责组织相关人员编制施工组织设计、施工技术方案和质量策划方案，是编制施工技术方案和质量策划方案的第一责任人，审核各分包商的施工组织设计与施工方案，并协调各分包商之间的技术问题。 3. 督促各分包商严格执行各项已经过项目经理批准的质量计划和专项施工方案。 4. 与设计、监理经常保持沟通，保证设计、监理的要求与指令在各分包商中贯彻实施。 5. 组织技术骨干力量对项目的关键技术难题进行科技攻关，进行新工艺、新技术的研究，确保项目顺利进行。 6. 组织有关人员对材料、设备的供货质量进行监督、验收，对经评审后不合格的材料、设备作退货处理。 7. 及时组织技术人员解决工程施工中出现的技术问题。 8. 负责工程建筑、装修、机电、碰撞检查等 BIM 工作，负责对 BIM 工作进度的管理与监控。 9. 负责工程在整个施工过程中模型的完善、实施、应用和维护工作
3	生产经理	1. 协调各分包商及作业队伍之间的进度矛盾及现场作业面冲突，使各分包商之间的现场施工合理有序地进行。 2. 及时协调总包与分包之间的关系，组织召开总包与分包的各类协调会议，参加业主组织召开的协调会议；直接领导承包范围的主体结构施工、二次结构施工、初装修、精装修等各项工作。

序号	岗位名称	职责
3	生产经理	3. 确保实现工程按合同工期要求顺利完工的进度目标。 4. 审核分包商制订的施工进度计划，保证各分项工程施工进度计划满足总体施工进度计划，并与其他单位工程和分项工程施工进度计划相协调。 5. 执行项目施工组织设计、技术方案。 6. 组织责任师对工程质量、安全进行检查和控制，领导相关部门进行装修工程、施工资料的收集与整理，执行工程试验、检验。 7. 是施工生产的指挥者，对施工负直接领导责任。 8. 组织责任师进行各项前期准备，认真贯彻执行项目的各类生产计划、施工方案，并定期进行检查。 9. 负责协调总包工程与各专业分包单位的交叉配合工作，并协助各部门深化设计工作
4	工程部	1. 落实主体结构的生产组织、进度计划，实施施工方案、进行工序协调、质量控制等工作。 2. 负责组织和完成项目开工前期的现场准备工作，包括各类临建设施的搭建。 3. 编制职责范围内土建工程的物资需求计划。 4. 负责职责范围内的施工质量、安全和进度的管理工作，负责对总包自施范围的分包进行施工指导及各项施工组织。 5. 负责根据业主招标文件约定的关键节点、里程碑、工期要求和业主提供的计划编制条件编制施工总进度计划，报送业主监理审核，并负责总进度计划的实施、跟踪、调整。 6. 负责管理工地所有塔吊、施工电梯等垂直运输机械，包括进出场、预埋、基础施工、组装、调试、维护、保养等相关工作。 7. 负责项目所有测量工作的具体实施，指导、督促分包商建立专业分包工程测量管理体系。 8. 对工程质量进行检查控制，配合其他部门进行工程施工资料的收集与整理，协助执行工程试验、检验。 9. 负责现场垃圾处理、厕所等文明施工措施的实施和管理
5	技术部	1. 负责项目施工技术管理、施工组织设计及施工技术方案编制、图纸会审和变更洽商的核定，试验检测及施工测量管理等工作。 2. 进行分包商施工方案审定、材料设备选型和审核，统筹分包工程的设计变更和技术核定工作，参与相关分包商和供应商的选择。 3. 参与编制项目质量管理计划、项目职业健康安全管理计划、环境管理计划；负责技术资料及声像资料的收集及整理工作；与质量保障部密切配合，参与项目阶段交验和竣工交验，共同负责创优活动。 4. 协助项目总工程师进行新技术、新材料、新工艺的推广和科技成果的总结。 5. 管理混凝土试块的制作、养护、试验，钢筋等原材料的取样、送试以及试验资料的收集整理等工作。 6. 负责编制项目总体测量施工方案、项目总体监测方案

序号	岗位名称	职责
6	安全生产监督管理部（安全部）	1. 负责项目安全生产、文明施工和环境保护工作。 2. 组织员工的入场教育、监督、考核工作及周安全例会。 3. 编制项目安全防护方案、消防方案和安全施工专项方案，并组织实施关于项目施工潜伏性危险及预防方法的研究，预计所需的安全措施费用。 4. 负责建立消防安全责任制度，确定消防安全责任人，制定用火、用电、使用易燃易爆材料等各项消防安全管理制度和操作规程。 5. 编制项目应急演练总计划，编制并实施专项应急演练方案，定期组织演练。 6. 负责建立人员进、出工地专门通道，并设置综合门禁安保系统。 7. 负责在工地各出入口、工地围墙、重要机房、主要或特殊施工部位建立视频监控系统，编制专项方案并报业主批准，同时随工程进展调整方案。 8. 负责安排现场保安24小时巡逻检查工地，避免工地受到人为恶意破坏，发生盗窃、抢劫等恶性事件。 9. 负责ISO 45001职业健康安全管理体系的管理与监督。 10. 编制项目职业健康与安全管理计划、环境管理计划并监督实施。 11. 负责指导、监督、检查专业分包商及劳务分包商的专职安全生产管理机构的建立、安全管理人员的落实以及安全管理工作的开展情况，并确保专业分包商及劳务分包商的专职安全管理人员正常履职。 12. 收集、整理安全生产日志和文明施工资料，并管理安全物资、用品等
7	机电部	1. 负责工程电气、给排水、暖通、通风空调等机电专业的施工组织管理（技术、安全、进度、质量、成本等）工作。 2. 负责机电专业的施工技术管理、施工技术方案编制、图纸会审和变更洽商的核定等工作。 3. 负责编制工程临水临电施工组织设计，并负责整个工程施工过程中现场临水临电系统的日常维护。 4. 负责土建结构施工过程中的机电专业预留、预埋工程，根据土建工程施工计划编制相应的机电专业工程进度配合计划并负责实施、跟踪、调整。 5. 编制职责范围内机电工程的物资需求计划。 6. 负责机电专业工程施工过程中与二次结构、装修、幕墙等工序的协调与配合。 7. 负责机电专业施工信息反馈及各项工作记录，负责机电专业各项施工资料的收集、整理。 8. 负责与设计方沟通和协调，负责机电综合图的相关深化设计工作。 9. 负责机电专业与建筑、结构、幕墙等专业之间深化设计的协调，确保各专业深化设计的相互交圈，将机电专业深化设计成果呈报业主进行设计审批
8	质量部	1. 执行ISO 9001质量管理体系，检查施工方案中质量措施的执行情况。 2. 核查进场建筑材料、设备、构件、配件的质量，组织对进场的专业承包商供应的材料、设备进行检验和复验。 3. 协调各专业编制工程样板计划，并报业主审核。

序号	岗位名称	职责
8	质量部	4. 负责自行发包和施工范围内的所有材料样品报审、样板施工方案（工艺）报审、深化设计报审等工作。 5. 定期进行全面质量检查，每周或每双周组织全体分包商对在建工程进行全面质量检查，形成质量检查记录，并向业主、项目管理公司及监理上报。 6. 组织编制项目质量计划并分解、落实质量目标，编制质量奖惩责任制度并监督实施、进行过程控制和日常管理。 7. 负责协调各专业工程承包商之间连接交界面（或交界线）的施工计划及工序，对其交界面（或交界线）的整体工程质量负责。 8. 组织结构设计阶段和竣工验收阶段的各项工作，并进行技术资料的交验和质量记录的整理、分装。 9. 负责收集、保管并汇总各类成品及施工中形成的质量保证书、标准文件和相关资料
9	物资部	1. 负责项目物资设备的采购和供应工作，负责与采购供应商进行协调和联系。 2. 编制物资采购计划、进场计划，配合财务编制资金计划。 3. 编制项目物资领用管理制度和进行日常管理工作。 4. 进行物资进出库管理和仓储管理，统一策划材料的标识。 5. 监督、检查所有进场物资的质量，做好质量保证资料的收集、整理工作
10	商务部	1. 参与合约协调与结算，按期提供项目经济活动分析表，具体负责项目成本控制。 2. 负责编制工程变更、洽商费用计算与报批。 3. 向业主、项目管理公司、监理提交请款单并进行专业承包商的付款工作。 4. 负责项目合同管理、造价确定以及二次经营等事务的日常工作。 5. 配合业主进行各专业分包商的招标策划工作，根据业主要求完成相应商务文件

❂【学习自测】

一、单项选择题

1. 以下不属于单位工程施工部署编制依据的是（　　　）。

A. 施工合同或招投标文件　　　　　　　B. 施工图纸

C. 施工组织总设计　　　　　　　　　　D. 工程组织管理机构

2. 以下不属于单位工程施工部署的内容的是（　　　）。

A. 确定施工目标　　　　　　　　　　　B. 确定工程造价

C. 建立施工现场项目管理组织机构　　　D. 进度安排和空间组织

3. 关于项目施工组织机构的说法错误的是（　　　）。

A. 先进、科学的项目管理模式和完善的组织机构是保证施工顺利进行的先决条件

B. 项目组织机构是工程项目取得良好的社会效益和经济效益的保证

C. 项目组织机构是事关项目管理成败与否的首要内容

D. 项目组织机构是对项目管理人员职务的明确分工

二、多项选择题

1. 下列属于项目领导班子成员的有（   ）。

A. 项目经理   B. 财务部经理

C. 项目总工程师   D. 施工员

E. 合约商务部经理

2. 关于项目管理组织结构模式的说法，正确的有（   ）。

A. 矩阵组织结构适用于大型组织系统

B. 矩阵组织结构中有横向和纵向两个指令源

C. 职能组织结构中每一个工作部门只有一个指令源

D. 线性组织结构中可以跨部门下达指令

E. 大型线性组织系统中的指令路径太长

三、思考题

1. 简述确定施工组织机构的内容和程序。

2. 简述施工目标的内容。

任务 2　施工进度安排和空间组织

❂【任务引入】

根据给定的楚雄职教办公楼工程项目相关资料，完成该工程施工进度安排和空间组织的编制。

❂【知识链接】

1. 进度安排和空间组织的概念

施工进度
安排和空
间组织

进度安排是指项目进展的先后快慢的计划。空间组织是指施工过程中的空间布局和资源配置。进度安排和空间组织的内容是确定施工程序、划分施工段、确定施工起点与流向、确定施工顺序等。这是一个综合、全面的分析和对比决策过程，既要考虑施工技术措施，又必须考虑相应的施工组织措施。在进行进度安排和空间组织时，应明确说明工程主要施工内容及其进度安排，施工顺序应符合工序逻辑关系，应结合工程具体情况分阶段划分施工流水段。

2. 确定施工程序

施工程序是指单位工程中各分部工程或施工阶段的先后顺序及其制约关系。单位工程的施工程序一般为：接受施工任务阶段→开工前准备阶段→全面施工阶段→交工前验收阶段。不同施工阶段有不同的工作内容，按照其固有的先后顺序循序渐进地开展。

确定施工程序应注意以下几方面内容。

（1）严格执行开工报告制度

单位工程开工前必须做好一系列准备工作，在具备开工条件后，由施工企业提交书面开工申请报告，报上级主管部门审批后才可开工。实行工程监理的工程，施工企业还应将开工报告送监理工程师审批，由监理工程师发布开工通知书。

（2）遵守建设原则

一般建筑的建设原则有先地下、后地上，先主体、后围护，先结构、后装饰，先土建、后设备。但是，由于影响施工的因素很多，所以施工程序并不是一成不变的。特别是随着科学技术和建筑工业化的不断发展，有些施工程序也发生了变化，如某些分部工程改变其常见的先后顺序，采取搭接施工或平行施工。

（3）合理安排土建施工与设备安装的施工程序

这主要是针对施工内容较复杂且有较多干扰，除了要完成一般土建工程外，还要同时完成工艺设备和工业管道等安装工程的工业厂房。为了使工厂早日竣工投产，不仅要加快土建工程的施工速度，为设备安装提供工作面，还应该根据设备性质、安装方法、厂房用途等因素，合理安排土建施工与设备安装之间的施工程序。一般有先土建、后设备（封闭式施工），先设备、后土建（敞开式施工），以及设备与土建同时施工3种施工程序。

3. 划分施工段

划分施工段是将施工对象在空间上划分成多个施工区域，以适应流水施工的要求，使多个专业队能在不同的施工段上平行作业，并减少机械、设备及周转材料的配置量，从而缩短工期，降低成本，使生产连续、均衡地进行。常见建筑物的施工段划分如下。

（1）多层砖混住宅

基础应少分段或不分段，以利于整体性。结构施工阶段应以2~3个单元作为一个施工段，或每层分为2~3个施工段，面积小而不便于分段施工时，宜组织各栋号间流水。外装饰每层可按墙面分段。内装饰可将每个单元作为一个施工段，或每层分为2~3个施工段。

（2）现浇框架结构公共建筑

独立柱基础常按模板配置量分段。结构施工阶段的工序较多，宜按施工工种的个数（如钢筋、模板、混凝土三大工种）确定施工段数，即每层宜分为3段以上，每段宜含10~15根柱子的面积。

（3）剪力墙结构高层住宅

该类建筑多为有地下室的筏板基础或箱形基础，往往有整体性和防水性要求，因此地下部分最好不分段或少分段，当有后浇带时，可按后浇带的位置分段。主结构阶段的主要施工过程有四个：绑扎墙体钢筋、安装墙体大模板、支梁板模板、绑扎梁板钢筋，因此，每层不宜少于4个施工段，以便于流水。

4. 确定施工起点与流向

施工起点与流向指单位工程在平面或竖向空间开始施工的部位和方向。对单层建筑应分区、分段确定出平面上的施工流向；对多层建筑除了确定每层在平面上的施工流向外，还需确定在竖向上的施工流向。确定单位工程的施工起点与流向，应考虑以下因素。

（1）施工方法

施工方法是确定施工流向的关键因素。例如，一幢建筑物若采用逆作法施工地下两层混凝土结构，其施工流向为：测量定位放线→进行地下连续墙施工→进行钻孔灌注桩施工→±0.000标高结构层施工→地下两层结构施工，同时进行地上一层结构施工→底板和各层柱施工，完成地下室施工→完成上部结构施工。若采用顺作法施工地下两层混凝土结构，其施工流向为：测量定位放线→底板施工→换拆第二道支撑→地下两层结构施工→换拆第一道支撑→±0.000顶板施工→上部结构施工。

（2）生产或使用要求

一般考虑建设单位对生产或使用要求迫切的工段或部位先行施工。

（3）施工的繁简程度

一般来说，对技术较复杂、施工进度较慢、工期较长的工段或部位应先行施工。例如，高层现浇钢筋混凝土结构房屋的主楼部分应先施工，裙楼部分应后施工。

（4）房屋高、低层或高、低跨

当有高、低层或高、低跨并列时，应从高、低层或高、低跨并列处开始施工。例如，柱子的吊装应从高、低跨并列处开始；屋面防水层应按先高后低的方向施工，同一屋面则沿檐口到屋脊方向施工。

（5）工程现场条件和选用的施工机械

施工场地大小、道路布置形式、采用的施工方法和选用的施工机械也是确定施工起点与流向的主要因素。例如，基坑开挖工程根据不同的现场条件，可选择不同的挖掘机械和运输机械，这些机械的开行路线或位置布置形式决定了基坑挖土的施工起点与流向。

（6）施工组织的分层、分段

划分施工层、施工段的部位，如伸缩缝、沉降缝、施工缝等，也是决定其施工流向的因素。

（7）分部工程或施工阶段的特点

例如，基础工程平面施工流向由施工机械和施工方法决定，而竖向施工流向一般是先深后浅；主体结构工程平面施工流向无要求，但竖向施工流向一般应自下而上；装饰工程竖向施工流向比较复杂，室外装饰一般采用自上而下的施工流向，室内装饰则有自上而下、自下而上及先自中而下再自上而中 3 种施工流向。

5. 确定施工顺序

施工顺序是指分项工程或工序之间施工的先后顺序。确定施工顺序既是为了按照客观的施工规律组织施工，也是为了解决各工种之间在时间上的搭接问题和空间上的利用问题，在保证施工质量与安全的前提下，达到充分利用空间、缩短工期的目的。合理地确定施工顺序也是编制施工进度计划的需要。

（1）确定施工顺序的基本原则

1）遵循施工程序

施工程序确定了施工阶段或各分部工程之间的先后顺序，确定施工顺序时必须遵循施工程序。在全面施工阶段，应按先地下、后地上，先主体、后围护，先结构、后装饰，先土建、后设备的一般原则，结合工程具体情况，确定各分部工程、专业工程之间的先后顺序。

2）符合施工工艺要求

施工工艺上存在的客观规律和相互间的制约关系一般是不可违背的。例如，预制钢筋混凝土柱的施工顺序为：支设模板→绑扎钢筋→浇筑混凝土→养护→拆模板。

3）采用的施工方法与施工机械协调一致

例如，单层工业厂房结构吊装工程，当采用分件吊装法时，施工顺序为吊柱→吊梁→吊屋盖系统；当采用综合吊装法时，施工顺序则为第一节间吊装柱、梁和屋盖系统→第二节间吊装柱、梁和屋盖系统→……→最后一节间吊装柱、梁和屋盖系统。

4）考虑施工组织的要求

当工程的施工顺序有几种方案时，应从施工组织的角度进行综合分析和比较，选出最经济合理、最有利于施工和开展工作的施工顺序。

5）考虑施工质量和施工安全的要求

确定施工顺序必须以保证施工质量和施工安全为前提。例如，为了保证施工质量，楼梯抹面应在全部墙面、楼面和顶棚抹灰完成之后自上而下一次完成；为了保证施工安全，在主体结构施工中，只有完成两个楼层结构施工后，才允许在底层进行其他施工作业。

6）考虑当地气候条件的影响

例如，在雨季和冬季到来之前，应先完成室外各项施工过程，为室内施工创造条件。当冬季室内施工时，应先安装门窗扇，后做其他装饰工程。

（2）钢筋混凝土框架结构房屋的施工顺序

钢筋混凝土框架结构常用于多层民用房屋和工业厂房，也常用于高层建筑，其施工一般可划分为基础工程，主体结构工程，围护工程，屋面和装饰工程与水、电、暖、卫等工程5个阶段。各阶段的施工顺序如下。

1）基础工程施工顺序

多层钢筋混凝土框架结构房屋的基础工程一般可分为有地下室基础工程和无地下室基础工程。若有地下室一层且房屋建造在软土地基时，基础工程的施工顺序一般为桩基→围护结构→土方开挖→破桩头及铺垫层→地下室底板→地下室墙、柱（防水处理）→地下室顶板→回填土；若无地下室且房屋建造在土质较好的地区时，基础工程的施工顺序一般为挖土→垫层→基础（绑扎钢筋、支设模板、浇筑混凝土、养护、拆模板）→回填土。

在多层框架结构房屋的基础工程施工之前，要先处理好基础下部的松软土、洞穴等，然后分段进行流水施工。施工时，应根据当地的气候条件，加强对垫层和基础混凝土的养护，在基础混凝土达到拆模板要求时及时拆模板，并提早回填土，从而为上部结构施工创造条件。

2）主体结构工程的施工顺序（假定采用木制模板）

钢筋混凝土框架结构房屋的主体结构工程的施工顺序为绑扎柱钢筋→安装柱、梁、板模板（或将安装柱、梁、板模板放在浇筑柱混凝土之后）→浇筑柱混凝土→绑扎梁、板钢筋→

浇筑梁、板混凝土。柱、梁、板的支设模板，绑扎钢筋，浇筑混凝土等施工过程不但工作量大，耗用劳动力和材料多，而且对工程质量和工期也起着决定性作用。

3）围护工程的施工顺序

围护工程的施工主要包括墙体工程，墙体工程可与主体结构组织平行搭接施工，也可在主体结构封顶后再进行墙体工程施工。

4）屋面和装饰工程的施工顺序

屋面和装饰工程的施工具有施工内容多、劳动消耗量大、手工操作多、工期长等特点。屋面工程中最常见的是卷材防水屋面，其施工顺序一般为找平层→隔汽层→保温层→找平层→结合层→防水层。一般情况下，屋面工程和室内装饰工程可以搭接施工或平行施工。

装饰工程可分为室内装饰工程（顶棚、墙面、楼地面、楼梯等抹灰，门窗安装，做墙裙、踢脚线等）和室外装饰工程（外墙抹灰、勒脚、散水、台阶、明沟、落水管等）。室内外装饰工程的施工顺序通常有先内后外、先外后内、内外同时进行3种，具体采用哪种顺序应视施工条件、气候条件和工期而定。当室内为水磨石楼面时，为避免楼面施工时水的渗漏对外墙面的影响，应先完成水磨石的施工；如果为了赶在冬、雨期到来之前完成室外装修，那么就应采取先外后内的顺序。室外装饰工程的施工顺序一般为外墙抹灰（或其他饰面）→勒脚→散水→台阶→明沟，并由上而下逐层进行，同时安装落水斗、落水管和拆除外脚手架。

同一层的室内抹灰工程的施工顺序有楼地面→顶棚→墙面和顶棚→墙面→楼地面两种。前一种顺序便于清理地面，易于保证地面质量，但由于地面需要留养护时间及采取保护措施，从而会影响工期。后一种顺序在做地面前必须将顶棚和墙面施工时产生的落地灰和渣滓清理干净后再做面层，否则会引起地面空鼓。

底层地面施工一般是在各层顶棚、墙面、楼地面做好之后进行。楼梯间的休息平台和踏步抹面由于在施工期间易损坏，通常是在其他抹灰工程完成后，自上而下统一施工。门窗扇安装可在抹灰之前或之后进行，视气候和施工条件而定。例如，室内装饰工程若是在冬期施工，为防止抹灰层冻结和加速干燥，门窗扇均应在抹灰前安装完毕。

5）水、电、暖、卫等工程的施工顺序

水、电、暖、卫等工程不同于土建工程，它们通常无法清晰地划分成几个明显的施工阶段，一般与土建工程中有关的分部（分项）工程进行交叉施工，并紧密配合。配合的顺序和工作内容如下：① 在基础工程施工时，先将相应的管道沟的垫层、地沟墙做好，然后回填土；② 在主体结构和砌筑工程施工时，预留出上、下水管和暖气立管的孔洞、电线孔槽或预埋木砖和其他预埋件；③ 在装饰工程施工前，安设各种管道和用于电器照明的附墙暗管、接线盒等设施。水、暖、电、卫等工程一般在楼地面和墙面抹灰前施工或穿插施工，若电线采用明线，则应在室内粉刷后进行施工。

6. 工程施工的重点与难点

根据工程项目的特点和地理位置，对于单位工程施工的重点与难点应进行简要分析，包括组织管理和施工技术两个方面，并提出单位工程施工的重点与难点项目的施工要求。

（1）土石方与基坑支护工程

土石方与基坑支护工程的重点与难点通常是支护方案、地下水处理方案以及土方开挖方案，若不重视就有可能出现塌方等安全事故，所以应根据施工图纸并结合实际情况选择施工方法。如按照土的种类、土石方数量、运距、施工机械、工期等具体条件来决定土石方开挖和调配方案，并确定土方边坡坡度系数、土壁支撑方法、地下水位降低值等。

（2）基础工程

基础工程种类繁多，其重点与难点不尽相同，但浅基础施工的重点主要是局部地基的处理，深基础施工的重点与难点主要是机械的选择和防水的处理。如桩基础的施工，除了桩基选择外，重点应预防常见桩基质量事故的发生；钢筋混凝土基础及地下室工程应考虑防水处理等。

（3）钢筋混凝土工程

钢筋混凝土工程的重点与难点主要是模板系统选择、混凝土浇捣等。所以应重点选择模板、支架类型及支撑方法；选择钢筋连接的方式；选择混凝土供应、输送、浇筑的顺序和方法；确定混凝土振捣设备的类型；确定施工缝留设的位置，确定预应力混凝土的施工方法及控制应力等。

（4）屋面工程

屋面工程的重点与难点主要是确定屋面工程的施工方法及要求、确定屋面材料的运输方式等。

（5）装饰工程

装饰工程的重点与难点主要在于选择装饰工程的施工方法及其要求、确定施工工艺流程及流水施工安排。

❀【任务实施】

第一步 熟悉工程资料
熟悉该工程相关资料。
第二步 确定施工流程

总体施工顺序应体现工序之间的逻辑关系，要遵循先地下、后地上，先主体、后围护，先结构、后装饰，先土建、后设备的一般规律。以进度控制为主线，以计划、组织、协调为主要职能，依据各分部分项工程施工的自然逻辑顺序和该工程的组织关系进行全面策划，同时结合该工程特点及各相关专业的关系，得到总施工顺序如下。

（1）基坑与土石方施工阶段关键线路

在地面上完成所有围护桩施工（采用泥浆护壁钻孔灌注桩）→土石方开挖施工→塔吊基

础施工和塔吊安装。

（2）底板及地下结构施工阶段关键线路

截桩头、人工清底、验槽→基础垫层、防水层施工→一段、二段、三段的底板钢筋铺设、模板支设、混凝土浇筑与养护施工→地下室B1层墙柱、梁顶板施工（含水、电、暖、卫预埋安装）。底板施工区段划分示意图见图3-2-1。

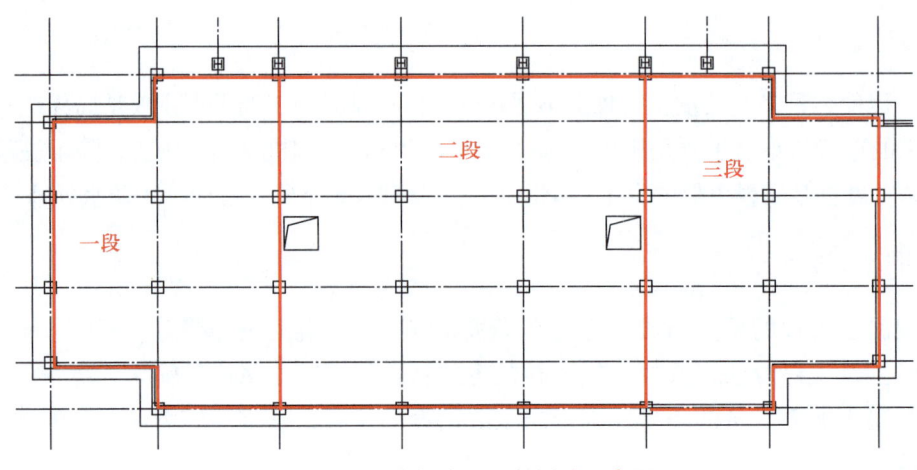

图3-2-1 底板施工区段划分示意图

（3）地上结构施工阶段关键线路

一层、二层、三层混凝土结构（柱、梁、板、梯）施工→四层、五层预制柱、梁、叠合板施工→层顶楼梯间、电梯间等机房施工→屋面找平、保温层、防水保护层施工→报告厅钢结构基础、墙砌筑、铝板屋面等施工。

（4）机电精装修施工阶段关键线路

室外市政施工→园林施工→室内机电安装→精装修施工

第三步 施工分区、流水段划分

（1）底板流水段划分

底板按照后浇带位置划分3个流水段（局部后浇带之间区域合并），分别为一段、二段、三段。根据出土先后顺序和施工工序，总体依次施工：一段→二段→三段。

（2）地下结构流水段划分

地下结构正常组织施工，按照后浇带位置划分3个流水段，分别为一段、二段、三段。

（3）地上结构流水段划分

地上结构包含钢结构施工流水段，按照楼层和东、西两个区域组织施工。

第四步　施工重难点

项目地形中的土层分布广泛、厚度较大，从地勘报告得知，土层厚度在 17.75～24 m 范围不等，这决定了建筑桩基深、工程量大、基础施工工期较长的特点。此外，土方开挖量大，边坡治理多，所以，项目工期将异常紧张，施工难度也将异常复杂，且施工过程跨越雨季和冬季，经历高考时段和中考时段，如何有效地组织施工是该工程的重点与难点。

❀【学习自测】

一、单项选择题

1. 下列关于高层现浇钢筋混凝土框架结构房屋的施工顺序说法正确的是（　　　　）。
A. 主楼部分先施工，裙楼部分后施工　　　B. 裙楼部分先施工，主楼部分后施工
C. 裙楼部分和主楼部分平行施工　　　　　D. 裙楼部分和主楼部分穿插施工

2. 当房屋出现有高、底层或高、低跨时，正确的施工顺序为（　　　　）。
A. 从高层或高跨处开始施工
B. 从低层或低跨处开始施工
C. 从高、低层或高、低跨并列处开始施工
D. 根据施工方便自行安排施工顺序

3. 下列关于室内外装饰工程的施工顺序说法正确的是（　　　　）。
A. 先内后外
B. 先外后内
C. 内外同时进行
D. 施工顺序的确定视施工条件、气候条件和工期而定

二、多项选择题

1. 划分施工层、施工段时，应考虑的因素有（　　　　　　）。
A. 伸缩缝、沉降缝、施工缝　　　　　　B. 工期、成本要求
C. 后浇带　　　　　　　　　　　　　　D. 流水施工要求

2. 下列关于水、电、暖、卫工程的施工顺序说法错误的有（　　　　　　）。
A. 一般与土建工程交叉进行施工
B. 在基础工程施工时，先将相应的管道沟的垫层、地沟墙做好，然后回填土
C. 若电线采用暗线，则应在室内粉刷后进行
D. 在主体结构和砌筑工程施工时，预留出上、下水管和暖气立管的孔洞、电线孔槽和其他预埋件

三、简答题

1. 简述确定单位工程施工起点与流向时应考虑的因素。
2. 简述基础工程施工的重点与难点部位。
3. 简述钢筋混凝土工程施工的重点与难点部位。

模块四
编制施工进度计划

【学习目标】

知识目标：

1. 了解施工流水的基本概念；熟悉不同施工组织方式的优缺点及适用范围；熟悉流水施工的基本参数；掌握流水施工的基本方式及流水施工在工程中的应用。

2. 了解网络计划的概念、原理、特点；掌握双代号网络计划和单代号网络计划的绘图规则、时间参数计算（工作计算法、节点计算法）；熟悉双代号时标网络计划；熟悉网络计划的检查与调整。

3. 掌握编制施工进度计划的步骤和方法。

能力目标：

1. 能应用流水施工原理编制横道图式进度计划。

2. 能应用网络计划技术编制网络式进度计划。

3. 能编制单位工程施工进度计划。

4. 能应用 BIM 技术软件编制进度计划。

素养目标：

1. 培养精益求精、追求卓越的工匠精神。

2. 具有绿色、创新、大局意识。

3. 具有严格按规则和程序办事的意识。

4. 适应行业变化和变革，具有信息化的学习意识。

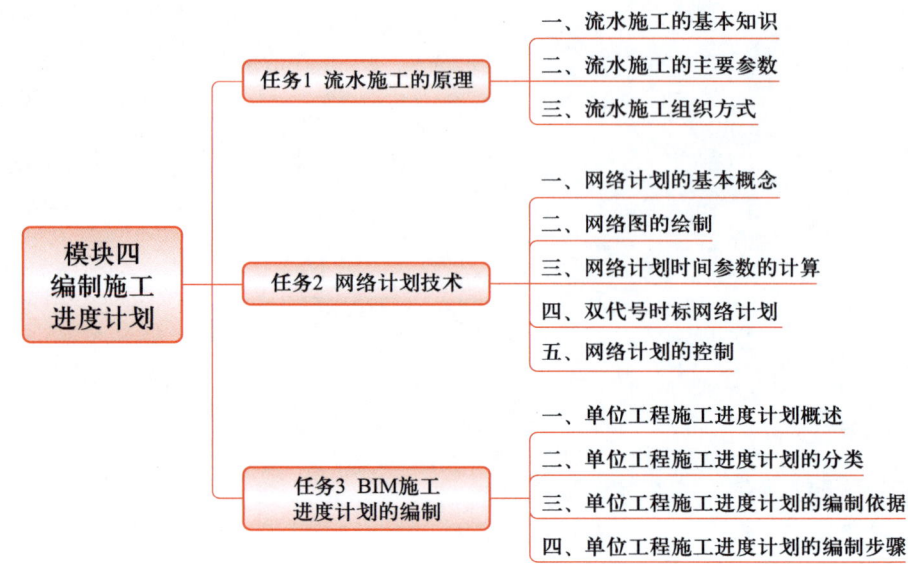

模块四
编制施工
进度计划

任务1 流水施工的原理
一、流水施工的基本知识
二、流水施工的主要参数
三、流水施工组织方式

任务2 网络计划技术
一、网络计划的基本概念
二、网络图的绘制
三、网络计划时间参数的计算
四、双代号时标网络计划
五、网络计划的控制

任务3 BIM施工
进度计划的编制
一、单位工程施工进度计划概述
二、单位工程施工进度计划的分类
三、单位工程施工进度计划的编制依据
四、单位工程施工进度计划的编制步骤

任务 1　流水施工的原理

🔅【任务引入】

　　某五层教学楼，占地面积为 400 m²，建筑面积为 1 800 m²。该教学楼的基础采用钢筋混凝土条形基础，基础部分各分项工程的劳动量和施工班组人数见表 4-1-1。完成该教学楼基础部分流水施工，并绘制流水施工进度计划。

表 4-1-1　某五层教学楼基础部分各分项工程的劳动量和施工班组人数

序号	分项工程名称	劳动量 / 工日	施工班组人数 / 人
1	基槽挖土	224	30
2	浇筑混凝土垫层	16	30
3	绑扎基础钢筋	64	8
4	浇筑基础混凝土	130	25
5	浇筑素混凝土墙基础	70	25
6	回填土	64	8

🔅【知识链接】

1. 流水施工的基本知识

　　任何一个建筑工程都是由若干个施工过程组成的，每一个施工过程可以组织一个或多个施工班组来进行施工。如何组织各施工班组的先后顺序，是组织施工的一个基本而又关键的问题。建筑工程施工中常用的组织方式有 3 种：依次施工、平行施工和流水施工。

　　下面结合实例说明 3 种施工组织方式及其特点。

　　某三幢相同的混合结构房屋的基础工程划分为挖土方、现浇混凝土基础、回填土三个施工过程，每个施工过程安排一个施工班组，采取一班制施工，其中每幢楼的挖土方工作由 13 人组成的施工班组 3 天完成；每幢楼的现浇混凝土基础工作由 20 人组成的施工班组 3 天完成；每幢楼的回填土工作由 10 人组成的施工班组 3 天完成。三幢建筑物的基础工程施工采用 3 种不同施工组织方式的特点和效果分析如下。

（1）施工组织方式

1）依次施工

　　① 依次施工的概念。

　　依次施工是指将拟建工程项目中的每一个施工对象分解为若干个施工过程，按施工工艺要求依次完成每一个施工过程；当一个施工对象完成后，再按同样的顺序完成下一个施工对象，依次类推，直至完成所有的施工对象的施工过程。依次施工的施工进度安排及劳动力需

施工组织
方式（1）

施工组织
方式（2）

要量曲线见图 4-1-1。

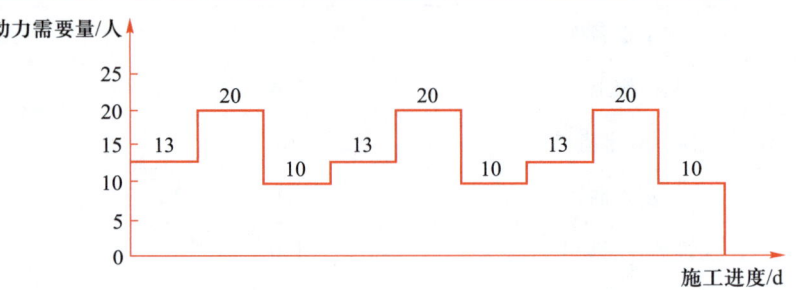

施工过程	施工班组人数	施工进度/d								
		3	6	9	12	15	18	21	24	27
挖土方	13									
现浇混凝土基础	20									
回填土	10									

图 4-1-1　依次施工的施工进度安排及劳动力需要量曲线

② 依次施工的工期计算式

$$T = m\sum t_i \qquad (4\text{-}1\text{-}1)$$

式中：T——完成该工程所需总工期，单位为 d；

m——施工段数或房屋幢数；

$\sum t_i$——各施工过程在第 i 个施工段上完成施工任务所需时间之和，单位为 d。

③ 依次施工的特点。

a. 没有充分利用工作面进行施工，工期长。

b. 若按专业成立施工班组，则各专业施工班组不能连续作业，有时间间歇，导致劳动力及施工机械等资源无法均衡使用。

c. 若由一个施工班组完成全部施工任务，则不能实现专业化施工，不利于提高劳动生产率和工程质量。

d. 单位时间内投入的劳动力、施工机械、材料等资源量较少，有利于资源供应的组织。

e. 施工现场的组织、管理比较简单。

根据以上特点可知，依次施工适用于规模较小、工作面有限、工期要求不是很紧的工程。

2）平行施工

① 平行施工的概念。

平行施工是指组织几个劳动组织相同的施工班组，在同一时间、不同的空间，按施工工艺要求完成各施工对象的施工过程。平行施工的施工进度安排及劳动力需要量曲线见图 4-1-2。

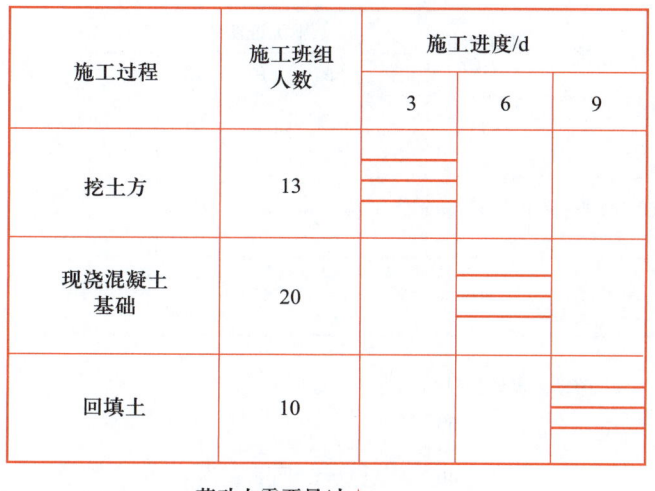

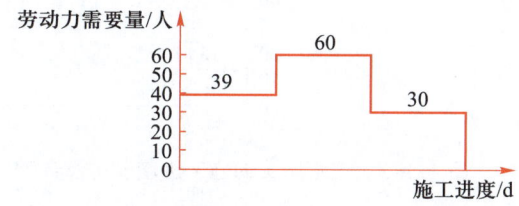

图 4-1-2　平行施工的施工进度安排及劳动力需要量曲线

② 平行施工的工期计算式

$$T = \sum t_i \qquad\qquad (4\text{-}1\text{-}2)$$

式中：T、$\sum t_i$ 同式（4-1-1）。

③ 平行施工的特点。

a. 充分利用工作面进行施工，工期短。

b. 若每一个施工对象均按专业成立施工班组，则各专业施工班组不能连续作业，劳动力及施工机械等资源无法均衡使用。

c. 若由一个施工班组完成一个施工对象的全部施工任务，则不能实现专业化施工，不利于提高劳动生产率和工程质量。

d. 单位时间内投入的劳动力、施工机械、材料等资源量成倍增加，不利于资源供应的组织。

e. 施工现场的组织、管理比较复杂。

平行施工一般适用于工期要求紧、规模较大及分批、分期组织施工的工程。该方式只有在各方面的资源供应有保障的前提下才是合理的。

3）流水施工

① 流水施工的概念。

流水施工是指将拟建工程项目中的每一个施工对象分解为若干个施工过程，并按照施工过程成立相应的专业施工班组，各专业施工班组按照施工顺序依次完成各个施工对象的施工过程，同时保证施工在时间和空间上连续、均衡和有节奏地进行，使相邻两个专业施工班组能最大限度地搭接作业。流水施工的施工进度安排及劳动力需要量曲线见图 4-1-3。

施工过程	施工班组人数	施工进度/d				
		3	6	9	12	15
挖土方	13					
现浇混凝土基础	20					
回填土	10					

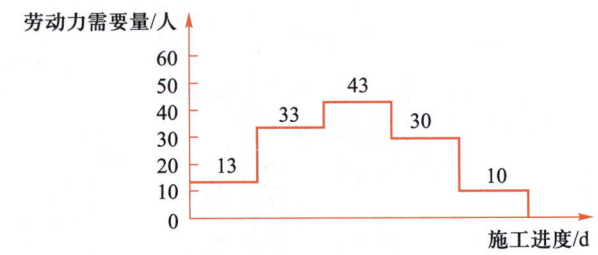

图 4-1-3 流水施工的施工进度安排及劳动力需要量曲线

② 流水施工的工期计算式

$$T = \sum K_{i,i+1} + T_n \qquad (4\text{-}1\text{-}3)$$

式中：T 同式（4-1-1）；

$\sum K_{i,i+1}$——相邻两个施工过程的施工班组开始投入施工的时间间隔，单位为 d；

T_n——最后一个施工过程的施工班组完成施工任务所花的时间，单位为 d。

③ 流水施工的特点。

a. 尽可能利用工作面进行施工，工期比较短。

b. 各施工班组实现了专业化施工，有利于提高技术水平和劳动生产率，也有利于提高工程质量。

c. 专业施工班组能够连续施工，同时使相邻专业施工班组的开工时间能够最大限度地搭接。

d. 单位时间内投入的劳动力、施工机具、材料等资源量较为均衡，有利于资源供应的组织。

e. 为施工现场的文明施工和科学管理创造了有利条件。

【案例 4-1-1】某工程住宅小区拟建 3 幢结构相同的建筑物，其编号分别为 Ⅰ、Ⅱ、Ⅲ，各建筑物的现浇混凝土工程可分解为支设模板、绑扎钢筋和浇筑混凝土 3 个施工过程，这 3 个施工过程分别由相应的专业施工班组完成，每个专业施工班组对每幢建筑物的施工时间均为 3 周，各专业施工班组的人数分别为 14 人、18 人和 10 人。试分别组织依次施工、平行施工、流水施工，求出工期并绘制进度计划表。

【解】① 组织依次施工。根据任务要求绘制组织依次施工的施工进度安排及劳动力需要量曲线，见图 4-1-4。

工程编号	施工过程	施工班组人数	施工时间/周	3	6	9	12	15	18	21	24	27
	支设模板	14	3	▬								
Ⅰ	绑扎钢筋	18	3		▬							
	浇筑混凝土	10	3			▬						
	支设模板	14	3				▬					
Ⅱ	绑扎钢筋	18	3					▬				
	浇筑混凝土	10	3						▬			
	支设模板	14	3							▬		
Ⅲ	绑扎钢筋	18	3								▬	
	浇筑混凝土	10	3									▬

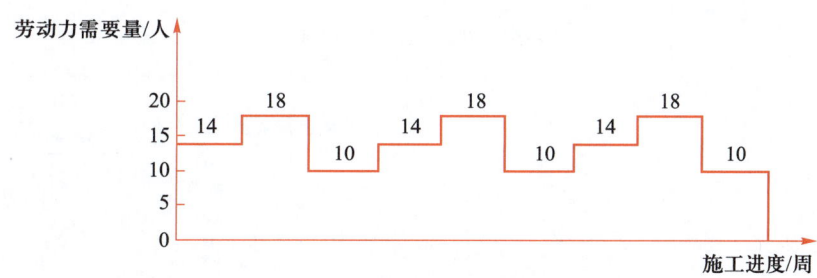

图 4-1-4　组织依次施工的施工进度安排及劳动力需要量曲线

由此可得组织依次施工的工期为

$$T = m\sum t_i = 3\times(3+3+3)\text{周} = 27\text{周}$$

② 组织平行施工。根据任务要求绘制组织平行施工的施工进度安排及劳动力需要量曲线，见图 4-1-5。

由此可得组织平行施工的工期为

$$T = \sum t_i = 3\text{周}+3\text{周}+3\text{周} = 9\text{周}$$

③ 组织流水施工。根据任务要求绘制组织平行施工的施工进度安排及劳动力需要量曲线，见图 4-1-6。

工程编号	施工过程	施工班组人数	施工时间/周	施工进度/周		
				3	6	9
I	支设模板	14	3	──		
	绑扎钢筋	18	3		──	
	浇筑混凝土	10	3			──
II	支设模板	14	3	──		
	绑扎钢筋	18	3		──	
	浇筑混凝土	10	3			──
III	支设模板	14	3	──		
	绑扎钢筋	18	3		──	
	浇筑混凝土	10	3			──

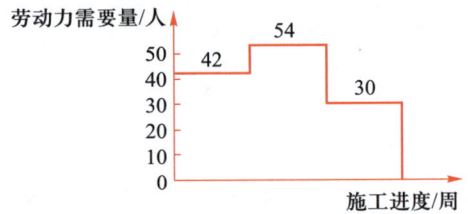

图 4-1-5　组织平行施工的施工进度安排及劳动力需要量曲线

由此可得组织平行施工的工期为

$$T = \sum K_{i,i+1} + T_n = 3周 + 3周 + 3周 + 3周 + 3周 = 15周$$

（2）流水施工的技术经济效果

通过以上三种施工方式的比较，可以看出，流水施工方式是一种先进、科学的施工方式，它克服了依次施工和平行施工的缺点，又具有两者的优点。由于在工艺过程划分、时间安排和空间布置上进行了统筹安排，所以能够带来显著的技术经济效果，可归纳为以下几点：

① 由于流水施工具有连续性，保证了各专业施工班组的连续施工，减少了各专业工作的间隔时间，充分利用了工作面，缩短了工期，可使工程尽早发挥投资效益。

② 由于流水施工方式使各工作队实现了专业化生产，工人连续作业，操作熟练，便于不断改进操作方法和施工机械，提高施工技术水平和劳动生产率。

工程编号	施工过程	施工班组人数	施工时间/周	施工进度/周				
				3	6	9	12	15
I	支设模板	14	3	▬				
	绑扎钢筋	18	3		▬			
	浇筑混凝土	10	3			▬		
II	支设模板	14	3		▬			
	绑扎钢筋	18	3			▬		
	浇筑混凝土	10	3				▬	
III	支设模板	14	3			▬		
	绑扎钢筋	18	3				▬	
	浇筑混凝土	10	3					▬

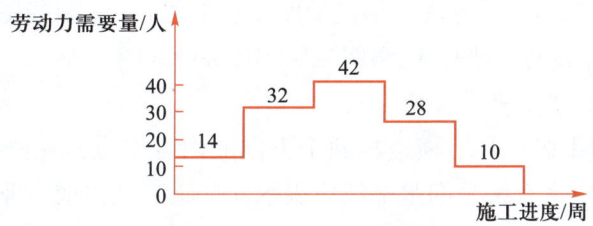

图 4-1-6　组织流水施工的施工进度安排及劳动力需要量曲线

③ 由于流水施工组织合理，工人连续作业，没有窝工现象，减少了机械闲置时间，增加了有效劳动时间，从而使施工机械和劳动力的生产效率得以充分发挥。

④ 由于流水施工实现了专业化生产，提高了工人的技术水平和熟练程度，有利于保证和提高工程质量。

⑤ 由于工期缩短，劳动生产率提高，资源供应均衡，各专业施工班组连续、均衡作业，减少了临时设施数量，从而节约了人工费、材料费、机械使用费和施工管理费等，有效降低了工程成本。

（3）组织流水施工的条件

流水施工的实质是分工协作与成批生产。在社会化大生产的背景下，分工已经形成，由于建筑产品体形庞大，通过划分施工段就可将单件大型产品转化成假想的多件产品。组织流水施工的条件主要有以下 5 点。

1）划分分部（分项）工程

将拟建工程根据工程特点及施工要求，划分为若干个分部工程，每个分部工程又可根据施工工艺要求、工程量大小、施工班组的组成情况，划分为若干个施工过程（即分项工程）。

2）划分施工段

根据组织流水施工的需要，将所建工程在平面或空间上划分为工程量大致相等的若干个施工区段。

3）每个施工过程组织独立的施工班组

在一个流水组中，每个施工过程尽可能组织独立的施工班组，其形式可以是专业班组，也可以是混合班组，这样可以使每个施工班组按照施工顺序依次、连续、均衡地从一个施工段转到另一个施工段进行相同的操作。

4）主要施工过程必须连续、均衡地施工

对工程量较大、施工时间较长的施工过程，必须组织连续、均衡地施工，对其他次要施工过程，可考虑与相邻的施工过程合并或在有利于缩短工期的前提下，安排其间断施工。

5）不同的施工过程尽可能组织平行施工或搭接施工

按照先后顺序要求，在有工作面的条件下，除必要的技术和组织间歇时间外，尽可能组织平行施工或搭接施工。

（4）流水施工的表示方法

流水施工
的表示方
法

流水施工的表示方法包括横道图（水平图表）、斜线图（垂直图表）和网络图三种。这里介绍横道图和斜线图，网络图在后续任务中介绍。

1）横道图（水平图表）

横道图由纵坐标、横坐标两个方向的内容组成，左侧一栏表示施工过程，表头表示施工进度。n 条带有编号的水平线段表示 n 个施工过程或专业施工班组的施工进度安排，各水平线段的左边端点表示工作在该施工段上开始施工的瞬间，水平线段的右边端点表示该工作在施工段上结束施工的瞬间，水平线段的长度代表该工作在施工段上的持续时间，①、②、③、④表示施工段的编号，流水施工的横道图表示法如图4-1-7所示。

横道图的优点如下：

① 编制简单，表述直观明了。

② 结合时间坐标，可以清晰地看到各项工作的起止时间、作业持续时间、工作进度、总工期以及流水作业的情况。

③ 对人力和其他资源的计算便于按图叠加。

横道图的缺点如下：

① 不能全面反映各项工作之间错综复杂的相互联系与相互制约关系。

② 不能明确指出哪些工作是关键工作，哪条线路是关键线路，也看不出工作中可灵活运用的机动时间，因而抓不住工作的重点，看不到潜力所在，无法进行合理的组织安排和生产指挥。

③ 不能使用计算机进行计算和优化。

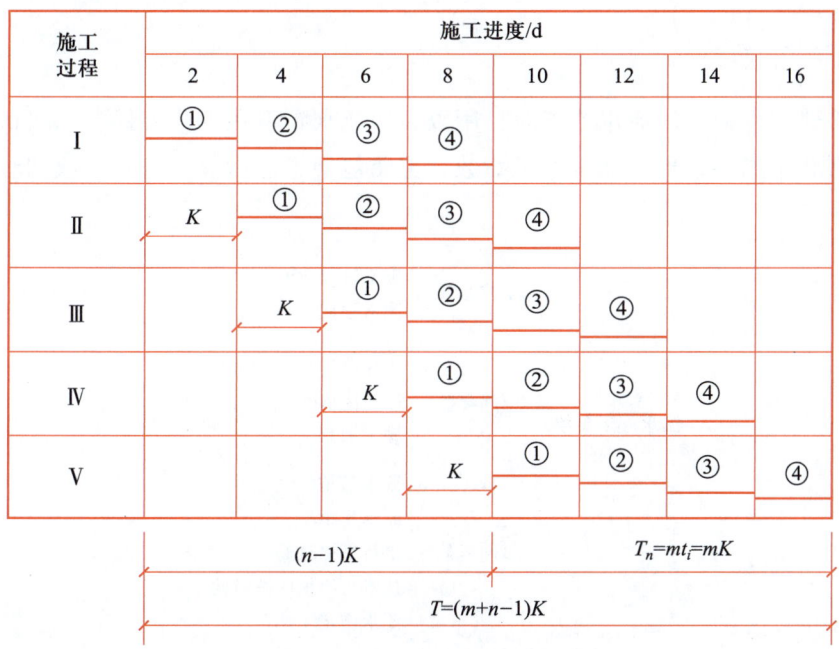

图 4-1-7 流水施工的横道图表示法

2）斜线图（垂直图表）

斜线图由纵坐标、横坐标两个方向的内容组成，横坐标表示流水施工的持续时间，即施工进度；纵坐标表示开展流水施工的施工段数及其编号；斜向线段表示一个施工过程或专业施工班组分别投入各个施工段工作的时间和顺序，流水施工的斜线图表示法如图 4-1-8 所示。

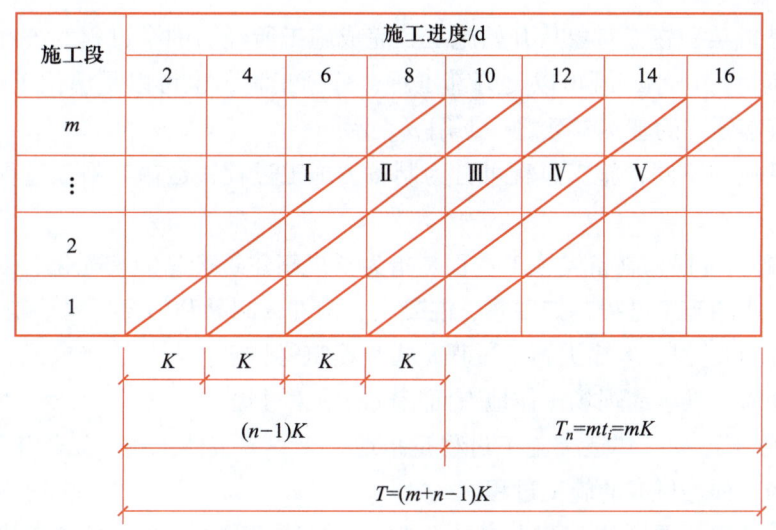

图 4-1-8 流水施工的斜线图表示法

斜线图的优点是施工过程及其先后顺序表达清楚，时间和空间状况形象直观，斜向线段的斜率可以直观地表达各施工过程的进展速度；缺点是编制计划不如横道图方便，因此应用较少。

2. 流水施工的主要参数

在组织拟建工程项目的流水施工时，用以表达流水施工在工艺流程、空间布置和时间排列等方面开展状态的参数称为流水施工参数，主要包括工艺参数、空间参数和时间参数，如图4-1-9所示。

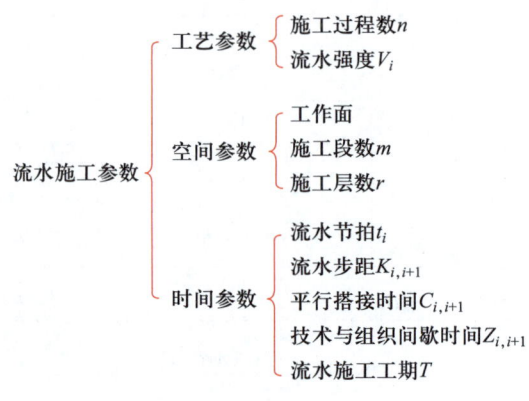

图 4-1-9　流水施工参数

（1）工艺参数

工艺参数

工艺参数是指在组织流水施工时，用以表达流水施工在施工工艺方面进展状态的参数，通常包括施工过程数和流水强度 V_i。

1）施工过程数 n

施工过程是指某一施工对象从开始施工到完成施工所经历的全过程的统称，施工过程所包含的施工范围可大可小，既可以是分部工程、分项工程，也可以是单位工程、单项工程。施工过程数是流水施工的基本参数之一，用 n 表示。

根据工艺性质的不同，施工过程可分为制备类施工过程、运输类施工过程和建造类施工过程三种。

① 制备类施工过程。制备类施工过程是指为了提高建筑产品的装配化、工厂化、机械化和生产能力而形成的施工过程，如砂浆、混凝土、构件、制品和门窗框扇等制备过程。

② 运输类施工过程。运输类施工过程是指将建筑材料、构配件、半成品、制品和设备等运到施工现场仓库、堆场或现场操作地点而形成的施工过程。

③ 建造类施工过程。建造类施工过程是指地下工程、主体工程、结构工程、安装工程、屋面工程、装饰工程等形成的施工过程。

施工过程数的确定要适当，若太多、太细，会给计算增添麻烦，使施工进度计划主次不分；若太少，又会使施工进度过于笼统，失去指导施工的作用。一般混合结构居住房屋的施工过程数取 20 ~ 30 个，工业建筑的施工过程数要多一些。

2）流水强度 V_i

流水强度也称为流水能力或生产能力，是指流水施工的某施工过程（或专业施工班组）

在单位时间内完成的工程量，一般用 V_i 表示。

① 机械施工过程流水强度的计算式

$$V_i = \sum_{i=1}^{x} R_i S_i \qquad (4\text{-}1\text{-}4)$$

式中：V_i——第 i 个施工过程的机械操作流水强度；

R_i——投入第 i 个施工过程的某种施工机械台数；

S_i——投入第 i 个施工过程的某种施工机械产量定额；

x——投入第 i 个施工过程的施工机械种类数。

② 人工施工过程流水强度的计算式

$$V_i = R_i S_i \qquad (4\text{-}1\text{-}5)$$

式中：V_i——第 i 个施工过程的人工操作流水强度；

R_i——投入第 i 个施工过程的施工班组数；

S_i——投入第 i 个施工过程的施工班组平均产量定额。

（2）空间参数

空间参数是指在组织流水施工时，用以表达流水施工在空间布置上所处状态的参数，包括工作面、施工段数和施工层数。

空间参数

1）工作面

某专业工种在加工建筑产品时所必须具备的活动空间称为该工种的工作面。工作面的大小直接反映了能安排的施工人数或机械台数的多少。每个作业工人或每台施工机械所需工作面的大小，取决于单位时间内其完成的工程量和安全施工的要求。在流水施工中，有的施工过程从一开始就在整个操作面上形成了施工工作面，如人工开挖基槽；而有的工作面是随着上一个施工过程的完成才形成的，如现浇钢筋混凝土的支设模板、绑扎钢筋和浇筑混凝土。最小工作面所能容纳的现场施工人员和施工机械的最大数量，决定了专业施工班组人数的上限。因此，工作面的合理确定直接决定专业施工班组的生产效率。

主要工种最小工作面参考值如表 4-1-2 所示。

表 4-1-2　主要工种最小工作面参考值

工作项目		每个技工的最小作业空间 /（m²/人）
砌筑		6 ~ 8
模板	梁	7 ~ 8
	柱	0.15 ~ 0.25
	板	20 ~ 25
	墙	12 ~ 18

工作项目		每个技工的最小作业空间 / (m²/人)
钢筋	梁	8 ~ 10
	柱	0.6 ~ 0.7
	板	30 ~ 35
现浇混凝土	柱	0.15 ~ 0.25
	梁	2 ~ 3
	板	10 ~ 12
	墙	2 ~ 3
抹灰	外墙	15 ~ 20
	内墙	20 ~ 26
	顶棚	18 ~ 20
	楼地面	30 ~ 40
卷材防水		20 ~ 25
门窗安装		7 ~ 12

2）施工段数 m

划分施工段是组织流水施工的基础，通常把拟建工程项目在各个施工层（不同于结构层）的平面上划分成若干个劳动量大致相等的施工段落，这些施工段落称为施工段或流水段。施工段数以 m 表示，它是流水施工的基本参数之一。

① 划分施工段的目的。

土木工程体形庞大，将其划分为若干个施工段，不同的专业施工班组就可以在不同的施工段上平行施工。在组织流水施工时，安排各专业施工班组按一定的时间顺序从一个施工段转移到另一个施工段进行连续施工，既消除窝工现象，又确保各专业施工班组之间互不干扰。

② 划分施工段的原则。

a. 保证各施工班组连续、均衡施工。在划分施工段时，主要专业工种在各个施工段所消耗的劳动量要大致相等，相差幅度不宜超过 10% ~ 15%。

b. 要有足够的工作面。在保证各专业施工班组劳动组合优化的前提下，施工段的划分要满足专业工种对工作面的要求。

c. 保证结构的整体完整性。以主导施工过程为依据，在不破坏结构力学性能的前提下划分施工段，施工段分界线应尽可能与结构自然界线相吻合，如伸缩缝、沉降缝、单元分界处或门窗洞口处。

d. 施工段的数目要合理。为便于组织流水施工，施工段数目的多少应与施工过程相协调，施工段数目过多，会增加施工持续时间，延长工期；施工段数目过少，劳动力、机械、材料的供应过分集中，会造成窝工、断流现象，不利于充分利用工作面。

e. 当组织多层或高层主体结构工程流水施工时，为确保主导施工过程的施工班组在层间也能保持连续施工（即各专业施工班组完成第一施工段后，立即转入第二施工段作业，施工完第一层的最后一施工段，立即转入第二层的第一施工段），每层施工段的数目应满足 $m \geq n$；当有间歇时间、搭接时间时，应满足式（4-1-6）的要求。

$$m \geq n + \frac{\sum Z_1}{K} + \frac{Z_2}{K} - \frac{\sum C}{K} \quad\quad （4-1-6）$$

式中：$\sum Z_1$——同一施工层内各个施工过程间的技术与组织间歇时间之和；

　　　Z_2——层间间歇；

　　　$\sum C$——同一施工层内各个施工过程间搭接时间之和；

　　　K——流水步距。

【案例 4-1-2】某二层现浇钢筋混凝土工程，主体结构施工时施工过程划分为支设模板、绑扎钢筋和浇筑混凝土 3 个施工过程，每个施工过程在一个施工段上的持续时间均为 5 d。当施工段数分别为 2 段、3 段、4 段时，试分别组织流水施工，并分析各专业施工班组的连续工作情况及工作面的利用情况。

【解】① 当施工段数 $m=2$，施工过程数 $n=3$，即 $m<n$ 时，施工进度计划如图 4-1-10 所示。

施工层	施工过程	施工进度/d						
		5	10	15	20	25	30	35
一层	支设模板	①	②					
	绑扎钢筋		①	②				
	浇筑混凝土			①	②			
二层	支设模板				①	②		
	绑扎钢筋					①	②	
	浇筑混凝土						①	②

图 4-1-10　$m<n$ 时施工进度计划

结论：当 $m<n$ 时，各专业施工班组不能连续工作，有窝工现象（本案例支设模板班组完成第一施工层的施工任务后，要停工 5 d 才能进行第二施工层第一施工段的施工，其他班组同样也要停工 5 d），工作面没有闲置，充分利用。

② 当施工段数 $m=3$，施工过程数 $n=3$，即 $m=n$ 时，施工进度计划如图 4-1-11 所示。

施工层	施工过程	施工进度/d							
		5	10	15	20	25	30	35	40
一层	支设模板	①	②	③					
	绑扎钢筋		①	②	③				
	浇筑混凝土			①	②	③			
二层	支设模板				①	②	③		
	绑扎钢筋					①	②	③	
	浇筑混凝土						①	②	③

图 4-1-11　$m=n$ 时施工进度计划

结论：当 $m=n$ 时，各专业施工班组连续工作，无窝工现象，工作面没有闲置，充分利用。这是理想化的流水施工方案，此时要求项目管理者提高管理水平，不能有任何时间上的延误。

③ 当施工段数 $m=4$，施工过程数 $n=3$，即 $m>n$ 时，施工进度计划如图 4-1-12 所示。

施工层	施工过程	施工进度/d									
		5	10	15	20	25	30	35	40	45	50
一层	支设模板	①	②	③	④						
	绑扎钢筋		①	②	③	④					
	浇筑混凝土			①	②	③	④				
二层	支设模板					①	②	③	④		
	绑扎钢筋						①	②	③	④	
	浇筑混凝土							①	②	③	④

图 4-1-12　$m>n$ 时施工进度计划

结论：当 $m>n$ 时，各专业施工班组连续工作，无窝工现象，工作面有闲置（第一施工层各施工段浇完混凝土后，工作面空闲 5 d），未充分利用，但这种空闲可以用于弥补技术与组织间歇时间等所必需的时间。

通过以上三种情况的分析可以得出，当组织有层间关系且分段的流水施工时，为保证各施工过程的施工班组能连续施工，每层的施工段数目应满足的基本条件为

$$m_{\min} \geqslant n \tag{4-1-7}$$

式中：m_{min}——每个施工层需要划分的最少施工段数；

  n——施工过程数或施工班组数。

当施工对象无层间划分时，施工段数与施工过程数之间的关系不受约束。但是注意施工段数 m 不能过多；否则，可能不满足最小工作面要求，材料、人员、机械的操作空间过于集中，影响效率和效益，且易发生事故。

3）施工层数 r

在组织流水施工时，为了满足专业工种对操作高度和施工工艺的要求，将拟建工程项目在竖向上划分为若干个操作层，这些操作层称为施工层，用 r 表示。

施工层的划分，要按工程项目的具体情况，根据建筑物的高度、楼层确定。如单层工业厂房砌体工程一般按 1.2 ~ 1.4 m（即一个脚手架的高度）划分为一个施工层，内抹灰、木装饰、油漆、玻璃等装饰工程，可按一个楼层划分为一个施工层。

（3）时间参数

时间参数是指在组织流水施工时，用以表达组织流水施工的各施工过程在时间排列上所处状态的参数，包括流水节拍、流水步距、平行搭接时间、技术与组织间歇时间、流水施工工期等。

1）流水节拍 t

流水节拍是指在组织流水施工时，某专业施工班组在一个施工段上完成施工任务所需的时间，用 t_i 表示（i 表示第 i 个施工过程的编号或代号，i=1，2，3……）。

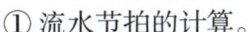

流水节拍

① 流水节拍的计算。

流水节拍的大小直接关系到投入的劳动力、材料和机械的多少，决定流水施工的节奏、施工速度和工期，其主要计算方法有定额计算法、经验估算法和工期推算法。

a. 定额计算法。根据各施工段的工程量和投入的资源量（专业施工班组人数、主导施工机械的台数等）来确定，其计算式为

$$t_i = \frac{Q_i}{S_i R_i N_i} = \frac{P_i}{R_i N_i} = \frac{Q_i H_i}{R_i N_i} \qquad (4-1-8)$$

式中：t_i——第 i 个施工过程的流水节拍；

  Q_i——第 i 个施工过程在一个施工段上的工程量；

  S_i——第 i 个施工过程人工或机械的产量定额；

  R_i——第 i 个施工过程的专业施工班组人数或机械台数；

  N_i——第 i 个施工过程的专业施工班组每天工作班次；

  P_i——第 i 个施工过程在施工段上的劳动量（工日/台班）；

  H_i——第 i 个施工过程人工或机械的时间定额。

b. 经验估算法。根据以往的施工经验进行估算，一般为了提高准确程度，往往先估算出该流水节拍的最短、最长和正常的三种时间，然后据此求出期望时间，并将其作为某施工班组在某施工段上的流水节拍。因此，本法也称为三种时间估算法。一般按式（4-1-9）进行计算。这种方法多适用于采用新工艺、新方法和新材料等没有定额可循的工程或项目。

$$t_i = \frac{a_i + b_i + 4c_i}{6} \qquad (4\text{-}1\text{-}9)$$

式中：t_i——第 i 个施工过程的流水节拍；

a_i——第 i 个施工过程在一个施工段上的最短估算时间；

b_i——第 i 个施工过程在一个施工段上的最长估算时间；

c_i——第 i 个施工过程在一个施工段上的正常估算时间。

c. 工期推算法。对某些施工任务在规定日期内必须完成的工程项目，往往采用倒排进度法，即根据工期要求先确定流水节拍，然后用式（4-1-8）求出所需施工班组数或机械台数。但在这种情况下，需要检查劳动力和机械供应的可能性，物资供应能否与之相适应。具体步骤如下：

● 根据工期倒排进度，确定某施工过程的工作延续时间。

● 确定某施工过程在某施工段上的流水节拍。若同一施工过程的流水节拍不相等，则用估算法；若流水节拍相等，则按式（4-1-10）计算。

$$t_i = \frac{T_i}{m} \qquad (4\text{-}1\text{-}10)$$

式中：t_i——第 i 个施工过程 i 的流水节拍；

T_i——第 i 个施工过程 i 的工作持续时间；

m——施工段数。

② 确定流水节拍应注意的问题。

在编制施工组织进度计划中，一般以定额计算法为主，以工期推算法来控制进度。应注意如下问题：

a. 施工班组的人数应符合该施工过程最少劳动组合人数的要求和工作面的人数限制条件。

b. 要考虑各种机械台班的产量或吊装次数。

c. 要考虑施工现场对各种材料、构件等的堆放容量、供应能力及其他因素的制约。

d. 满足施工技术条件的要求。

e. 流水节拍值一般取整数天，必要时可考虑半个工作班次的整数倍。

2）流水步距 $K_{i,i+1}$

流水步距

流水步距是指两个相邻的施工过程施工班组相继进入同一施工段开始施工的最小时间间隔（不包括技术与组织时间），用符号 $K_{i,i+1}$ 表示（i 表示前一个施工过程，$i+1$ 表示后一个施工过程）。

流水步距的大小对工期有较大的影响。一般来说，在施工段不变的条件下，流水步距越大，工期越长；流水步距越小，则工期越短。流水步距与工期的关系如图 4-1-13 所示，基础工程和结构安装两个相邻施工过程的流水步距 $K_{I,II}=5$ 周，结构安装和室内装修两个相邻施工过程的流水步距 $K_{II,III}=10$ 周，室内装修与室外工程两个相邻施工过程的流水步距 $K_{III,IV}=25$ 周，流水步距还与两个相邻施工过程流水节拍的大小、施工工艺和技术要求、施工段数、流水施工组织方式有关。流水步距的数目等于（$n-1$）个参加流水施工的施工过程（班组）数。

施工过程	施工进度/周											
	5	10	15	20	25	30	35	40	45	50	55	60
基础工程	①	②	③	④								
结构安装	$K_{I,II}$ ①		②		③		④					
室内装修		$K_{II,III}$	①		②		③		④			
室外工程				$K_{III,IV}$				①	②	③	④	

图 4-1-13　流水步距与工期的关系

确定流水步距时，一般要满足以下基本要求：

① 确保相邻施工过程的工艺顺序，满足相邻专业施工班组的制约关系，在施工时间上实现最大限度且合理的搭接。

② 尽可能保证专业施工班组能够连续作业，妥善处理技术与组织间歇时间，避免停工或窝工现象。

③ 流水步距至少应为一个或半个工作班。与流水节拍保持一定的关系，以便流水组织。

3）平行搭接时间 $C_{i,i+1}$

相邻两个专业施工班组在同一施工段上的衔接关系，通常是前者全部结束后，后者才能开始。但为了缩短工期，有时会将这种关系处理成平行搭接关系，即当前者已完成的部分可以满足后者的工作面要求时，后者可以提前进入同一施工段，实现两者在同一施工段上平行搭接施工。这种平行搭接的持续时间称为相邻两个专业施工班组之间的平行搭接时间，用 $C_{i,i+1}$ 表示。

4）技术与组织间歇时间 $Z_{i,i+1}$

间歇时间是指在组织流水施工时，由于施工过程之间工艺上或组织上的需要，相邻两个施工过程在时间上不能衔接施工而必须留出的时间间隔。根据间歇原因不同，可分为技术间歇时间和组织间歇时间，用 $Z_{i,i+1}$ 表示。

① 技术间歇时间。是指由建筑材料或施工过程的工艺性质决定的间歇时间。如现浇混凝土构件的养护时间、抹灰层和油漆层的干燥、硬化时间。

② 组织间歇时间。是指某些施工过程完成后的必要检查验收时间或为下一个施工过程做准备的时间。如回填土前的地下管道检查验收、浇筑混凝土前的验筋和砌砖墙前的墙身位置弹线，以及其他作业前的准备工作。

5）流水施工工期 T

流水施工工期是指从第一个专业施工班组投入流水施工开始，到最后一个专业施工班组完成流水施工为止的整个持续时间。其计算式为

$$T = \sum K_{i,i+1} + T_n + \sum Z_{i,i+1} - \sum C_{i,i+1} \qquad (4\text{-}1\text{-}11)$$

式中：T——流水施工工期；

$\sum K_{i,i+1}$——流水施工中各流水步距之和；

T_n——流水施工中最后一个施工过程的持续时间；

$\sum Z_{i,i+1}$——施工过程之间技术与组织间歇时间之和；

$\sum C_{i,i+1}$——施工过程之间平行搭接时间之和。

3. 流水施工组织方式

流水施工组织方式分类

在流水施工中，流水节拍的规律不同决定了流水步距、流水施工工期的计算方法也不同，同时也影响到各个施工过程的专业施工班组数目。按节奏特征不同，流水施工组织方式分为有节奏流水施工和无节奏流水施工两类。流水施工组织方式分类如图 4-1-14 所示。

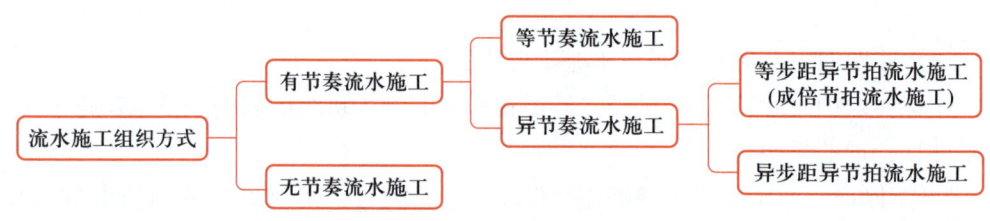

图 4-1-14 流水施工组织方式分类

有节奏流水施工是指在组织流水施工时，每一个施工过程在各个施工段上的流水节拍都各自相等的流水施工组织方式，根据不同施工过程之间的流水节拍是否相等分为等节奏流水施工和异节奏流水施工。异节奏流水施工是指同一施工过程在各施工段上的流水节拍都相等，不同施工过程之间的流水节拍不一定相等的流水施工组织方式。异节奏流水施工又可分为等步距异节拍流水施工和异步距异节拍流水施工两种。无节奏流水施工是指同一施工过程在各施工段上的流水节拍不完全相等的流水施工组织方式。

（1）等节奏流水施工

1）等节奏流水施工的概念

等节奏流水施工

等节奏流水施工是指同一施工过程在各施工段上的流水节拍都相等，并且不同施工过程之间的流水节拍也相等的一种流水施工组织方式。即各施工过程的流水节拍均为常数，故也称为全等节拍流水施工或固定节拍流水施工。等节奏流水施工是流水施工中一种最基本、最有规律的组织形式。

2）等节奏流水施工的特征

① 各施工过程在各施工段上的流水节拍彼此相等。如有 n 个施工过程，流水节拍为 t_i，则 $t_1=t_2=\cdots=t_{n-1}=t_n$，$t_i=t$（$t$ 为常数）。

② 流水步距彼此相等，而且等于流水节拍值。如有 n 个施工过程，流水步距为 $K_{i,i+1}$，则

$$K_{1,2}=K_{2,3}=\cdots=K_{n-1,n}=K=t$$

③ 各专业施工班组在各施工段上能够连续作业，施工段之间没有空闲时间。

④ 施工班组数等于施工过程数。

等节奏流水施工一般只适用于施工对象结构简单、工程规模小、施工过程数不多的房屋

和线性工程的施工，如管道工程、道路工程等。

3）等节奏流水施工的工期计算

等节奏流水施工的工期计算分为不分层施工和分层施工两种情况。

① 不分层施工。

$$T = (m+n-1) \times t_i + \sum Z_{i,i+1} - \sum C_{i,i+1} \qquad （4-1-12）$$

式中：T——流水施工工期；

m——施工段数；

n——施工过程数；

t_i——流水节拍；

$\sum Z_{i,i+1}$——第 $i,i+1$ 两个施工过程之间技术与组织间歇时间之和；

$\sum C_{i,i+1}$——第 $i,i+1$ 两个施工过程之间平行搭接时间之和。

【案例 4-1-3】某分部工程划分为甲、乙、丙、丁四个施工过程，每个施工过程分三个施工段，各施工过程的流水节拍均为 4 d，试组织流水施工，计算流水施工工期，并绘制流水施工进度计划。

【解】因流水节拍值均相等，故属于等节奏流水施工。

① 确定流水步距为

$$K = t_i = 4 \text{ d}$$

② 计算工期为

$$T = (m+n-1) \times t_i + \sum Z_{i,i+1} - \sum C_{i,i+1} = (3+4-1) \times 4 \text{ d} = 24 \text{ d}$$

③ 绘制流水施工进度计划，如图 4-1-15 所示。

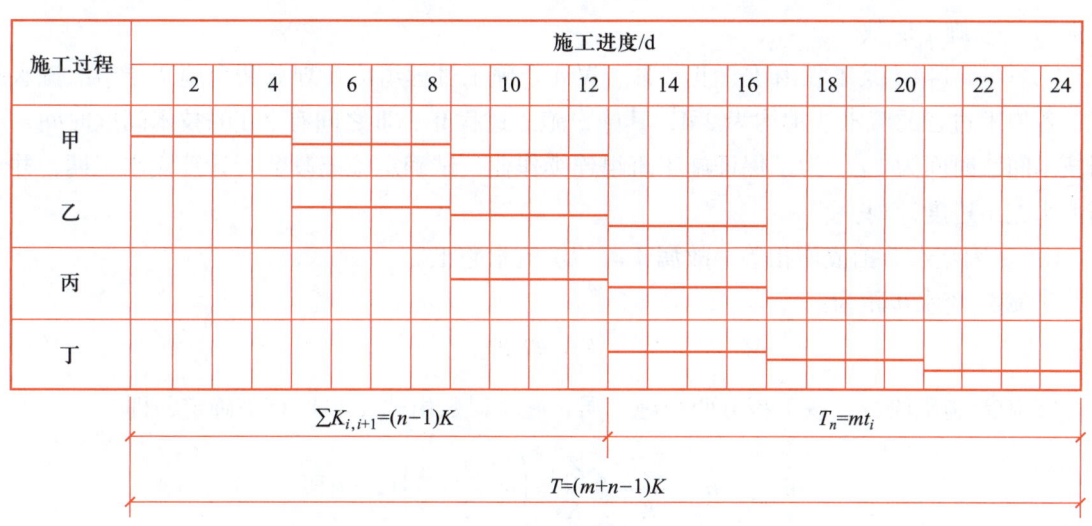

图 4-1-15　流水施工进度计划

② 分层施工。

当等节奏流水施工分层施工时，施工段数按工程实际情况划分。当施工层进行流水施工时，为了保证专业施工班组能连续施工而不产生窝工现象，施工段数 m 的最小值应满足以下相关要求：

a. 无技术与组织间歇时间时，$m=n$。

b. 有技术与组织间歇时间时，为保证专业施工班组能连续施工，应取 $m>n$，此时，每层空闲时间的计算式为

$$(m-n)\times t_i = (m-n)\times K \tag{4-1-13}$$

若一个楼层内各施工过程间的技术与组织间歇时间之和为 $\sum Z_1$，楼层间的技术与组织间歇时间为 Z_2，为保证专业施工班组能连续施工，则应满足

$$(m-n)\times K = \sum Z_1 + Z_2 \tag{4-1-14}$$

每层的施工段数 m 应满足

$$m = n + \frac{\sum Z_1}{K} + \frac{Z_2}{K} \tag{4-1-15}$$

式中：K——流水步距；

$\sum Z_1$——一个楼层内各施工过程间的技术与组织间歇时间之和；

Z_2——楼层间的技术间歇与组织间歇时间之和。

当每层的 $\sum Z_1$、Z_2 都不完全相等时，则应取各层中最大的 $\sum Z_1$ 和 Z_2，其计算式为

$$m = n + \frac{\max \sum Z_1}{K} + \frac{\max Z_2}{K} \tag{4-1-16}$$

分施工层组织等节奏流水施工的流水施工工期计算式为

$$T = (m\times r + n - 1)\times t_i + \sum Z_1 - \sum C_1 \tag{4-1-17}$$

式中：r——施工层数。

【案例 4-1-4】某工程由 Ⅰ、Ⅱ、Ⅲ、Ⅳ 4 个施工过程组成，划分两个施工层组织流水施工，各施工过程的流水节拍均为 2 d，其中，施工过程 Ⅱ、Ⅲ 之间有 2 d 的技术间歇时间，层间技术间歇时间为 2 d。为了保证施工班组连续作业，试确定施工段数，计算流水工期，并绘制流水施工进度计划。

【解】因流水节拍值均相等，故属于等节奏流水施工。

① 确定流水步距为

$$K = t = 2 \text{ d}$$

② 确定施工段数，该工程分两个施工层，施工段数由式（4-1-15）确定，即

$$m_{\min} = n + \frac{\sum Z_1}{K} + \frac{Z_2}{K} = \left(4 + \frac{2}{2} + \frac{2}{2}\right) 段 = 6 段$$

③ 计算流水工期为

$$T = (m\times r + n - 1)\times t_i + \sum Z_1 - \sum C_1 = (6\times 2 + 4 - 1)\times 2 \text{ d} + 2 \text{ d} - 0 = 32 \text{ d}$$

④ 绘制流水施工进度计划，施工层横向排列和施工层竖向排列分别如图 4-1-16 和图

4-1-17 所示。

施工过程	施工进度/d															
	2	4	6	8	10	12	14	16	18	20	22	24	26	28	30	32
I	①	②	③	④	⑤	⑥										
II		①	②	③	④	⑤	⑥									
III			$Z_{II,III}$	①	②	③	④	⑤	⑥							
IV					①	②	③	④	⑤	⑥						

$$\sum K_{i,i+1}+\sum Z_{i,i+1} \qquad T_n=mrt_i$$

$$T=(mr+n-1)t+\sum Z_{i,i+1}$$

图 4-1-16　流水施工进度计划（施工层横向排列）

施工层	施工过程	施工进度/d															
		2	4	6	8	10	12	14	16	18	20	22	24	26	28	30	32
1	I	①	②	③	④	⑤	⑥										
	II		①	②	③	④	⑤	⑥									
	III			$Z_{II,III}$	①	②	③	④	⑤	⑥							
	IV					①	②	③	④	⑤	⑥						
2	I						$Z_{1,2}$	①	②	③	④	⑤	⑥				
	II								①	②	③	④	⑤	⑥			
	III										$Z_{II,III}$	①	②	③	④	⑤	⑥
	IV												①	②	③	④	⑤	⑥

$$T=(mr+n-1)t+\sum Z_i$$

图 4-1-17　流水施工进度计划（施工层竖向排列）

（2）等步距异节拍流水施工

1）等步距异节拍流水施工的概念

等步距异节拍流水施工也称成倍节拍流水施工，是指同一施工过程在各个施工段上的流

水节拍相等，不同施工过程之间的流水节拍不完全相等，但各个施工过程的流水节拍之间存在一个最大公约数的一种流水施工组织方式。

2）等步距异节拍流水施工的特征

① 同一施工过程的流水节拍相等，不同施工过程的流水节拍之间存在整数倍或公约数关系。

② 流水步距彼此相等，且等于流水节拍的最大公约数。

③ 各专业施工班组能够保证连续作业，施工段没有空闲。

④ 施工班组数大于施工过程数。

等步距异节拍流水施工比较适用于线形工程（如道路、管道等）的施工，也适用于房屋建筑工程的施工。

3）等步距异节拍流水施工参数的确定

① 流水步距的确定按式（4-1-18）

$$K_{i,i+1} = K_b \qquad (4\text{-}1\text{-}18)$$

② 每个施工过程施工班组数的确定按式（4-1-19）

$$b_i = \frac{t_i}{K_b} \qquad (4\text{-}1\text{-}19)$$

施工班组总数按式（4-1-20）

$$n_1 = \sum b_i \qquad (4\text{-}1\text{-}20)$$

式中：b_i——某施工过程所需的施工班组数；

$\quad n_1$——施工班组总数；

$\quad K_b$——最大公约数；

$\quad$ 其他符号意义同前。

③ 施工段数 m 的确定

a. 无层间关系时，可按划分施工段的基本要求确定施工段数目 m，一般取 $m = n_1$。

b. 有层间关系时，每层的最少施工段数按式（4-1-21）确定

$$m = n_1 + \frac{\sum Z_1}{K_b} + \frac{Z_2}{K_b} \qquad (4\text{-}1\text{-}21)$$

式中：$\sum Z_1$——一个楼层内各施工过程间的技术与组织间歇时间之和；

$\quad Z_2$——楼层间的技术与组织间歇时间；

$\quad$ 其他符号意义同前。

④ 流水施工工期的确定

a. 无层间关系时，流水施工工期按式（4-1-22）确定

$$T = (m + n_1 - 1) \times K_b + \sum Z_{i,i+1} - \sum C_{i,i+1} \qquad (4\text{-}1\text{-}22)$$

b. 有层间关系时，流水施工工期按式（4-1-23）确定

$$T = (m \times r + n_1 - 1) \times K_b + \sum Z_1 - \sum C_1 \qquad (4\text{-}1\text{-}23)$$

式中：r——施工层数；

其他符号意义同前。

【案例 4-1-5】某工程由 A、B、C 三个施工过程组成，分六个施工段组织流水施工，流水节拍分别为 t_A=6 d、t_B=4 d、t_C=2 d，试组织等步距异节拍流水施工，并绘制流水施工进度计划。

【解】① 确定流水步距为

$$K = K_b = 2 \text{ d}$$

② 确定每个施工过程的施工班组数为

$$b_A = \frac{t_A}{K_b} = \frac{6}{2} = 3 \text{个}$$

$$b_B = \frac{t_B}{K_b} = \frac{4}{2} = 2 \text{个}$$

$$b_C = \frac{t_C}{K_b} = \frac{2}{2} = 1 \text{个}$$

则施工班组总数为

$$n_1 = \sum b_i = (3 + 2 + 1) \text{个} = 6 \text{个}$$

③ 计算工期为

$$T = (m + n_1 - 1) \times K_b = (6 + 6 - 1) \times 2 \text{d} = 22 \text{ d}$$

④ 绘制流水施工进度计划，如图 4-1-18 所示。

施工层	施工班组	施工进度/d										
		2	4	6	8	10	12	14	16	18	20	22
甲	I_a		①			④						
	I_b			②			⑤					
	I_c				③			⑥				
乙	II_a					①		③		⑤		
	II_b						②		④		⑥	
丙	III						①	②	③	④	⑤	⑥

图 4-1-18　流水施工进度计划

【案例4-1-6】某两层现浇钢筋混凝土工程，施工过程包括支设模板、绑扎钢筋和浇筑混凝土。其流水节拍分别为 $t_{支设模板}=2\ \text{d}$，$t_{绑扎钢筋}=2\ \text{d}$，$t_{浇筑混凝土}=1\ \text{d}$。当安装模板工作转移到第二层第一施工段时，需待第一层第一施工段的混凝土养护 1 d 后才能进行。试组织等步距异节拍流水施工，并绘制流水施工进度计划。

【解】①确定流水步距为

$$K=K_b=1\ \text{d}$$

②确定每个施工过程的施工班组数为

$$b_{支设模板}=\frac{t_{支设模板}}{K_b}=\frac{2}{1}=2\text{个}$$

$$b_{绑扎钢筋}=\frac{t_{绑扎钢筋}}{K_b}=\frac{2}{1}=2\text{个}$$

$$b_{浇筑混凝土}=\frac{t_{浇筑混凝土}}{K_b}=\frac{1}{1}=1\text{个}$$

则施工班组总数为

$$n_1=\sum b_i=(2+2+1)\text{个}=5\text{个}$$

③确定每层的施工段数为

$$m=n_1+\frac{\sum Z_1}{K_b}+\frac{Z_2}{K_b}=\left(5+\frac{0}{1}+\frac{1}{1}\right)\text{段}=6\text{段}$$

④计算工期为

$$T=(m\times r+n_1-1)\times K_b+\sum Z_1-\sum C_1=(6\times2+5-1)\times1\ \text{d}+0-0=16\ \text{d}$$

⑤绘制流水施工进度计划，施工层横向排列和施工层竖向排列分别如图4-1-19和图4-1-20所示。

（3）异步距异节拍流水施工

1）异步距异节拍流水施工的概念

异步距异节拍流水施工是指同一施工过程在各个施工段上的流水节拍相等，不同施工过程之间的流水节拍不存在规律的一种流水施工组织方式。

2）异步距异节拍流水施工的特征

①同一施工过程的流水节拍相等，不同施工过程之间的流水节拍不一定相等。

②各个施工过程之间的流水步距不一定相等。

③各施工工作队能够在施工段上连续作业，但有的施工段之间可能有空闲。

④施工队组数等于施工过程数。

异步距异节拍流水施工适用于施工段大小相等的分部工程和单位工程的流水施工，它在进度安排上比等节奏流水施工方式灵活，实际应用范围更广泛。

异步距异节拍流水施工

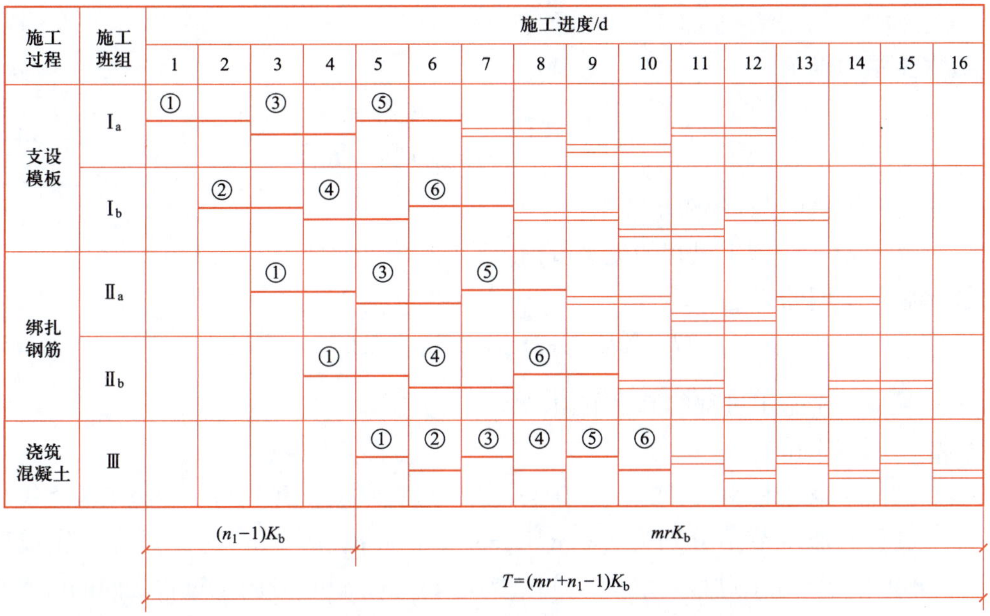

图 4-1-19 流水施工进度计划（施工层横向排列）

施工过程	施工班组	施工进度/d															
		1	2	3	4	5	6	7	8	9	10	11	12	13	14	15	16
支设模板	I_a	①		③		⑤											
	I_b		②		④		⑥										
绑扎钢筋	II_a			①		③		⑤									
	II_b				①		④		⑥								
浇筑混凝土	III					①	②	③	④	⑤	⑥						

$(n_1-1)K_b$ （对应第 1～5 天） mrK_b （对应第 5～16 天）

$$T=(mr+n_1-1)K_b$$

图 4-1-19　流水施工进度计划（施工层横向排列）

图 4-1-20 流水施工进度计划（施工层竖向排列）

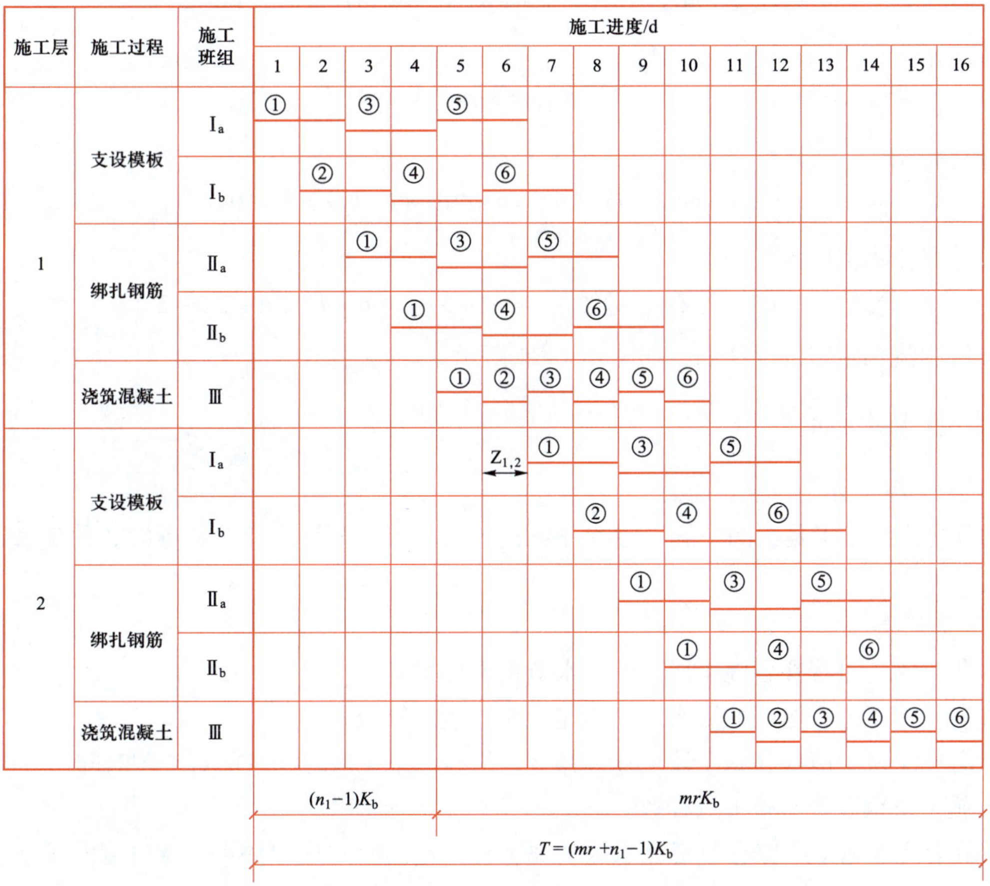

施工层	施工过程	施工班组	施工进度/d															
			1	2	3	4	5	6	7	8	9	10	11	12	13	14	15	16
1	支设模板	I_a	①		③		⑤											
		I_b		②		④		⑥										
	绑扎钢筋	II_a			①		③		⑤									
		II_b				①		④		⑥								
	浇筑混凝土	III					①	②	③	④	⑤	⑥						
2	支设模板	I_a						$Z_{1,2}$	①		③		⑤					
		I_b								②		④		⑥				
	绑扎钢筋	II_a									①		③		⑤			
		II_b										①		④		⑥		
	浇筑混凝土	III											①	②	③	④	⑤	⑥

$(n_1-1)K_b$ mrK_b

$$T=(mr+n_1-1)K_b$$

图 4-1-20　流水施工进度计划（施工层竖向排列）

3）异步距异节拍流水施工参数的确定

① 流水步距的确定

$$K_{i,i+1} = \begin{cases} t_i & (\text{当} t_i \leqslant t_{i+1}) \\ mt_i - (m-1)t_{i+1} & (\text{当} t_i > t_{i+1}) \end{cases} \quad (4\text{-}1\text{-}24)$$

式中：t_i——第 i 个施工过程的流水节拍；

t_{i+1}——第（i+1）个施工过程的流水节拍。

② 流水施工工期的确定

$$T = \sum K_{i,i+1} + mt_n + \sum Z_{i,i+1} - \sum C_{i,i+1} \quad (4\text{-}1\text{-}25)$$

式中：t_n——最后一个施工过程的流水节拍；

其他符号意义同前。

【案例 4-1-7】某工程由 A、B、C、D 4 个施工过程组成，并分为 4 个施工段组织流水施工，各施工过程的流水节拍分别为 t_A=5 d，t_B=3 d，t_C=4 d，t_D=2 d，施工过程 A 完成后需有 2 d 的技术间歇时间，施工过程 C 和 D 之间搭接施工 2 d，试求各施工过程之间的流水步距及该工程的工期，并绘制流水施工进度计划。

【解】① 确定流水步距。由 $t_A > t_B$ 得

$$K_{A,B} = mt_A - (m-1)t_B = 4 \times 5 \text{ d} - (4-1) \times 3 \text{ d} = 11 \text{ d}$$

由 $t_B < t_C$ 得

$$K_{B,C} = t_B = 3 \text{ d}$$

由 $t_C > t_D$ 得

$$K_{C,D} = mt_C - (m-1)t_D = 4 \times 4 \text{ d} - (4-1) \times 2 \text{ d} = 10 \text{ d}$$

② 计算流水工期为

$$T = \sum K_{i,i+1} + mt_n + \sum Z_{i,i+1} - \sum C_{i,i+1} = (11+3+10) \text{ d} + 4 \times 2 \text{ d} + 2 \text{ d} - 2 \text{ d} = 32 \text{ d}$$

③ 绘制流水施工进度计划，如图 4-1-21 所示。

（4）无节奏流水施工

1）无节奏流水施工的概念

无节奏流水施工是指同一施工过程在各施工段上流水节拍不完全相等的一种流水施工组织方式。

无节奏流水施工

2）无节奏流水施工的特征

① 每个施工过程在各施工段上的流水节拍不尽相等。

② 各个施工过程之间的流水步距不完全相等且差异较大。

③ 各施工班组能够在施工段上连续作业，但有的施工段之间可能有空闲时间。

④ 施工班组数等于施工过程数。

无节奏流水施工不像有节奏流水施工那样有一定的时间规律约束，在进度安排上比较灵活、自由，适用于分部工程、单位工程及大型建筑群的流水施工，实际运用较为广泛。

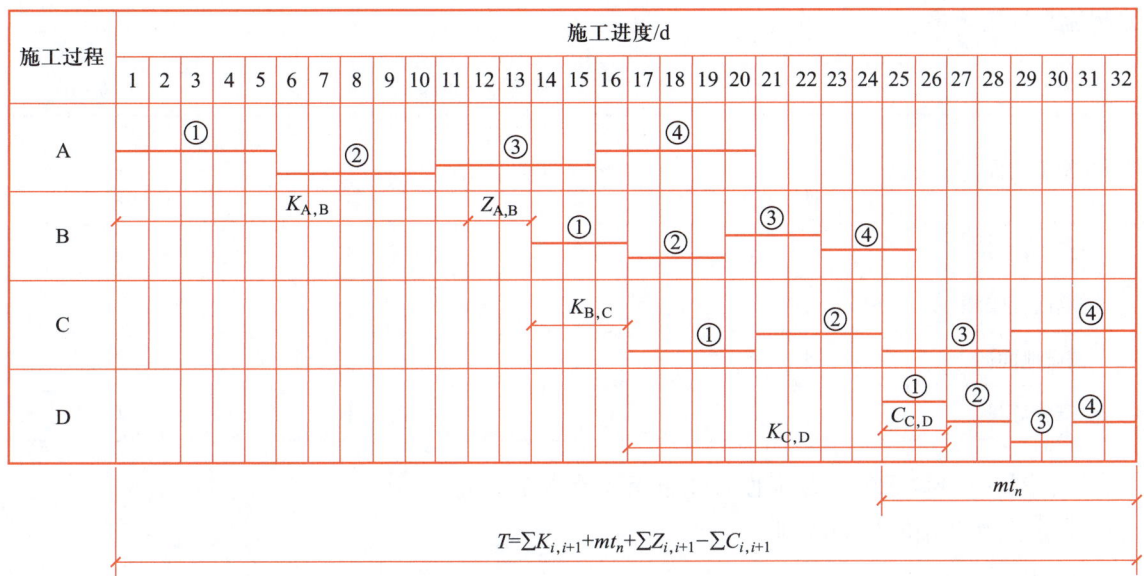

图 4-1-21 流水施工进度计划

3）无节奏流水施工参数的确定

① 流水步距的确定。

无节奏流水施工的流水步距一般采用"累加数列法"计算，即累加求和、错位相减，取最大差作为相邻两个施工过程的流水步距，这种方法是潘特考夫斯基首先提出的，又称潘特考夫斯基法。这种方法概括为：首先，把每个施工过程在各个施工段上的流水节拍依次累加，分段求和，得出各施工过程流水节拍的累加数列；再将两个相邻施工过程的累加数列中，后者的数列向后错一位，并分别相减，等到一个等差数列；最后，取其中的最大值即为这两个相邻施工过程的流水步距。

计算步骤如下：

a. 求各施工过程流水节拍的累加数列。

b. 相邻两个施工过程的累加数列进行错位相减求得等差数列。

c. 在等差数列中取最大值求得流水步距。

② 流水施工工期

$$T = \sum K_{i,i+1} + \sum t_n + \sum Z_{i,i+1} - \sum C_{i,i+1} \tag{4-1-26}$$

式中：$\sum K_{i,i+1}$——流水步距之和；

$\sum t_n$——最后一个施工过程的流水节拍之和；

其他符号意义同前。

【案例 4-1-8】项目经理决定将一层办公楼装修工程按照施工工艺划分为 4 个施工过程，分别为石膏板吊顶、刷墙面乳胶漆、铺设地面砖、安装灯具，分别指定 A、B、C、D 4 个专业施工班组负责施工，每天一班工作制，并将办公楼施工平面划分成 Ⅰ、Ⅱ、Ⅲ、Ⅳ 4 个施工段组织流水施工。流水施工顺序为石膏板吊顶→刷墙面乳胶漆→铺设地面砖→安装灯具。每个专业施工班组在各施工段上的流水节拍如表 4-1-3 所示，试绘制流水施工进度计划，并编制流水施工方案。

表 4-1-3　某工程流水节拍　　　　　　　　　　单位：d

施工过程	施工段			
	①	②	③	④
石膏板吊顶	1	2	4	4
刷墙面乳胶漆	1	3	2	4
铺设地面砖	1	1	2	1
安装灯具	1	1	1	3

【解】根据题设条件，该工程只能组织无节奏流水施工。

① 求流水节拍的累加数列

A：1，3，7，11

B：1，4，6，10

C：1，2，4，5

D：1，2，3，6

② 确定流水步距

a. $K_{A,B}$

$$
\begin{array}{r}
1,\ 3,\ 7,\ 11 \\
-\quad 1,\ 4,\ 6,\ 10 \\
\hline
1,\ 2,\ 3,\ 5,\ -10
\end{array}
$$

$K_{A,B} = \max\{1,2,3,5,-10\} = 5\ \text{d}$

b. $K_{B,C}$

$$
\begin{array}{r}
1,\ 4,\ 6,\ 10 \\
-\quad 1,\ 2,\ 4,\ 5 \\
\hline
1,\ 3,\ 4,\ 6,\ -5
\end{array}
$$

$K_{B,C} = \max\{1,3,4,6,-5\} = 6\ \text{d}$

c. $K_{C,D}$

$$
\begin{array}{r}
1,\ 2,\ 4,\ 5 \\
-\quad 1,\ 2,\ 3,\ 6 \\
\hline
1,\ 1,\ 2,\ 2,\ -6
\end{array}
$$

$K_{C,D} = \max\{1,1,2,2,-6\} = 2\ \text{d}$

③ 确定流水工期

$$T = \sum K_{i,i+1} + \sum t_n + \sum Z_{i,i+1} - \sum C_{i,i+1} = (4+6+2)\ \text{d} + (1+1+1+3)\ \text{d} = 18\ \text{d}$$

④ 绘制流水施工进度计划，如图 4-1-22 所示。

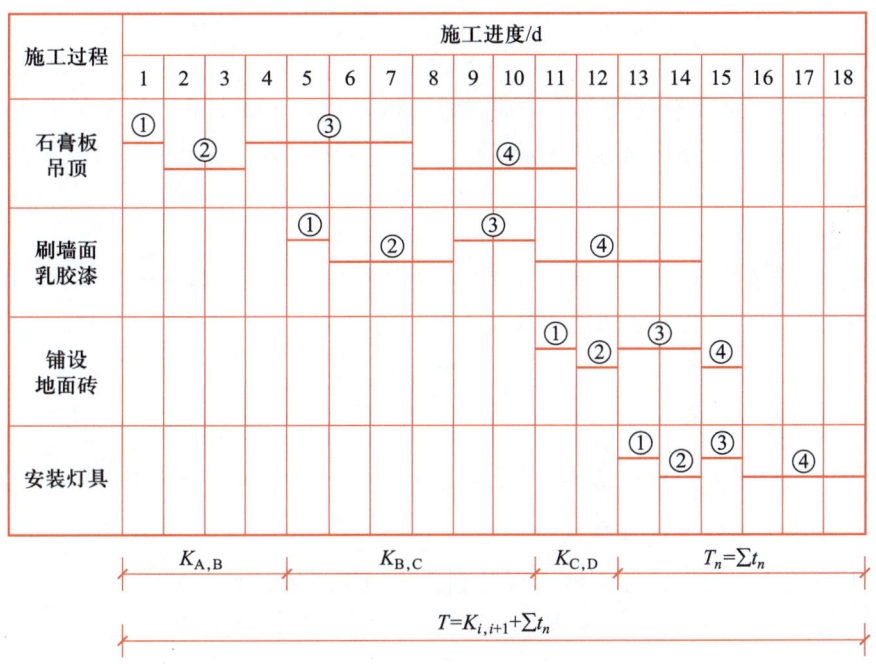

图4-1-22 流水施工进度计划

❀ 【任务实施】

某五层教学楼，对其基础部分组织流水施工，并绘制流水施工进度计划，步骤如下：

第一步 划分分项工程

基础工程包括基槽挖土、浇筑混凝土垫层、绑扎基础钢筋（含侧模安装）、浇筑基础混凝土、浇筑素混凝土墙基础、回填土等施工过程。考虑到浇筑混凝土垫层的劳动量比较小，可将其与基槽挖土合并为一个施工过程，又考虑到浇筑基础混凝土与浇筑素混凝土墙基础是同一工种，班组施工也可合并为一个施工过程。

经过合并，基础工程共包括四个施工过程（$n=4$），即基槽挖土和浇筑混凝土垫层、绑扎基础钢筋（含侧模安装）、浇筑基础混凝土和素混凝土墙基础、回填土。

第二步 划分施工段

基础占地面积为400 m²，考虑工作面的因素，将其划分为两个施工段（$m=2$）。

第三步 计算各分项工程的劳动量和施工班组人数

各分项工程的劳动量和施工班组人数已在本任务引入中给出。

第四步 计算各分项工程的流水节拍

① 基槽挖土和浇筑混凝土垫层的劳动量之和为240工日，施工班组人数为30人，施工段数 $m=2$，采用一班制，垫层需要养护1 d，其流水节拍计算为

$$t_{挖、垫} = \frac{224+16}{30 \times 2} \text{ d} = 4 \text{ d}$$

② 绑扎基础钢筋（含侧模安装）的劳动量为64工日，施工班组人数为8人，施工段数 $m=2$，采用一班制，其流水节拍计算为

$$t_{扎筋} = \frac{64}{8 \times 2} \text{ d} = 4 \text{ d}$$

③ 浇筑基础混凝土和素混凝土墙基础的劳动量之和为 200 工日，施工班组人数为 25 人，施工段数 $m=2$，采用一班制，浇筑基础混凝土完成后养护 1 d，其流水节拍计算为

$$t_{混凝土} = \frac{130 + 70}{25 \times 2} \text{ d} = 4 \text{ d}$$

④ 回填土劳动量为 64 工日，施工班组人数为 8 人，施工段数 $m=2$，采用一班制，浇筑素混凝土墙基础完成后间歇 1 d 回填，其流水节拍计算为

$$t_{回填} = \frac{64}{8 \times 2} \text{ d} = 4 \text{ d}$$

第五步　计算流水施工工期

$$T = (m+n-1) \times t + \sum Z_{i,i+1} - \sum C_{i,i+1} = (2+4-1) \times 4 \text{ d} + 2 \text{ d} - 0 = 22 \text{ d}$$

第六步　绘制流水施工进度计划

组织全等节拍流水施工，绘制该工程基础流水施工进度计划，如图 4-1-23 所示。

施工过程	施工进度/d																					
	1	2	3	4	5	6	7	8	9	10	11	12	13	14	15	16	17	18	19	20	21	22
基槽挖土和浇筑混凝土垫层			①				②															
绑扎基础钢筋（含侧模安装）						①						②										
浇筑基础混凝土和素混凝土墙基础											①						②					
回填土															①					②		

图 4-1-23　基础流水施工进度计划

【学习自测】

一、单项选择题

1. 同一个施工对象分别采用下列施工组织方式，工期最短的是（　　　）

A. 依次施工　　　　　　　　　　　　B. 流水施工

C. 平行施工　　　　　　　　　　　　D. 搭接施工

2. 某工程分为 A、B、C、D 4 个施工过程，每个施工过程分 4 个施工段，流水节拍分别为 $t_A=2$ d、$t_B=2$ d，$t_C=4$ d，$t_D=8$ d，且某些施工过程可安排若干个班组施工，则该工程可组织（　　　）。

A. 等节奏流水施工　　　　　　　　　B. 异步距异节拍流水施工

流水施工综合应用实训

C. 成倍节拍流水施工   D. 无节奏流水施工

3. 考虑建设工程的施工特点、工艺流程、资源利用、平面或空间布置等要求，可采用不同的施工组织方式，其中有利于资源供应的组织方式是（   ）。

A. 依次施工和平行施工   B. 平行施工和流水施工

C. 搭接施工和平行施工   D. 依次施工和流水施工

4. 流水施工横道图能够正确表达（   ）。

A. 工作之间的逻辑关系   B. 关键工作

C. 关键线路   D. 工作开始时间和完成时间

5. 工作面、施工层在流水施工中所表达的参数为（   ）。

A. 空间参数   B. 工艺参数

C. 时间参数   D. 施工参数

6. 下列不属于流水施工时间参数的是（   ）。

A. 流水节拍   B. 流水步距

C. 工期   D. 施工段

7. 某工程分为 A、B、C 三个施工过程，按五个施工段顺序组织施工，各施工过程在各施工段的持续时间均为 6 d，B、C 施工过程之间可搭接 1 d。实际施工中，C、D 施工过程之间存在技术间歇时间 3 d，则实际流水施工工期应为（   ）。

A. 45 d   B. 44 d

C. 43 d   D. 42 d

8. 某分部工程由 3 个施工过程组成，分为 3 个施工段进行流水施工，流水节拍分别为 4 d、4 d、2 d，4 d、3 d、2 d 和 1 d、4 d、3 d。则流水施工工期为（   ）d。

A. 12   B. 14

C. 16   D. 18

二、技能实训

某建筑装饰工程地面抹灰可以分为三个施工过程，分别为基层、中层、面层，有关数据见表 4-1-4。试编制施工进度计划，要求如下：

① 填写表 4-1-4 中的内容。

② 按不等节拍组织流水施工，绘制施工进度计划及劳动力需求量曲线。

③ 按成倍节拍组织流水施工，绘制施工进度计划及劳动力需求量曲线。

表 4-1-4　某建筑装饰工程地面抹灰有关数据

施工过程	m_i	$Q_总$/m²	Q_i/m²	H_i 或 S_i/（工日或 m²）	P_i	P_i/人	t_i
基层		108		0.98		9	
中层		1 050		0.084 9		5	
面层		1 050		0.062 7		11	

任务 2　网络计划技术

【任务引入】

某厂（甲方）与某建筑公司（乙方）订立了某工程项目施工合同，该项目各工作（A～I）之间的逻辑关系见表 4-2-1。完成该项目双代号网络图的绘制，并计算各工作的六个时间参数，确定该工程项目的施工工期。

表 4-2-1　各工作之间的逻辑关系

工作代号	A	B	C	D	E	F	G	H	I
紧前工作	—	A	A	B	B、C	C	D、E	E、F	H、G
持续时间 / 周	3	3	3	8	5	4	4	2	2

【知识链接】

1. 网络计划的基本概念

（1）网络计划技术概述

网络计划的基本概念

网络计划技术是指用于工程项目的计划与控制的一项科学管理技术。1965 年，我国数学家华罗庚将网络计划技术引进并推广，当时称为"统筹法"，20 世纪 60 年代中期，网络计划技术开始在国民经济各部门试点应用。

网络计划技术有利于计划的有效控制、优化调整以及促进计算机的应用，随着现代工程技术复杂性越来越高、现代管理日趋复杂以及计算机技术的飞速发展，网络计划技术在国民经济、科学研究和企业管理中的作用越来越显著。

1）网络计划的原理及特点

① 网络计划的原理。

a. 把一项工程的全部建造过程分解成若干项工作，按照各项工作开展的先后顺序和相互之间的逻辑关系用网络计划的形式表达出来。

b. 通过网络计划各项时间参数的计算，找出计划中的关键工作、关键线路并计算施工工期。

c. 通过网络计划优化，不断改进网络计划的初始安排，找到最优的方案。

d. 在网络计划的实施过程中，通过检查、调整，对其进行有效的控制和监督，以最小的资源消耗，获得最大的经济效益。

② 网络计划的特点。

网络计划的优点如下：

a. 把整个网络计划中的各项工作组成一个有机整体，能够全面、明确地反映各项工作开展的先后顺序，同时，能反映各项工作之间存在的相互制约和相互依赖的关系。

b. 通过时间参数的计算，可以确定各项工作的开始时间和结束时间，找出影响工程进度的关键因素，明确各项工作的机动时间，以便于管理人员抓住主要矛盾，更好地支配人力、财力、物力等资源。

c. 在计划执行过程中进行有效的监测和控制，以便合理使用资源，优质、高效、低耗地完成预定的工作。

d. 通过网络计划的优化，可以在若干个方案中找到最优方案。

e. 网络计划的编制、计算、调整、优化都可以通过计算机协助完成。

网络计划的缺点如下：

a. 表达计划不直观、不形象，难以从图上清晰看出流水作业的情况。

b. 依据普通网络计划（非时标网络计划）难以计算资源的日用量，但时标网络计划可以克服这一缺点。

c. 编制较难，绘制较麻烦。

2）网络计划的分类

按不同的分类原则，网络计划可分为不同的类别，见表4-2-2。

表 4-2-2　网络计划的分类

分类原则	类别	特点描述
按编制的对象和范围分类	局部网络计划	以拟建工程的某一分部工程或某一施工阶段为对象编制而成
	单位工程网络计划	以一个单位工程为对象编制而成
	总体网络计划	以整个建设项目或一个大型的单项工程为对象编制而成
按工作性质分类	肯定型网络计划	工作、工作之间的逻辑关系和工作持续时间都肯定
	非肯定型网络计划	工作、工作之间的逻辑关系和工作持续时间三者中至少有一项不肯定
按表示方法分类	双代号网络计划	以箭线及其两端节点的编号表示工作
	单代号网络计划	以节点及编号表示工作，箭线仅表示工作之间的逻辑关系
按有无时间坐标分类	时标网络计划	有时间坐标
	非时标网络计划	无时间坐标
按工作衔接特点分类	普通网络计划	工作关系均按首尾衔接关系绘制
	搭接网络计划	前后工作之间存在搭接关系
	流水网络计划	能够反映流水施工特点

（2）双代号网络计划

双代号网络图由若干表示工作的箭线和节点组成，工作也称过程、活动、工序，对于每一项工作而言，双代号网络图的基本形式如图4-2-1所示。它用一个箭线和两端节点的编号

网络计划表示

表示一项工作，工作的名称或代号标在箭线的上方，完成该工作的时间标在箭线的下方，箭尾表示工作的开始，箭头表示工作的结束，节点中的号码表示工作的编号，由于是两个号码表示一项工作，故称双代号网络计划。

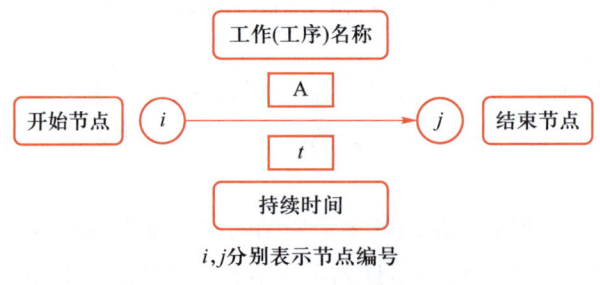

i, j 分别表示节点编号

图 4-2-1　双代号网络图的基本形式

双代号网络图由箭线、节点和线路三个基本要素组成。

1）箭线

① 箭线的作用。

在双代号网络图中，一条箭线表示一项工作，如砌墙、抹灰等。而工作所包括的范围可大可小，既可以是一道工序，也可以是一个分项工程或一个分部工程，甚至是一个单位工程。

② 箭线的特点。

每项工作的进行必然要占用一定的时间，往往也要消耗一定的资源（如人力、材料、机械设备）。对于不消耗资源，仅占用一定时间的施工过程，也应视为一项工作。例如，墙面刷涂料前抹灰层的"干燥"过程，是由于技术上的需要而引起的间歇等待时间，虽然不消耗资源，但是在网络图中也可作为一项工作。既消耗时间也消耗资源或是只消耗时间不消耗资源的工作是真实存在的，称为实工作，在网络图中以一条箭线来表示。在网络图中为了表达一些工作之间的相互联系、相互制约关系，还需要增加一些虚拟工作，即既不消耗时间也不消耗资源的工作，称为虚工作，虚工作用虚箭线表示，虚箭线可起到联系、区分和断路的作用，是保证网络图逻辑关系正确的必要手段。

a. 联系作用。应用虚箭线正确表达工作之间的相互依存关系，将有组织联系或工艺联系的相关工作用虚箭线连接起来，确保逻辑关系的正确。如图 4-2-2 所示，支Ⅱ段柱模工作的开始，从组织联系上，需在支Ⅰ段柱模工作完成后才能进行；从工艺联系上，支Ⅱ段柱模工作的开始，须在绑Ⅱ段钢筋工作结束后进行，那么引入虚箭线，表达这种工艺联系。

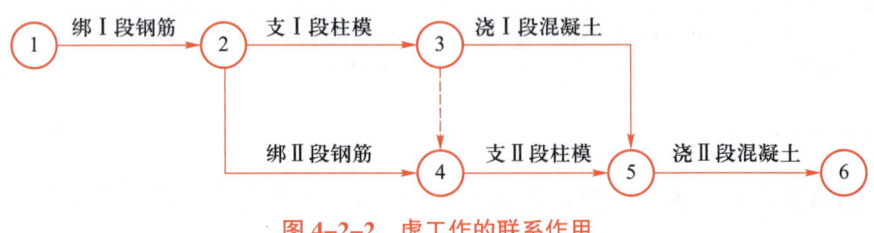

图 4-2-2　虚工作的联系作用

b. 区分作用。双代号网络图中，以两个代号表示一项工作，对于同时开始，同时结束的两个平行工作的表达，需引入虚工作以示区别。如图 4-2-3 所示，②→③代表 C 工作，②→④代表 B 工作。

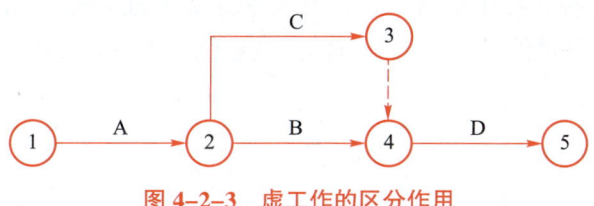

图 4-2-3　虚工作的区分作用

c. 断路作用。引入虚工作，在线路上隔断无逻辑关系的各项工作，即在双代号网络图中如存在把无联系的工作连接上的情况，应加虚工作将其断开。

例如，绘制某基础工作的网络图，该基础有挖基槽→垫层→墙基→回填土 4 个施工过程，分两个施工段组织施工。如图 4-2-4（a）所示的网络图，其逻辑关系的表达是错误的，第一段墙基的施工并不需要待第二段基槽开挖再进行，因此用虚工作将它们断开，正确的表达如图 4-2-4（b）所示。

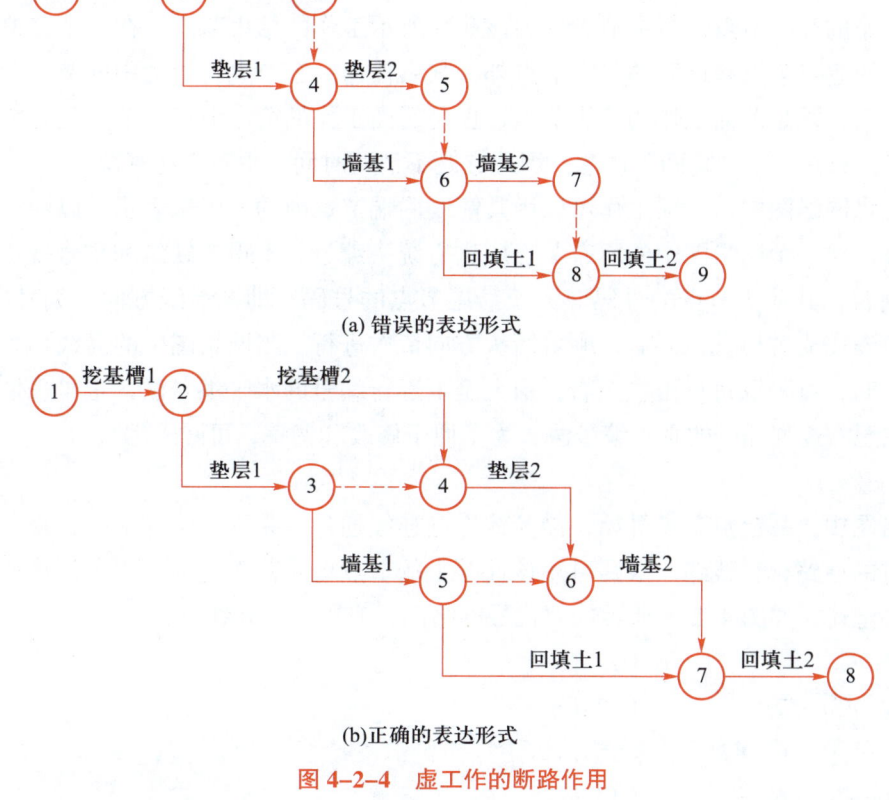

(a) 错误的表达形式

(b)正确的表达形式

图 4-2-4　虚工作的断路作用

③ 箭线的表达形式与要求。

a. 在无时标的网络图中，箭线的长短并不能反映该工作占用时间的长短。箭线可以是水平直线，也可以是折线或斜线，但最好画成水平直线或带水平直线的折线。在同一张网络图上，箭线的画法要统一。

b. 箭线所指的方向表示工作进行的方向，箭尾表示该项工作的开始，箭头则表示该项工作的结束。工作名称应标注在水平箭线的上方或垂直箭线的左侧，工作的持续时间（又称为作业时间）则标注在水平箭线的下方或垂直箭线的右侧，如图 4-2-5 所示。

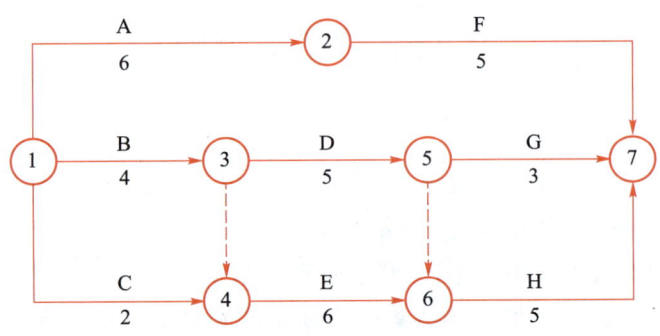

图 4-2-5　某双代号网络图（单位：d）

2）节点

在双代号网络图中，节点代表一项工作的开始或结束，用圆圈表示。箭尾节点称为该箭线所示工作的开始节点，箭头节点称为该箭线所示工作的结束节点。在一个完整的网络图中，除最前的起点节点和最后的终点节点外，其余任何一个节点均称为中间节点，中间节点具有双重含义，既是前面工作的箭头节点，也是后面工作的箭尾节点。节点仅为前后两项工作的交接点，只是一个"瞬间"概念，因此它既不消耗时间，也不消耗资源。

在双代号网络图中，一项工作可以用其箭线两端节点内的号码来表示，以便于网络图的检查与计算。对一个网络图中的所有节点应进行统一编号，不得有缺编和重号现象。对于每一项工作而言，其箭头节点的号码应大于箭尾节点的号码，即顺箭线方向，编号由小到大。编号宜在绘图完成并检查无误后，顺着箭头方向依次进行。当网络图中的箭线均为由左至右和由上至下时，可采取每行由左至右，由上至下逐行编号的水平编号法；也可采取每列由上至下，由左至右逐列编号的垂直编号法。为了便于修改和调整，可隔号编号。

3）线路

在网络图中，从起点节点开始，沿箭线方向连续通过一系列箭线与节点，最后到达终点节点所经过的通路称作线路。线路可用该通路上的节点代号依次记述，也可用该通路上的工作名称依次记述，如图 4-2-5 所示的双代号网络图，有以下五条线路：

①→②→⑦　　　　　　（11 d）
①→③→⑤→⑦　　　　（12 d）
①→③→④→⑥→⑦　　（15 d）
①→③→⑤→⑥→⑦　　（14 d）
①→④→⑥→⑦　　　　（13 d）

每条线路都有一个确定的完成时间，这个时间等于该线路上各项工作持续时间的总和，也是完成这条线路上所有工作的计划工期。其中，第3条线路耗时（15 d）最长，对整个工程的完工起着决定性的作用，称为关键线路；其余的线路均称为非关键线路。处于关键线路上的各项工作称为关键工作，关键工作的完成速度将直接影响整个计划工期的实现。关键线路上的箭线常采用粗箭线、双箭线或其他颜色箭线表示。

关键线路并不是一成不变的，在一定的条件下，关键线路和非关键线路可以互相转化。当采取一定的技术与组织措施，缩短关键线路上各项工作的持续时间时，就有可能使关键线路发生转化，从而使原来的关键线路变成非关键线路，而原来的非关键线路却变成关键线路。

位于非关键线路上的工作除关键工作外，都称为非关键工作，它们都有机动时间（时差），非关键工作也不是一成不变的，它可以转化成关键工作。利用非关键工作的机动时间可以科学地、合理地调配资源和对网络计划进行优化。

一个网络图中，至少有一条关键线路，非关键线路在某些情况下会转化为关键线路。

（3）单代号网络计划

单代号网络计划以节点及其编号表示工作，以箭线表示工作之间的逻辑关系。单代号网络图由节点、箭线和节点编号三个基本要素组成。

1）节点

在单代号网络图中，通常将节点画成一个圆圈或方框，一个节点代表一项工作，节点所表示的工作名称、持续时间和工作代号都标注在圆圈或方框内，如图4-2-6所示。

图4-2-6　单代号网络图节点表示方法

2）箭线

在单代号网络图中，箭线既不占用时间，也不消耗资源，只表示紧邻工作之间的逻辑关系，箭线应画成水平直线、折线或斜线，箭线的箭头指向为工作进行方向，箭尾节点表示的工作为箭头节点工作的紧前工作。单代号网络图中无虚箭线。在网络图中，紧前工作是某项工作开始前必须开始的工作。紧后工作是紧跟着某项工作而要做的工作。

3）节点编号

单代号网络图的节点编号用一个单独编号表示一项工作，编号原则和双代号网络图相同，也应从小到大，从左至右，箭头编号大于箭尾编号；一项工作只能有一个代号，不得重号。当网络图中出现多项没有紧前工作的工作节点或多项没有紧后工作的工作节点时，应在网络图的两端分别设置虚拟的起点节点（ST）或虚拟的终点节点（FIN），如图4-2-7所示。

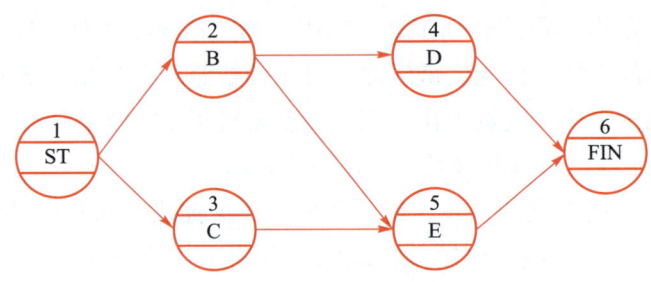

图 4-2-7　单代号网络图节点编号

2. 网络图的绘制

（1）双代号网络图的绘制

1）双代号网络图中逻辑关系的表示

① 网络图中的逻辑关系。

网络图中常见的各种工作逻辑关系是指工作进行时客观上存在的相互制约或者相互依赖的关系，即网络计划中各个工作之间的先后顺序关系。在表示工程施工计划的网络图中，根据施工工艺和施工组织的要求，逻辑关系包括工艺逻辑关系和组织逻辑关系。逻辑关系应正确反映各项工作之间的相互制约或者相互依赖关系，这也是网络图与横道图的最大不同之处。各个工作之间的逻辑关系表示得是否正确，是网络图能否反映实际情况的关键，也是网络计划能否实施的重要依据。

a. 工艺逻辑关系。工艺逻辑关系是指由工艺过程或工作程序决定的顺序关系，工艺逻辑关系是客观存在的，不能随意改变。如图 4-2-8 所示，支模Ⅰ→扎筋Ⅰ→浇混凝土Ⅰ、支模Ⅱ→扎筋Ⅱ→浇混凝土Ⅱ为工艺逻辑关系。

b. 组织逻辑关系。组织逻辑关系是指在不违反工艺逻辑关系的前提下，安排工作的先后顺序，组织逻辑关系可根据具体情况进行人为安排。如图 4-2-8 所示，支模Ⅰ→支模Ⅱ、扎筋Ⅰ→扎筋Ⅱ、浇混凝土Ⅰ→浇混凝土Ⅱ为组织逻辑关系。

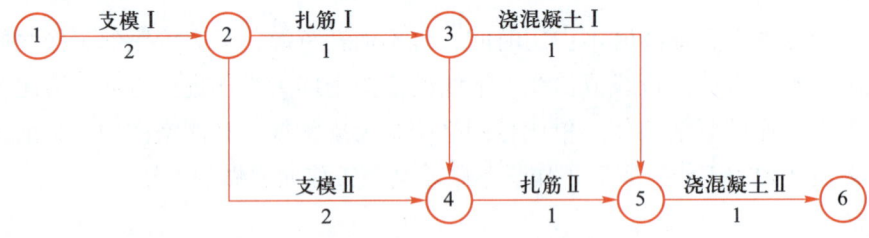

图 4-2-8　双代号网络图的逻辑关系

② 工作的先后关系与中间节点的双重性。

a. 起始工作：没有紧前工作的工作为起始工作。

b. 结束工作：没有紧后工作的工作为结束工作。

c. 紧前工作：紧排在本工作（被研究的工作）之前的工作为紧前工作。

d. 紧后工作：紧排在本工作之后的工作为紧后工作。

e. 平行工作：与本工作同时进行的工作为平行工作。

f. 先行工作：自起点节点至本工作之前各条线路上的所有工作为先行工作。

g. 后续工作：本工作之后至终点节点各条线路上的所有工作为后续工作。

如图 4-2-9 所示，$i \rightarrow j$ 工作为本工作，$h \rightarrow i$ 工作为 $i \rightarrow j$ 工作的紧前工作，$j \rightarrow k$ 工作为 $i \rightarrow j$ 工作的紧后工作，$i \rightarrow j$ 工作之前的所有工作为先行工作，$i \rightarrow j$ 工作之后的所有工作为后续工作。

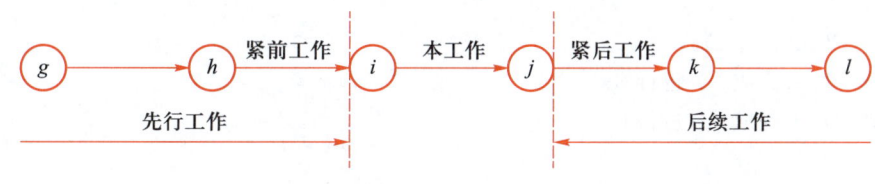

图 4-2-9　工作的先后关系

双代号网络图的绘制应正确表达已定的各个工作之间客观和主观上的逻辑关系，双代号网络图各工作之间逻辑关系的表示方法见表 4-2-3。

表 4-2-3　双代号网络图各工作之间逻辑关系的表示方法

序号	各工作之间的逻辑关系	双代号网络图
1	A 完成后进行 B； B 完成后进行 C	①—A→②—B→③—C→④
2	A 完成后进行 B 和 C	A 完成后 B、C
3	A 和 B 完成后进行 C	A 和 B 完成后 C
4	A、B 完成后进行 C 和 D	A、B 完成后 C 和 D

序号	各工作之间的逻辑关系	双代号网络图
5	A 完成后，进行 C； A、B 完成后进行 D	
6	A、B 完成后，进行 D； A、B、C 完成后，进行 E； C、D、E 完成后，进行 F	
7	A、B 分成三个施工段组织流水作业	
8	A 完成后，进行 B； B、C 完成后，进行 D	

2）双代号网络图的绘图规则

双代号网络图的绘制除必须满足逻辑关系以外，还必须遵循以下原则：

① 网络图应具有能够表明基本信息的明确标识，用数字或字母均可，在同一项任务的网络图中，工作或节点的字母代号或数字编号不允许重复使用。如图 4-2-10 所示，网络图中的节点②出现两次，这是错误的。

图 4-2-10　工作编号重复

② 一个网络图中，只允许有一个起点节点和一个终点节点。如图 4-2-11 所示，网络图中出现了①和②两个起点节点，也出现了⑤和⑥两个终点节点，这都是错误的。

③ 网络图中不允许出现循环回路。如图 4-2-12 中，③、④、⑤、②这四个节点之间出现了循环回路，无法正确表达出其间的逻辑关系，是错误的。

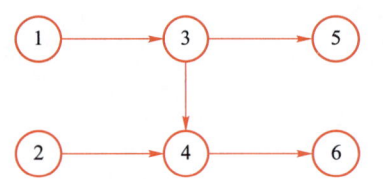

图 4-2-11　多个起点节点和多个终点节点

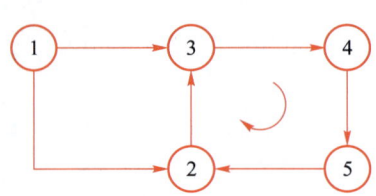

图 4-2-12　出现循环回路

④ 在网络图中不允许出现没有箭尾节点和没有箭头节点的箭线。如图4-2-13、图4-2-14所示出现无箭尾节点的箭线和无箭头节点的箭线是错误的。

图 4-2-13　出现无箭尾节点的箭线　　　　图 4-2-14　出现无箭头节点的箭线

⑤ 施工网络计划是一种有向图，沿箭头的方向循序渐进，因此在网络图中不允许出现无箭头或双向箭头的连线。如图4-2-15、图4-2-16所示是错误的。

图 4-2-15　无箭头的连线　　　　　图 4-2-16　带双向箭头的连线

⑥ 应尽量避免网络图中工作箭线的交叉。当交叉不可避免时，可以采用过桥法或指向法处理，如图4-2-17、图4-2-18所示。

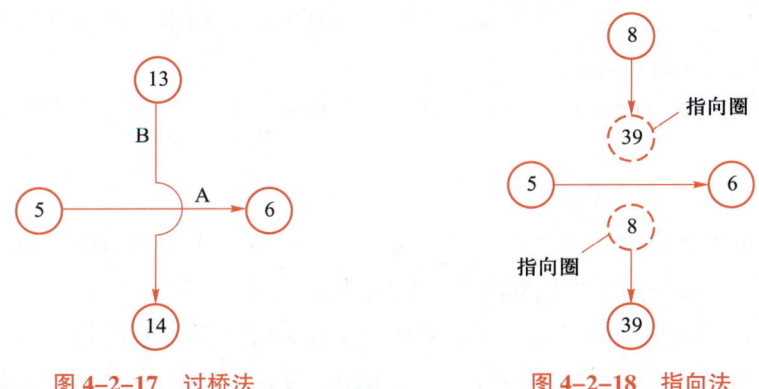

图 4-2-17　过桥法　　　　　　图 4-2-18　指向法

⑦ 当网络图的起点节点有多条外向箭线或终点节点有多条内向箭线时，为使图形简洁，在不违背一项工作只有唯一的一条箭线和相应的一对节点编号的前提下，可用母线法绘制，如图4-2-19、图4-2-20所示。

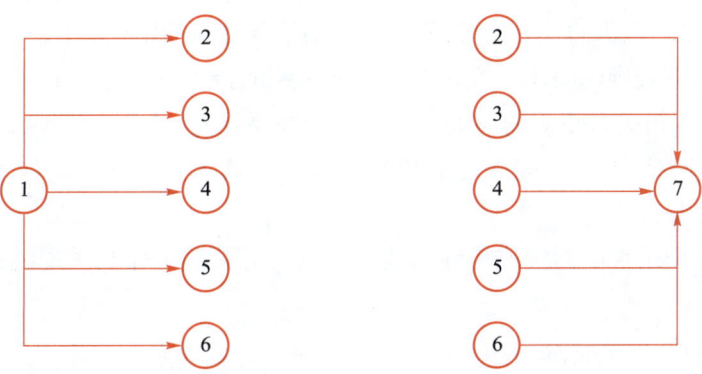

图 4-2-19　起点节点有多条外向箭线　　　　图 4-2-20　终点节点有多条内向箭线

⑧ 准确把握虚工作的作用，正确使用虚箭线，网络图应避免出现不必要的虚工作，如图 4-2-21 中 A、B 表示两个平行工作，①到②之间的虚箭线是多余的。

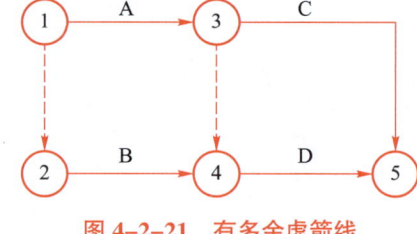

图 4-2-21　有多余虚箭线

3）双代号网络图的绘图步骤

双代号网络图的绘制方法因人而异，但从根本上说，都要在既定施工方案的基础上，根据具体的施工客观条件，以统筹安排为原则。一般的绘图步骤如下：

① 绘制没有紧前工作的工作。

如果有多项没有紧前工作的工作，用母线法使这些工作具有相同的开始节点，以保证网络图只有一个起点节点。

② 按照逻辑关系，自左至右依次绘制其他各项工作。

a. 若某工作只有一项紧前工作，则本工作可直接与紧前工作相连。

b. 若某工作有多项紧前工作，可根据下面几种情况进行处理：

● 在多项紧前工作中，有若干项工作作为紧前工作且同时出现一次以上，则应先将这若干项工作的箭头节点合并，将其作为一个工作考虑。

● 在多项紧前工作中，有一项紧前工作且只出现一次，则本工作可直接与之相连，本工作与其他紧前工作之间需加虚箭线。

● 若某工作的多项紧前工作都出现一次以上，则本工作只能通过虚箭线与所有紧前工作相连。

③ 合并所有没有紧后工作的工作。

当各项工作箭线都绘制出来之后，合并那些没有紧后工作的工作箭线的箭头节点，以保证网络图只有一个终点节点（多目标网络计划除外）。

④ 检查工作间的逻辑关系，减少不必要的虚工作，隔断没有逻辑关系的工作。

a. 为使图面清晰，要尽可能地减少不必要的虚工作。若 A、B 两工作既有相同的紧后工作，又有不同的紧后工作，那么 A、B 工作的箭头节点之间须用虚箭线连接。且虚箭线的个数为：当只有一方有区别于对方的紧后工作时，用 1 个虚箭线；当双方均有区别于对方的紧后工作时，用 2 个虚箭线。

b. 正确使用网络图断路方法，将没有逻辑关系的有关工作用虚工作加以隔断。若有 n 项工作并行作业，那么这 n 项工作的箭头节点或箭尾节点之间须用（$n-1$）个虚箭线连接。

⑤ 按网络图绘图规则的要求，完善并调整网络图的排列方式与布局。

a. 在保证网络逻辑关系正确的前提下，图面布局要合理，层次要清晰，重点要突出。

b. 对于密切相关的工作，应尽可能相邻布置，以减少箭线交叉；如无法避免箭线交叉时，可采用过桥法表示。

c. 网络图尽量采用水平箭线或折线箭线进行绘制；关键工作及关键线路要以粗箭线或双箭线表示。

d. 编制节点编号。

当确认所绘制的网络图正确后，即可按箭尾节点小于箭头节点的编号要求及编号不能重复的原则对网络图各节点进行编号。

【案例4-2-1】根据表4-2-4中逻辑关系，绘制双代号网络图。

表4-2-4　逻辑关系明细表

本工作	A	B	C	D	E	F
紧前工作	—	A	A	B	B、C	D、E

【解】①绘制起点节点工作。

A工作没有紧前工作，故A工作为起点节点工作，绘制起点节点工作，如图4-2-22所示。

②按照逻辑关系，自左至右依次绘制其他各项工作。

A工作有两项紧后工作B、C，而B工作、C工作只有一项紧前工作A，故B工作、C工作可直接与A工作相连，如图4-2-23所示。

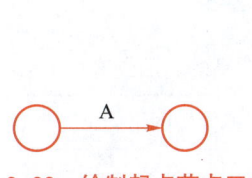

图4-2-22　绘制起点节点工作

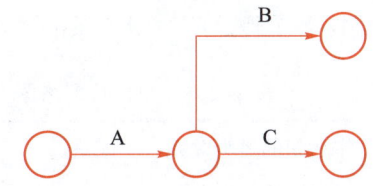

图4-2-23　绘制A工作的紧后工作B、C

D工作的紧前工作只有B工作，故D工作可直接与B工作相连，绘制B工作的紧后工作D，如图4-2-24所示。

E工作有B、C两项紧前工作，而C工作作为紧前工作只出现一次，故E工作可直接与C工作相连，而与其紧前工作B之间需加虚箭线，如图4-2-25所示。

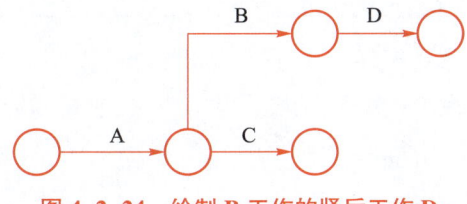

图4-2-24　绘制B工作的紧后工作D

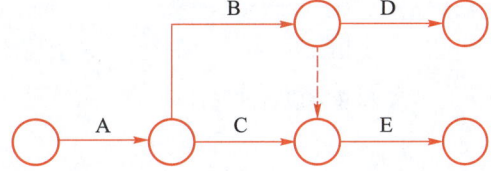

图4-2-25　绘制B工作、C工作的紧后工作E

③绘制终点节点工作。

D工作、E工作为终点节点工作F的紧前工作，为了使网络图简洁，删除不必要的节点。将D工作、E工作合并到一个节点，连接终点节点工作F，如图4-2-26所示。

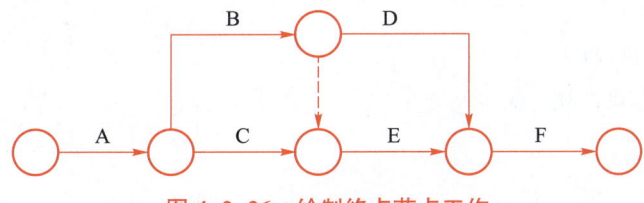

图4-2-26　绘制终点节点工作

④ 编制节点编号。

确定网络图绘制正确后，按箭尾节点小于箭头节点的编号要求对网络图各节点进行编号，如图 4-2-27 所示。

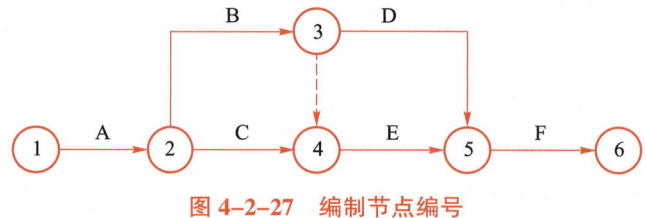

图 4-2-27　编制节点编号

（2）单代号网络图的绘制

1）单代号网络图中逻辑关系的表示

单代号网络图各工作之间逻辑关系的表示方法见表 4-2-5。

表 4-2-5　单代号网络图各工作之间逻辑关系的表示方法

序号	各工作之间的逻辑关系	单代号网络图
1	A 完成后进行 B； B 完成后进行 C	A → B → C
2	A 完成后进行 B 和 C	A → B A → C
3	A 和 B 完成后进行 C	A、B → C
4	A、B 完成后进行 C、D	A、B → C、D
5	A 完成后，进行 C； A、B 完成后进行 D	A → C A、B → D

序号	各工作之间的逻辑关系	单代号网络图
6	A、B 完成后，进行 D； A、B、C 完成后进行 E； D、E 完成后，进行 F	
7	A、B 分成 3 个施工段组织流水作业	

2）单代号网络图的绘制规则

单代号网络图的绘图规则与双代号网络图的绘图规则基本相同，主要区别如下：

① 单代号网络图中有时会出现虚拟节点。当单代号网络图中有多项开始工作时，应增设一项虚拟工作，作为该网络图的起点节点（即虚拟起点节点 ST）；当网络图中有多项结束工作时，应增设一项虚拟工作，作为该网络图的终点节点（即虚拟终点节点 FIN）。如图 4-2-28 所示为带虚拟终点节点的网络图。

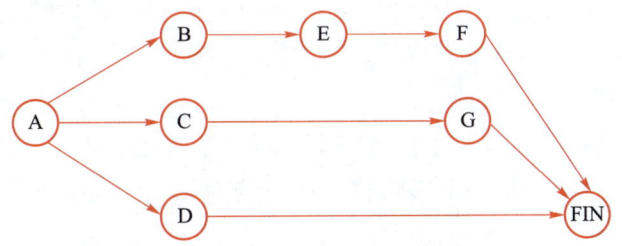

图 4-2-28　绘制单代号网络图

② 单代号网络图中无虚工作。在单代号网络图中，紧前工作和紧后工作直接用箭线表示，其逻辑关系不需要引入虚工作来表达。

3）单代号网络图的绘制步骤

① 要从左至右逐个处理已经确定的逻辑关系。

② 当出现多个起点节点或多个终点节点时，应在网络图的两端设置一个虚拟的起点节点或终点节点。

③ 绘制完成后，要认真检查逻辑关系是否正确。

④ 检查无误后，进行节点编号。

【案例 4-2-2】已知某工作逻辑关系见表 4-2-6，试绘制单代号网络图。

表 4-2-6　某工作逻辑关系

本工作代号	A	B	C	D	E	F	G
紧后工作	B、C、D	E	G	—	F	—	—

【解】绘制单代号网络图，如图 4-2-28 所示。

3. 网络计划时间参数的计算

双代号网络图时间参数概念

（1）网络计划时间参数的概念及符号

1）工作持续时间 D_{i-j}

工作持续时间是指一项工作从开始到完成的时间。

2）工期 T

工期是指完成任务所需要的时间，一般分为以下三种：

① 计算工期：根据网络计划时间参数计算出来的工期，用 T_c 表示。

② 要求工期：任务委托人所要求的工期，用 T_r 表示。

③ 计划工期：根据要求工期和计算工期所确定的作为实施目标的工期，用 T_p 表示。网络计划的计划工期 T_p 应按下列情况分别确定：当已规定要求工期 T_r 时，$T_p \leq T_r$；当未规定要求工期时，可令计划工期等于计算工期，即 $T_p = T_r$。

3）网络计划中的工作时间参数

① 最早开始时间和最早完成时间。

最早开始时间是指各紧前工作全部完成后，本工作有可能开始的最早时刻，用 ES 表示。最早完成时间是指各紧前工作全部完成后，本工作有可能完成的最早时刻，用 EF 表示。

② 最迟开始时间和最迟完成时间。

最迟开始时间是指在不影响整个任务按期完成的前提下，本工作必须开始的最迟时刻，用 LS 表示。最迟完成时间是指在不影响整个任务按期完成的前提下，本工作必须完成的最迟时刻，用 LF 表示。

③ 相邻两工作之间的时间间隔。

相邻两工作之间的时间间隔是指本工作最早完成时间与其紧后工作的最早开始时间的差值，用 LAG 表示。

④ 工作的自由时差。

工作的自由时差是指在不影响其紧后工作最早开始时间的前提下，本工作可以利用的机动时间，用 FF 表示。

⑤ 工作的总时差。

工作的总时差是指在不影响总工期的前提下，本工作可以利用的机动时间，用 TF 表示。

4）网络计划中的节点时间参数

① 节点的最早时间。

节点的最早时间是指双代号网络计划中，以该节点为开始的各项工作的最早开始时间，

用 ET 表示。

② 节点的最迟时间。

节点的最迟时间是指双代号网络计划中，以该节点为完成节点的各项工作的最迟完成时间，用 LT 表示。

（2）双代号网络计划时间参数的计算

双代号网络计划时间参数的计算方法通常有工作计算法、节点计算法、图上计算法和表上计算法四种。在此仅介绍工作计算法和节点计算法两种。

1）常用符号

设有线路 $\textcircled{h} \rightarrow \textcircled{i} \rightarrow \textcircled{j} \rightarrow \textcircled{k}$，则各符号含义如下：

D_{i-j}——工作 i–j 的持续时间；

D_{h-i}——工作 h–i 的持续时间；

D_{j-k}——工作 j–k 的持续时间；

ES_{i-j}——工作 i–j 的最早开始时间；

EF_{i-j}——工作 i–j 的最早完成时间；

LS_{i-j}——在总工期已确定的情况下，工作 i–j 的最迟开始时间；

LF_{i-j}——在总工期已确定的情况下，工作 i–j 的最迟完成时间；

TF_{i-j}——工作 i–j 的总时差；

FF_{i-j}——工作 i–j 的自由时差；

ET_i——节点 i 的最早时间；

LT_i——节点 i 的最迟时间。

2）工作计算法

工作计算法是指以网络计划中的工作为对象直接计算工作的六个时间参数，并将计算结果标注在箭线上方，如图 4-2-29 所示。

工作计算法的计算步骤如下：

① 计算各工作的最早开始时间和最早完成时间

计算时应从网络计划的起点节点开始，顺着箭线的方向，用累加的方法计算到终点节点。

a. 最早开始时间 ES_{i-j}。

当工作以起点节点为开始节点时，其最早开始时间为零（或规定时间），即

$$ES_{i-j}=0 \qquad (4\text{-}2\text{-}1)$$

当工作只有一项紧前工作时，该工作的最早开始时间应为其紧前工作的最早完成时间，即

$$ES_{i-j} = EF_{h-i} = ES_{h-i} + D_{h-i} \qquad (4\text{-}2\text{-}2)$$

当工作有多个紧前工作时，该工作的最早开始时间应为其所有紧前工作的最早完时间的最大值，即

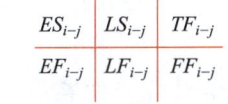

ES_{i-j}	LS_{i-j}	TF_{i-j}
EF_{i-j}	LF_{i-j}	FF_{i-j}

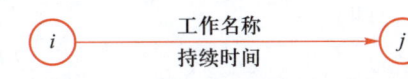

图 4-2-29 工作计算法时间参数的标注

双代号网络图时间参数计算（工作计算法）

$$ES_{i-j} = \max\{EF_{h-i}\} = \max\{ES_{h-i} + D_{h-i}\} \qquad (4\text{-}2\text{-}3)$$

b. 最早完成时间 EF_{i-j}。

各项工作的最早完成时间等于其最早开始时间加上工作持续时间 D_{i-j}，即

$$EF_{i-j} = ES_{i-j} + D_{i-j} \qquad (4\text{-}2\text{-}4)$$

特别提示：

工作时间最早时间参数计算时应特别注意以下三点：① 计算程序，即从起点节点开始顺着箭线方向，按节点次序逐项工作计算；② 要弄清该工作的紧前工作是哪几项，以便准确计算；③ 同一节点的所有外向工作最早开始时间相同。

② 确定网络计划的计划工期。

当网络计划规定了要求工期时，网络计划的计划工期应小于或等于要求工期，即

$$T_p \leqslant T_r \qquad (4\text{-}2\text{-}5)$$

当网络计划未规定要求工期时，网络计划的计划工期应等于计算工期，即以网络计划的终点节点为完成节点的各个工作的最早完成时间的最大值。

$$T_p = T_c = \max\{EF_{i-n}\} \qquad (4\text{-}2\text{-}6)$$

③ 计算各工作的最迟开始时间和最迟完成时间。

计算时应从网络计划的终点节点开始，逆着箭线的方向，用累减的方法计算到起点节点。

a. 最迟开始时间 LS_{i-j}。

各工作的最迟开始时间等于其最迟完成时间减去工作持续时间，即

$$LS_{i-j} = LF_{i-j} - D_{i-j} \qquad (4\text{-}2\text{-}7)$$

b. 最迟完成时间 LF_{i-j}。

当工作的终点节点为完成节点时，其最迟完成时间为网络计划的计划工期，即

$$LF_{i-n} = T_p \qquad (4\text{-}2\text{-}8)$$

当工作只有一项紧后工作时，该工作的最迟完成时间应为其紧后工作的最迟开始时间，即

$$LF_{i-j} = LS_{j-k} = LF_{j-k} - D_{j-k} \qquad (4\text{-}2\text{-}9)$$

当工作有多个紧后工作时，该工作的最迟完成时间应为其多项紧后工作的最迟开始时间的最小值，即：

$$LF_{i-j} = \min\{LS_{j-k}\} = \min\{LF_{j-k} - D_{j-k}\} \qquad (4\text{-}2\text{-}10)$$

特别提示：

工作时间最迟时间参数计算时应特别注意以下三点：① 计算程序，即从终点节点开始逆着箭线方向，按节点次序逐项工作计算；② 要弄清该工作的紧后工作是哪几项，以便准确计算；③ 同一节点的所有内向工作最迟完成时间相同。

④ 计算各工作的总时差。

如图 4-2-30 所示，在不影响总工期的前提下，一项工作可以利用的时间范围是从该工

作最早开始时间到最迟完成时间，即工作从最早开始时间或最迟开始时间开始，均不会影响总工期。而工作实际需要时间是 D_{i-j}，扣去 D_{i-j} 后，余下的时间就是工作可以利用的机动时间，即为总时差。所以总时差等于最迟开始时间减去最早开始时间，或最迟完成时间减去最早完成时间，即

$$TF_{i-j} = LS_{i-j} - ES_{i-j} \qquad (4-2-11)$$

$$TF_{i-j} = LF_{i-j} - EF_{i-j} \qquad (4-2-12)$$

特别提示：

总时差具有如下特性：① 凡是总时差为最小的工作就是关键工作；② 当网络计划的计划工期等于计算工期时，凡总时差大于零的工作为非关键工作；③ 总时差的使用具有双重性，它既可以被该工作使用，又属于某非关键线路所共有。

⑤ 计算各工作的自由时差。

如图 4-2-31 所示，在不影响其紧后工作最早开始时间的前提下，一项工作可以利用的时间范围是从该工作最早开始时间至其紧后工作最早开始时间。而工作实际需要的持续时间是 D_{i-j}，扣去 D_{i-j} 后，余下的时间就是自由时差，其计算如下：

a. 当工作有紧后工作时，该工作的自由时差等于紧后工作的最早开始时间减去工作最早完成时间，即

$$FF_{i-j} = ES_{j-k} - EF_{i-j} \qquad (4-2-13)$$

或

$$FF_{i-j} = ES_{j-k} - ES_{i-j} - D_{i-j} \qquad (4-2-14)$$

b. 以终点节点（$j=n$）为箭头节点的工作，其自由时差按网络计划的计划工期 T_p 确定，即

$$FF_{i-n} = T_p - EF_{i-n} \qquad (4-2-15)$$

或

$$FF_{i-n} = T_p - ES_{i-n} - D_{i-n} \qquad (4-2-16)$$

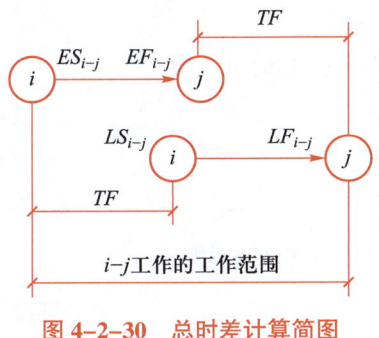

图 4-2-30　总时差计算简图

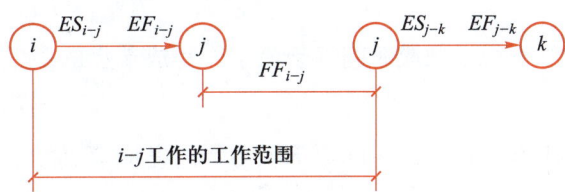

图 4-2-31　自由时差计算简图

特别提示：

自由时差具有如下特性：① 自由时差为某非关键工作独立使用的机动时间，利用自由时差不会影响其紧后工作的最早开始时间；② 非关键工作的自由时差必须小于等于其总时差。

3）节点计算法

① 计算各节点最早时间。

节点最早时间是以该节点为开始节点的工作的最早开始时间，其计算有以下四种情况：

起点节点 i 如未规定最早时间，其值等于零，即

$$ET_i = 0(i = 1) \tag{4-2-17}$$

当节点 j 只有一条内向箭线时，最早时间应为

$$ET_j = ET_i + D_{i-j} \tag{4-2-18}$$

当节点 j 有多条内向箭线时，最早时间应为

$$ET_j = \max\{ET_i + D_{i-j}\} \tag{4-2-19}$$

终点节点 n 的最早时间即为网络计划的计算工期，即：

$$ET_n = T_c \tag{4-2-20}$$

② 计算各节点最迟时间。

节点最迟时间是以该节点为完成节点的工作的最迟完成时间，其计算有以下三种情况：

终点节点的最迟时间应等于网络计划的计划工期，即

$$LT_n = T_p \tag{4-2-21}$$

若分期完成的节点，则最迟时间等于该节点规定的分期完成时间。

当节点 i 只有一条外向箭线时，最迟时间应为

$$LT_i = LT_j - D_{i-j} \tag{4-2-22}$$

当节点 i 有多条外向箭线时，最迟时间应为

$$LT_i = \min\{LT_j - D_{i-j}\} \tag{4-2-23}$$

③ 根据节点时间参数计算工作时间参数。

工作最早开始时间等于该工作的开始节点的最早时间，即

$$ES_{i-j} = ET_i \tag{4-2-24}$$

工作最早完成时间等于该工作的开始节点的最早时间加上持续时间，即

$$EF_{i-j} = ET_i + D_{i-j} \tag{4-2-25}$$

工作最迟完成时间等于该工作完成节点的最迟时间，即

$$LF_{i-j} = LT_j \tag{4-2-26}$$

工作最迟开始时间等于该工作的完成节点的最迟时间减去持续时间，即

$$LS_{i-j} = LT_j - D_{i-j} \tag{4-2-27}$$

工作总时差等于该工作的完成节点最迟时间减去该工作开始节点的最早时间再减去持续时间，即

$$TF_{i-j} = LT_j - ET_i - D_{i-j} \tag{4-2-28}$$

工作自由时差等于该工作的完成节点最早时间减去该工作开始节点的最早时间再减去持续时间，即

$$FF_{i-j} = ET_j - ET_i - D_{i-j} \qquad (4\text{-}2\text{-}29)$$

4）关键工作和关键线路的确定

① 关键工作的确定。

在网络计划中，总时差最小的工作为关键工作；当计划工期等于计算工期时，总时差为零的工作为关键工作。

当进行节点时间参数计算时，凡满足式（4-2-30）、式（4-2-31）、式（4-2-32）三个条件的工作必为关键工作。

$$LT_i - ET_i = T_p - T_c \qquad (4\text{-}2\text{-}30)$$

$$LT_j - ET_j = T_p - T_c \qquad (4\text{-}2\text{-}31)$$

$$LT_j - ET_i - D_{i-j} = T_p - T_c \qquad (4\text{-}2\text{-}32)$$

② 关键节点的确定。

在网络计划中，如果节点最迟时间与最早时间的差值最小，则该节点就是关键节点。当网络计划的计划工期等于计算工期时，凡是最早时间等于最迟时间的节点就是关键节点。

在网络计划中，当计划工期等于计算工期时，关键节点具有如下特性：

a. 关键工作两端的节点必为关键节点，但两关键节点之间的工作不一定是关键工作。

b. 以关键节点为完成节点的工作的总时差和自由时差相等。

c. 当关键节点间有多项工作，且工作间的非关键节点无其他内向箭线和外向箭线时，则该线路上的各项工作的总时差相等，除了以关键节点为完成节点的工作的自由时差等于总时差外，其他工作的自由时差均为零。

d. 当关键节点间有多项工作，且工作间的非关键节点存在内向箭线和外向箭线时，该线路上各项工作的总时差不一定相等，若多项工作间的非关键节点只有外向箭线而无其他内向箭线，则除了以关键节点为完成节点的工作的自由时差等于总时差外，其他工作的自由时差为零。

③ 关键线路的确定。

a. 利用关键工作判断。在网络计划中，自始至终全部由关键工作（必要时经过一些虚工作）组成或线路上总的工作持续时间最长的线路为关键线路。

关键线路的确定

b. 利用关键节点判断。由关键节点的特性可知，在网络计划中，关键节点必然处在关键工作上。先判断关键节点，然后根据式（4-2-30）、式（4-2-31）、式（4-2-32）判断关键节点之间的关键工作，从而确定关键线路。

c. 利用标号法判断。标号法是一种快速寻求网络计划工期和关键线路的方法。它利用节点计算法的基本原理，对网络计划中的每个节点进行标号，然后利用标号值确定网络计划的计算工期和关键线路。以图 4-2-32 所示网络计划为例，说明用标号法确定计算工期和关键线路的步骤，具体过程如下：

• 确定节点标号值。网络计划起点节点的标号值为零。本例中节点①的标号值为零，即 $b_1=0$。

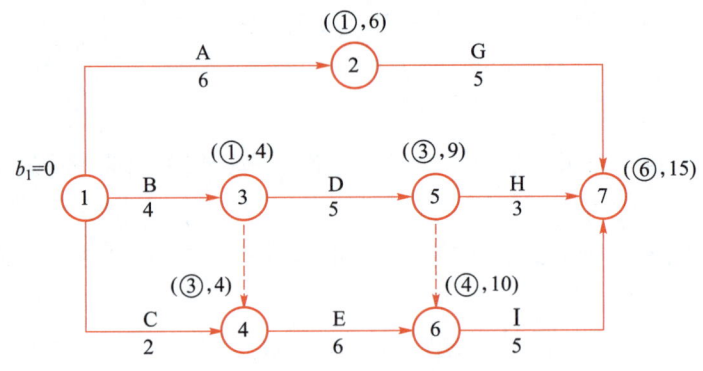

图 4-2-32　标号法确定关键线路

其他节点的标号值等于以该节点为完成节点的各项工作的开始节点的标号值加上其持续时间所得之和的最大值，即

$$b_j = \max\{b_i + D_{i-j}\} \qquad (4\text{-}2\text{-}33)$$

式中：b_j——工作 $i\text{-}j$ 的完成节点的标号值；

　　　b_i——工作 $i\text{-}j$ 的开始节点的标号值；

　　$D_{i\text{-}j}$——工作 $i\text{-}j$ 的持续时间。

节点的标号宜用双标号法，即用源节点（得出标号值的节点）号 a 作为第一标号，用标号值作为第二标号 b_j，即（a，b_j）。

● 确定计算工期。网络计划的计算工期就是终点节点的标号值。本例中，其计算工作工期为终点节点⑦的标号值 15。

● 确定关键线路。通过标号计算，逆着箭线方向跟踪源节点即可确定关键线路。本例中，从终点节点⑦开始跟踪源节点分别为⑥、④、③、①，即得关键线路①→③→④→⑥→⑦。

【案例 4-2-3】已知各工作之间的逻辑关系见表 4-2-7，试绘制双代号网络图，并按工作计算法计算各工作的时间参数。

表 4-2-7　各工作之间的逻辑关系

工作代号	A	B	C	D	E	F	G	H
紧前工作	—	—	B	B	A、C	A、C	D、E	E、F、D
持续时间	5	1	3	2	6	5	5	3

【解】绘制双代号网络图，如图 4-2-33 所示。

4. 双代号时标网络计划

（1）双代号时标网络计划的概念

双代号时标网络计划（简称时标图）是以水平时间坐标为尺度表示工作时间的网络计划。在双代号时标网络计划中，实箭线表示工作，实箭线的水平投影长度表示该工作的持续时间；虚箭线表示虚工作，由于虚工作的持续时间为 0，故虚箭线只能垂直画；波形线表示

双代号时标网络计划的概念及绘制

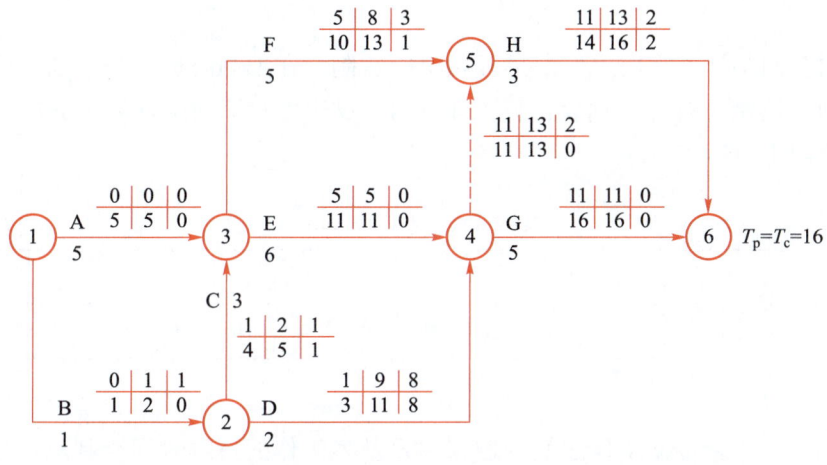

图 4-2-33 双代号网络图及时间参数

工作中的自由时差。无论哪一种箭线，均应在其末端绘出箭头。在双代号时标网络计划上，各项工作的起止时间、持续时间、工作的时差及关键线路皆能明确地表示出来，比一般的网络图更直观、易懂；根据双代号时标网络计划可绘制资源动态图，并在此基础上进行资源优化和时间费用优化；双代号时标网络计划还便于进行进度控制和调整。

（2）双代号时标网络计划的特点

双代号时标网络计划是以水平时间坐标为尺度编制的双代号网络计划，其主要特点如下：

① 双代号时标网络计划兼有网络计划与横道计划的优点，能清楚地表明计划的时间进程，使用方便。

② 双代号时标网络计划能在图上直接显示出各项工作的开始时间与完成时间、工作的自由时差及关键线路。

③ 在双代号时标网络计划中可以统计每一个单位时间对资源的需要量，以便进行资源优化和调整。

④ 由于箭线受到时间坐标的限制，当情况发生变化时，对网络计划的修改比较麻烦，往往要重新绘图，但在普遍使用计算机以后，这一问题已较容易解决。

（3）双代号时标网络计划的绘制方法

1）一般规定

① 双代号时标网络计划必须以水平时间坐标为尺度表示工作时间。时标的时间单位根据需要在编制网络计划之前确定，可为时、天、周、月或季。

② 双代号时标网络计划中所有符号在时间坐标上的水平投影位置，都必须与其时间参数对应，节点中心必须对准相应的时标位置。

③ 双代号时标网络计划的虚工作必须以垂直方向的虚箭线表示，有自由时差时以波形线表示。

2）绘制方法

双代号时标网络计划宜按工作最早开始时间编制。在编制时标网络计划之前，应先按已确定的时间单位绘制出时标计划表，见表4-2-8。双代号时标网络计划的编制方法有直接绘制法和间接绘制法两种。

表 4-2-8　时标计划表

网络计划																
时间单位	1	2	3	4	5	6	7	8	9	10	11	12	13	14	15	16

① 直接绘制法。

直接绘制法是直接根据工作之间的逻辑关系及各工作的持续时间绘制双代号时标网络计划的方法。其绘制要点如下：

a. 绘制时间坐标体系。

b. 将起点节点定位于时标表的起始刻度线上，按工作的持续时间绘制起点节点的外向箭线及工作的箭头节点。

c. 若工作的箭头节点是几项工作共同的结束节点时，此节点应定位于所有内向箭线中最迟完成的箭线箭头处。若箭线长度不足以到达该节点的实箭线，用波形线补足。

d. 虚工作应绘制成垂直的虚箭线，若虚箭线的开始节点与结束节点之间有水平距离时，用波形线补足，波形线的长度为该虚工作的自由时差。

e. 用上述方法自左至右依次确定其他节点的位置，直至终点节点。

② 间接绘制法。

间接绘制法是先绘制普通双代号网络计划，计算出各工作的时间参数，并确定关键线路后，依据该图绘制双代号时标网络计划的过程。具体绘制要点如下：

a. 绘制普通双代号网络计划，计算时间参数，确定关键线路。

b. 建立时间坐标体系。时间坐标标注于时标表的顶部或底部，或顶部和底部都标注，其单位根据需要确定，可为时、天、周、月、季等。

c. 节点按最早时间定位于时标表上，节点在时标图中的布局参照普通双代号网络计划。

d. 节点间的箭线，以实箭线表示实工作，箭线的水平投影长度即为工作的持续时间，若箭线长度不足以到达该工作的结束节点时，用波形线补足。虚箭线代表虚工作，其持续时间为零，用垂直箭线绘制。虚工作的水平段绘成波形线，波浪线的长度表示其自由时差。

e. 绘制时先画关键工作，再画非关键工作，便于网络图的布局。

（4）双代号时标网络计划关键线路和时间参数的确定

1）关键线路的确定

自终点节点逆箭线方向朝起点节点观察，自始至终不出现波形线的线路为关键线路。

2）工期的确定

双代号时标网络计划的计算工期 T_c，应是其终点节点与起点节点所在位置的时标值之差。未规定要求工期时，可令计划工期等于计算工期，即 $T_p = T_c$。

3）时间参数的确定

① 最早时间的确定。

按最早时间绘制的双代号时标网络计划，每条箭线的箭尾和箭头所对应的时标值应为该工作的最早开始时间和最早完成时间。虚工作的最早开始时间和最早完成时间相等，均为其开始节点中心所对应的时标值。

② 自由时差的确定。

波形线的水平投影长度即为该工作的自由时差。

③ 总时差的计算。

在双代号时标网络计划中，工作的总时差应自右至左逐个进行计算。一项工作只有在其紧后工作的总时差全部计算出来后，才能计算出其总时差。

以终点节点（$j=n$）为结束节点的工作的总时差，应该按网络计划的计划工期计算确定，即

$$TF_{i-n} = T_p - EF_{i-n} \qquad (4-2-34)$$

其他工作的总时差应为

$$TF_{i-j} = \min\left\{TF_{j-k}\right\} + FF_{i-j} \qquad (4-2-35)$$

式中：TF_{i-n}——以终点节点 n 为结束节点的工作的总时差；

EF_{i-n}——以终点节点 n 为结束节点的工作的最早完成时间；

TF_{j-k}——工作 $i-j$ 的紧后工作 $j-k$ 的总时差。

④ 最迟时间的计算。

双代号时标网络计划中工作的最迟开始时间和最早完成时间应按下式计算：

$$LS_{i-j} = ES_{i-j} + TF_{i-j} \qquad (4-2-36)$$

$$LF_{i-j} = EF_{i-j} + TF_{i-j} \qquad (4-2-37)$$

【案例 4-2-4】根据图 4-2-34 所示的双代号网络图，采用直接绘制法画出双代号时标网络计划，并确定其关键线路和时间参数。（单位：天）

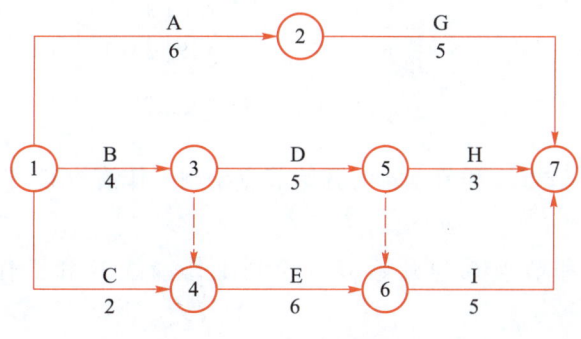

图 4-2-34 双代号网络图

【解】① 绘制时间坐标体系，将网络计划的起点节点定位在时标网络计划表的起始刻度线上，按工作持续时间绘制以网络计划起点节点为开始节点的工作箭线。如图 4-2-35 所示，分别绘制出工作箭线 A、工作箭线 B、工作箭线 C。

工作天	1	2	3	4	5	6	7	8	9	10	11	12	13	14	15

图 4-2-35　直接绘制法第一步

② 定位其他节点。节点②直接定位在工作箭线 A 的末端；节点③直接定位在工作箭线 B 的末端；节点④的位置需要在绘出工作箭线 3—4 之后定位在工作箭线 C 和工作箭线 3—4 中最迟的箭线末端，即坐标"4"的位置上。此时，工作箭线 C 的长度不足以到达节点④，因而用波形线补足，如图 4-2-36 所示。

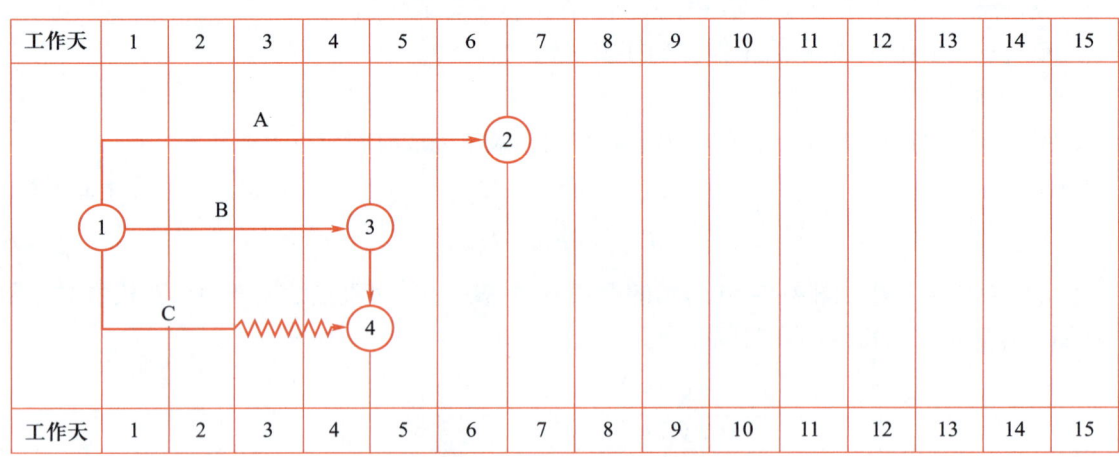

图 4-2-36　直接绘制法第二步

③ 分别以节点②、节点③和节点④为开始节点绘制工作箭线 G、工作箭线 D 和工作箭线 E，如图 4-2-37 所示。

④ 分别以节点⑤和节点⑥为开始节点绘制工作箭线 H 和工作箭线 I，如图 4-2-38 所示。

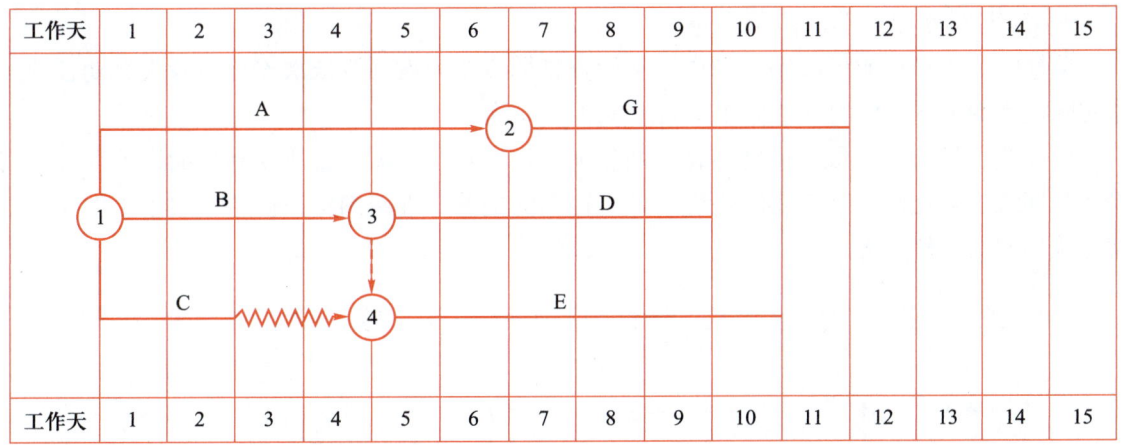

图 4-2-37　直接绘制法第三步

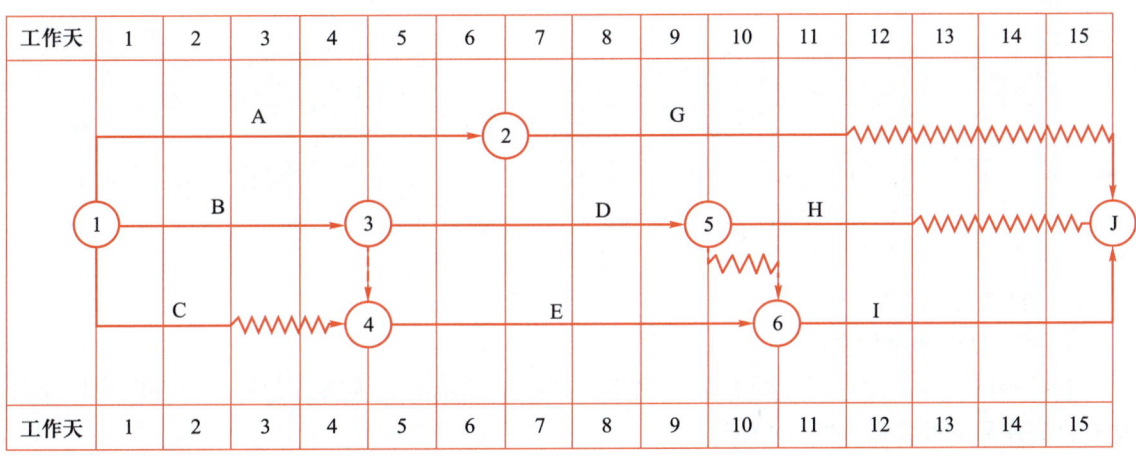

图 4-2-38　直接绘制法第四步

5. 网络计划的控制

（1）网络计划的检查

在项目施工进度计划的实施过程中，由于各种因素的影响，原始计划的安排常常会被打乱而出现进度偏差。因此，在进度计划执行一段时间后，应对执行情况进行动态检查，并分析进度偏差产生的原因，以便为施工进度计划的调整提供必要的信息。

对网络计划应定期进行检查。检查周期的长短应视计划工期的长短和管理的需要确定，一般可按天、周、月、季等为周期。在计划执行过程中突然出现意外情况时，可对其进行"应急检查"，以便采取应急调整措施。检查网络计划时，首先应收集网络计划的实际执行情况，并进行记录。

网络计划的检查内容主要有：关键工作的进度、非关键工作的进度、尚可利用的时差、工作之间的逻辑关系。网络计划检查的方法很多，这里主要介绍前锋线比较法。

1）前锋线比较法的概念及原理

前锋线是指在原时标网络计划中，从检查日期位置用点划线依次连接在检查日期各项工作实际达到的位置形成的一条折线，如图 4-2-39 所示。

前锋线比较法是将根据进度检查日期各项工作实际达到的位置所绘制出的进度前锋线与检查日期线进行比较，确定实际进度与计划进度的偏差，进而判定该偏差对后续工作及总工期影响程度的一种方法。

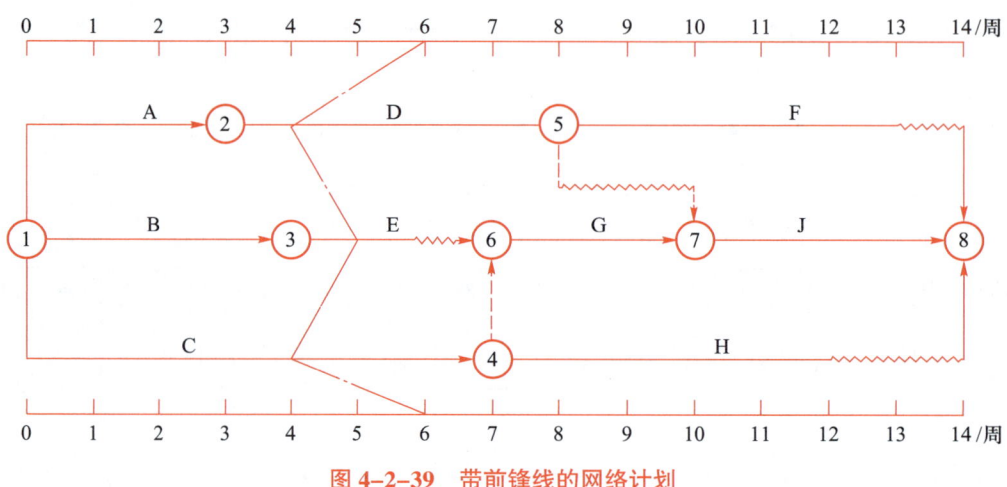

图 4-2-39　带前锋线的网络计划

2）前锋线比较法的步骤

① 绘制时标网络计划图。

工程项目实际进度前锋线是在时标网络计划图上标示的，为清楚起见，可在时标网络计划图的上方和下方各设一时间坐标。

② 绘制实际进度前锋线。

一般从时标网络计划图上方时间坐标的检查日期开始绘制，依次连接相邻工作的实际进展位置点，最后与时标网络计划图下方时间坐标的检查日期相连接。

工作实际进展位置点的标定方法有以下两种：

a. 按该工作已完任务量比例进行标定。假设工程项目中各项工作均为匀速进展，根据实际进度检查时刻该工作已完成任务量占其计划完成总任务量的比例，在工作箭线上从左至右按相同的比例标定其实际进展位置点。

b. 按尚需作业时间进行标定。当某些工作的持续时间难以按实物工程量来计算而只能凭经验估算时，可以先估算出检查时刻到该工作全部完成尚需作业的时间，然后在该工作箭线上从右至左逆向标定其实际进展位置点。

③ 进行实际进度与计划进度的比较。

前锋线可以直观地反映出检查日期有关工作实际进度与计划进度之间的关系。对某项工作来说，其实际进度与计划进度之间的关系可能存在以下三种情况：

a. 工作实际进展位置点落在检查日期的左侧，表明该工作实际进度拖后，拖后的时间为二者之差。

b. 工作实际进展位置点与检查日期重合，表明该工作实际进度与计划进度一致。

c. 工作实际进展位置点落在检查日期的右侧，表明该工作实际进度超前，超前的时间为二者之差。

④ 预测进度偏差对后续工作及总工期的影响。

通过工作实际进度与计划进度的比较和偏差确定只是直观地表达出某项工作的拖延情况与提前情况，但是这些偏差对后续工作及总工期的影响尚需分析各工作的自由时差和总时差之后进行判断，分析步骤如下：

a. 分析出现进度偏差的工作是否为关键工作。如果出现进度偏差的工作位于关键线路上，则该工作为关键工作，此时，无论偏差是多少，都将对后续工作和总工期产生直接影响，因此必须采取相应措施加以调整；如果出现进度偏差的工作是非关键工作，则需根据进度偏差值与总时差和自由时差的关系作进一步分析。

b. 分析进度偏差是否超过总时差。若该工作位于非关键线路上，且偏差大于总时差，则此偏差必然影响到该工作的最迟必须结束时间，说明此偏差一定影响后续工作的施工和总工期，因此应采取相应措施加以调整；若该工作的进度偏差小于等于工作总时差，则对工期无影响，对于后续工作是否有影响，应当分析进度偏差与自由时差的关系来确定。

c. 分析进度偏差是否超过自由时差。如果工作的进度偏差大于该工作的自由时差，则此偏差必然影响到紧后工作的最早可能开始时间，此时是否需要采取调整措施要视后续工作的限制条件而定；如果工作的进度偏差小于等于该工作的自由时差，则说明此偏差对紧后工作无影响，在这种情况下，一般不作调整。

可见，前锋线比较法既适用于工作实际进度与计划进度之间的局部比较，又可用来分析和预测工程项目的整体进度状况。需要注意的是，前锋线比较法是针对匀速进展的工作，对于非匀速进展的工作，比较方法较复杂，此处不再赘述。

【案例 4-2-5】已知某工程网络计划图如图 4-2-40 所示，执行到 40 d 检查进度时发现工作 A 和工作 B 已经全部完成，工作 D 和工作 E 分别完成计划任务量的 1/2 和 1/3，工作 C 完成计划任务量的 3/4。使用前锋线比较法进行实际进度与计划进度的比较，试分析目前实际

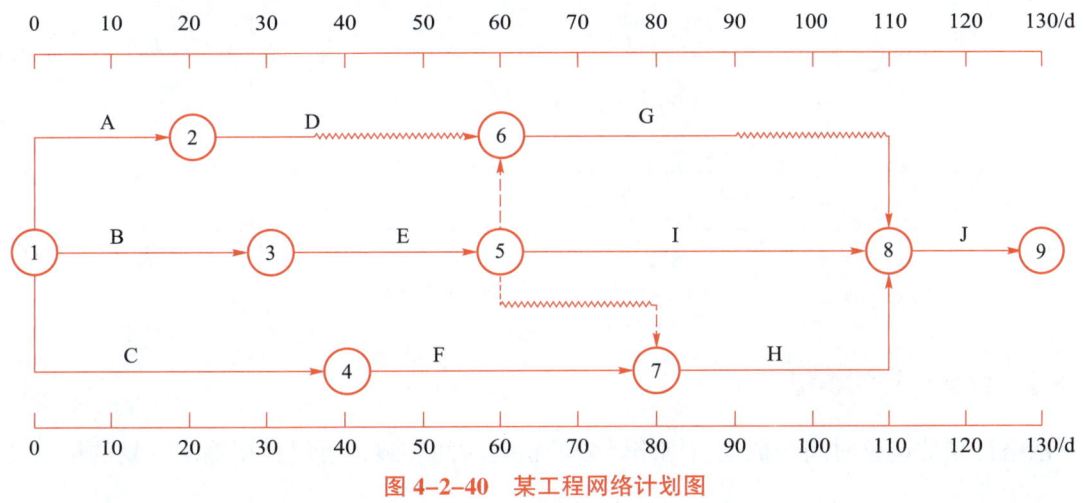

图 4-2-40　某工程网络计划图

进度对后续工作和总工期的影响。

【解】① 绘制实际进度前锋线，如图4-2-41所示。

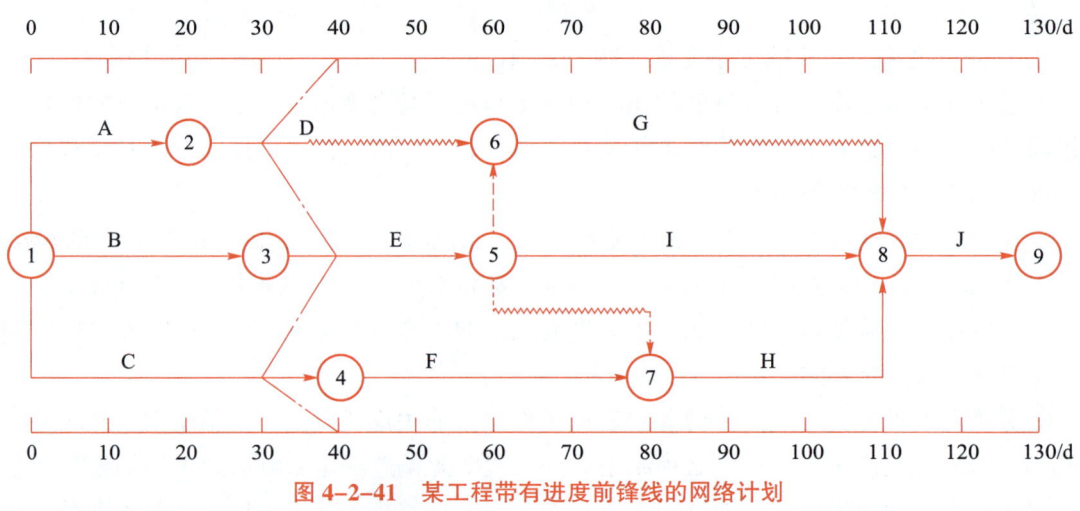

图4-2-41 某工程带有进度前锋线的网络计划

② 进行实际进度和计划进度的比较，从图4-2-41可以看出：

a. 工作D是非关键工作，拖后10天，但其总时差为30天，不影响工期。

b. 工作E是关键工作，实际进度与计划进度一致，既不影响后续工作也不影响工期。

c. 工作C是关键工作，拖后10天，所以影响后续工作开工时间，拖延工期10天使其后续工作F、H和J的开始时间推迟10天。

综上所述，针对目前实际进度如不采取调整措施，则工期延长10天。

拖延工期的网络计划如图4-2-42所示。

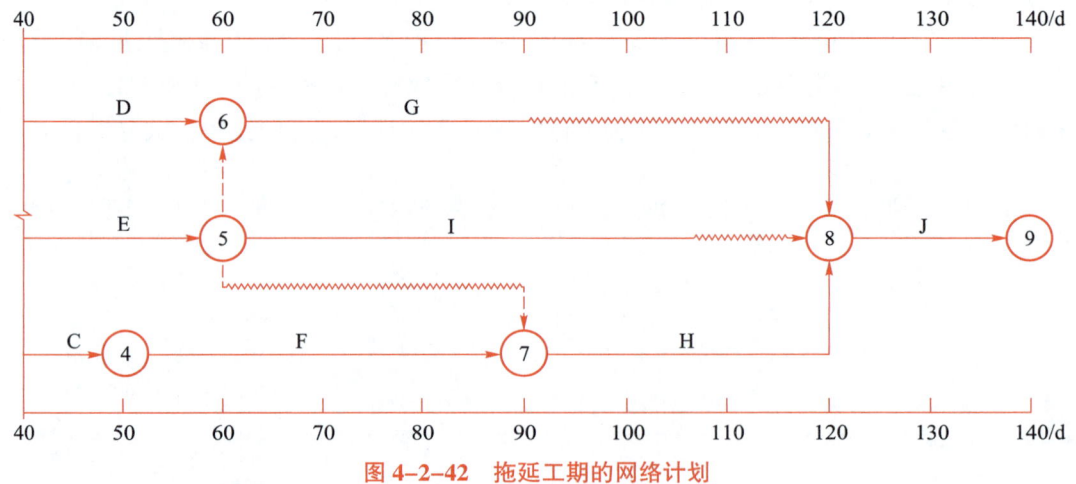

图4-2-42 拖延工期的网络计划

（2）网络计划的调整

网络计划的调整时间一般应与网络计划的检查时间一致，可以根据网络计划的检查结果调整网络计划。

1）分析进度偏差的原因

由于工程特点，尤其是较大和复杂的工程项目，工期较长，影响进度的因素较多。编制、执行和控制工程进度计划时，必须充分认识和评估这些因素，才能克服其影响，使工程进度尽可能按计划进行，当出现进度偏差时，应考虑有关影响因素，分析其产生的原因。主要影响因素有：

① 工期及相关计划的失误。

a. 编制计划时遗漏部分必需的功能或工作。

b. 计划值（如计划工作量、计划持续时间）不足，相关的实际工作量增加。

c. 资源或能力不足，例如计划时没考虑到资源的限制或缺陷，没有考虑如何完成。

d. 出现了计划中未能考虑到的风险或状况，工程的实施未能达到预定的效率。

e. 在现代工程中，上级（包括业主、投资者、企业主管等）常常在一开始就提出很紧迫的工期要求，使承包商或其他设计人、供应商的工期太紧。而且许多业主为了缩短工期，常常压缩承包商的做标期时间和前期准备的时间。

② 工程条件的变化。

a. 工作量的变化。可能是由于设计的修改、设计的错误、业主新的要求、修改项目的目标及系统范围的扩展造成的。

b. 外界（如政府、上层系统）对项目提出新的要求或限制，设计标准的提高可能造成项目资源的缺乏，使得工作无法及时完成。

c. 环境条件的变化。工程地质条件和水文地质条件与勘察设计不符，如地质断层、地下障碍物、软弱地基、溶洞以及恶劣的气候条件等，都会对工程进度产生影响，造成临时停工或破坏。

d. 发生不可抗力事件。工程实施中如果出现意外的事件，如战争、内乱、拒付债务、工人罢工等政治事件；地震、洪水等严重的自然灾害；重大工程事故、试验失败、标准变化等技术事件；通货膨胀、分包单位违约等经济事件，都会影响工程进度计划。

③ 管理过程中的失误。

a. 计划部门与实施者之间、总分包商之间、业主与承包商之间缺少沟通。

b. 工程实施者缺乏工期意识，例如管理者拖延了图纸的供应和批准，任务下达时缺少必要的工期说明和责任落实，从而拖延了工程活动。

c. 项目参与单位对各个活动（包括各专业工程和供应）之间的逻辑关系（即活动链）没有了解清楚，下达任务时也没有做详细的解释，同时对活动的必要条件准备不足，各单位之间缺少协调和信息沟通，导致许多工作脱节，资源供应出现问题。

d. 由于其他方面未完成项目计划规定的任务造成拖延。例如设计单位拖延设计进度、运输不及时、上级机关拖延批准手续、质量检查拖延、业主处理问题不果断等。

e. 承包商没有集中力量施工，材料供应拖延，资金缺乏，且对工期控制不紧。这可能是由于承包商同期承接的工程太多，力量不足造成的。

f. 业主没有集中资金的供应，拖欠工程款，或业主的材料、设备供应不及时。

④其他原因。

由于采取其他调整措施造成工期的拖延，如设计的变更、因质量问题的返工、实施方案的修改。

2）施工进度计划调整的方法

①增加资源投入。

通过增加资源投入，缩短某些工作的持续时间，可以加快工程进度，并保证实现计划的工期目标。这些被压缩持续时间的工作是由于实际进度的拖延而引起总工期增长的关键线路上的工作和某些非关键线路上的工作。但这会带来如下问题：

a. 造成费用的增加，如增加人员的调遣费用、周转材料的一次性使用费用、设备的进出场费等。

b. 造成资源使用效率的降低。

c. 加剧资源供应的困难。如有些资源没有增加的可能性，加剧项目之间或工序之间对资源的竞争。

②改变某些工作间的逻辑关系。

在工作之间的逻辑关系允许的条件下，可改变逻辑关系，达到缩短工期的目的。例如，可以把依次进行的有关工作改成平行或互相搭接，可以分成几个施工段进行流水施工等，都可以达到缩短工期的目的。但这可能产生如下问题：

a. 工作逻辑上的矛盾性。

b. 资源的限制，平行施工要增加资源的投入强度。

c. 工作面限制及由此产生的现场混乱和低效率问题。

③资源供应的调整。

如果资源供应发生异常，应采用资源优化方法对计划进行调整，或采取应急措施，使其对工期影响最小。例如，将服务部门的人员投入生产中去，投入风险准备资源，采用加班或多班制工作。

④增减工作范围。

增减工作范围包括增减工作量或增减一些工作包（或分项工程）。增减工作内容应做到不打乱原计划的逻辑关系，只对局部逻辑关系进行调整。在增减工作内容以后，应重新计算时间参数，分析对原网络计划的影响。当对工期有影响时，应采取调整措施，保证计划工期不变。但这可能产生如下影响：

a. 损害工程的完整性、经济性、安全性、运行效率或提高项目运行费用。

b. 必须经过上层管理者，如投资者、业主的批准。

⑤提高劳动生产率。

通过改善工具和器具、辅助措施和合理的工作过程，可以提高劳动生产率。应注意如下问题：

a. 加强培训，且应尽可能提前进行。

b. 注意工人级别与工人技能的协调。

c. 设立工作中的激励机制，例如奖金制度、发扬小组精神、实行个人负责制、明确目标。

d. 改善工作环境及项目的公用设施。

e. 项目小组在时间上和空间上要进行合理的组合和搭接。

f. 加强沟通，避免项目组织中的矛盾。

⑥ 将部分任务转移。

如分包、委托给另外的单位，将原计划由自己生产的结构构件改为外购等，但是不仅有风险，会产生新的费用，还需要增加控制和协调工作。

⑦ 将一些工作包合并。

特别是将在关键线路上按先后顺序实施的工作包合并，与实施者一起研究，通过局部调整实施过程中的人力、物力的分配，达到缩短工期的目的。

3）施工进度控制的措施

施工进度控制的主要措施有组织措施、技术措施、合同措施、经济措施和信息管理措施等。

① 组织措施。

组织措施是指落实各层次的进度控制的人员配置、具体任务和工作责任；建立进度控制的组织系统；按工程项目的结构、进展阶段或合同结构等进行项目分离，确定其进度目标，建立控制目标体系；确定进度控制工作制度，如检查时间、方法、协调会议时间、参加人员等；对影响进度的因素进行分析和预测。

② 技术措施。

技术措施是指采取加快工程进度的技术方法。

③ 合同措施。

合同措施是指与分包单位签订的工程合同中，合同工期与有关进度计划目标相协调。

④ 经济措施。

经济措施是指实现进度计划的资金保证措施。

⑤ 信息管理措施。

信息管理措施是指不断地收集工程进度的有关资料，进行整理统计，并与计划进度比较，定期地向建设单位提供比较报告。

4）工程进度控制总结

项目经理部应在进度计划完成后，及时进行工程进度控制总结，为进度控制提供反馈信息。

① 工程进度控制总结的依据。

总结时应依据以下资料：

a. 工程项目进度计划。

b. 工程项目进度计划执行的实际记录。

c. 工程项目进度计划的检查结果。

d. 工程项目进度计划的调整资料。

② 工程进度控制总结的内容。

工程进度控制总结应包括以下内容：

a. 合同工期目标和计划工期目标的完成情况。

b. 工程进度控制的经验。

c. 工程进度控制中存在的问题。

d. 科学的工程进度计划方法的应用情况。

e. 工程进度控制的改进意见。

⚛ 【任务实施】

第一步　绘制双代号网络图

根据表 4-2-1 中各工作之间的逻辑关系，绘制双代号网络图的步骤如下：

① 先绘制无紧前工作的 A 工作。

② 绘制 A 工作的紧后工作 B、C。

③ 绘制 B 工作的紧后工作 D、E。

④ 绘制 C 工作的紧后工作 F，因为 C 工作的紧后工作还有 E 工作，故需在 E 工作前加上节点⑤，通过两个虚箭线与 B 工作、C 工作建立逻辑关系。

⑤ 绘制 D 工作的紧后工作 G，因为 G 工作的紧前工作还有 E 工作，E 工作的紧后工作还有 H 工作，故需在 E 工作后增加节点⑥，通过两个虚箭线与 G 工作、H 工作建立逻辑关系。

⑥ 绘制 F 工作的紧后工作 H，因为 H 工作的紧前工作还有 F 工作，通过⑧节点把 H 工作的紧前逻辑关系会合。

⑦ 最后绘制以 G 工作和 H 工作为紧前工作的 I 工作。

根据以上步骤绘出双代号网络图的草图后，从结束节点开始，由右至左逆向逐项检查双代号网络图的逻辑关系是否正确，无误后再进行布局的调整，使整个网络图条理清楚、布局合理，绘制出正式的双代号网络图，并进行节点编号，如图 4-2-43 所示。

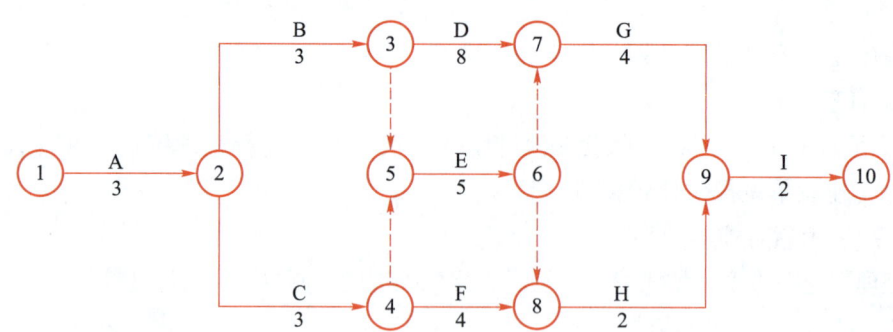

图 4-2-43　某厂施工双代号网络图（单位：周）

第二步　计算六个时间参数

采用工作计算法计算图 4-2-43 所示双代号网络图的六个时间参数，步骤如下：

① 计算各工作的最早开始时间

$ES_{1-2} = 0$

$ES_{2-3} = ES_{2-4} = ES_{1-2} + D_{1-2} = 0 + 3 = 3$

$ES_{3-5} = ES_{3-7} = ES_{2-3} + D_{2-3} = 3 + 3 = 6$

$$ES_{4-5} = ES_{4-8} = ES_{2-4} + D_{2-4} = 3 + 3 = 6$$

$$ES_{5-6} = \max\left\{ES_{4-5} + D_{4-5}, ES_{3-5} + D_{3-5}\right\} = \max\left\{6 + 0, 6 + 0\right\} = 6$$

$$ES_{6-7} = ES_{6-8} = ES_{5-6} + D_{5-6} = 6 + 5 = 11$$

$$ES_{7-9} = \max\left\{ES_{3-7} + D_{3-7}, ES_{6-7} + D_{6-7}\right\} = \max\left\{6 + 8, 11 + 0\right\} = 14$$

$$ES_{8-9} = \max\left\{ES_{4-8} + D_{4-8}, ES_{6-8} + D_{6-8}\right\} = \max\left\{6 + 4, 11 + 0\right\} = 11$$

$$ES_{9-10} = \max\left\{ES_{8-9} + D_{8-9}, ES_{7-9} + D_{7-9}\right\} = \max\left\{11 + 2, 14 + 4\right\} = 18$$

② 计算各工作的最早完成时间

$$EF_{1-2} = ES_{1-2} + D_{1-2} = 0 + 3 = 3$$

$$EF_{2-3} = ES_{2-3} + D_{2-3} = 3 + 3 = 6$$

$$EF_{2-4} = ES_{2-4} + D_{2-4} = 3 + 3 = 6$$

$$EF_{3-5} = ES_{3-5} + D_{3-5} = 6 + 0 = 6$$

$$EF_{4-5} = ES_{4-5} + D_{4-5} = 6 + 0 = 6$$

$$EF_{5-6} = ES_{5-6} + D_{5-6} = 6 + 5 = 11$$

$$EF_{6-7} = ES_{6-7} + D_{6-7} = 11 + 0 = 11$$

$$EF_{6-8} = ES_{6-8} + D_{6-8} = 11 + 0 = 11$$

$$EF_{7-9} = ES_{7-9} + D_{7-9} = 14 + 4 = 18$$

$$EF_{8-9} = ES_{8-9} + D_{8-9} = 11 + 2 = 13$$

$$EF_{9-10} = ES_{9-10} + D_{9-10} = 18 + 2 = 20$$

③ 确定网络计划工期

网络计划未规定要求工期，所以网络计划的计划工期等于计算工期，即以终点节点为完成节点的各工作的最早完成时间的最大值，则计划工期为

$$T_p = T_c = EF_{9-10} = 20$$

④ 计算各工作的最迟完成时间

$$LF_{9-10} = T_p = 20$$

$$LF_{7-9} = LF_{9-9} = LF_{9-10} - D_{9-10} = 20 - 2 = 18$$

$$LF_{6-7} = LF_{3-7} = LF_{7-9} - D_{7-9} = 18 - 4 = 14$$

$$LF_{6-8} = LF_{4-8} = LF_{8-9} - D_{8-9} = 18 - 2 = 16$$

$$LF_{5-6} = \min\left\{LF_{6-7} - D_{6-7}, LF_{6-8} - D_{6-8}\right\} = \min\left\{14 - 0, 16 - 0\right\} = 14$$

$$LF_{4-5} = LF_{3-5} = LF_{5-6} - D_{5-6} = 14 - 5 = 9$$

$$LF_{2-4} = \min\left\{LF_{4-5} - D_{4-5}, LF_{4-8} - D_{4-8}\right\} = \min\left\{9 - 0, 12 - 0\right\} = 9$$

$$LF_{2-3} = \min\left\{LF_{3-5} - D_{3-5}, LF_{3-7} - D_{3-7}\right\} = \min\left\{9 - 0, 14 - 8\right\} = 6$$

$$LF_{1-2} = \min\left\{LF_{2-3} - D_{2-3}, LF_{2-4} - D_{2-4}\right\} = \min\left\{9 - 3, 6 - 3\right\} = 3$$

⑤ 计算各工作的最迟开始时间

$$LS_{1-2} = LF_{1-2} - D_{1-2} = 3 - 3 = 0$$

$$LS_{2-3} = LF_{2-3} - D_{2-3} = 6 - 3 = 3$$

$$LS_{2-4} = LF_{2-4} - D_{2-4} = 9 - 3 = 6$$

$$LS_{3-5} = LF_{3-5} - D_{3-5} = 9 - 0 = 9$$

$$LS_{3-7} = LF_{3-7} - D_{3-7} = 14 - 8 = 6$$

$$LS_{4-5} = LF_{4-5} - D_{4-5} = 9 - 0 = 9$$

$$LS_{4-8} = LF_{4-8} - D_{4-8} = 16 - 4 = 12$$

$$LS_{6-7} = LF_{6-7} - D_{6-7} = 14 - 0 = 14$$

$$LS_{6-8} = LF_{6-8} - D_{6-8} = 16 - 0 = 16$$

$$LS_{7-9} = LF_{7-9} - D_{7-9} = 18 - 4 = 14$$

$$LS_{8-9} = LF_{8-9} - D_{8-9} = 18 - 2 = 16$$

$$LS_{9-10} = LF_{9-10} - D_{9-10} = 20 - 2 = 18$$

⑥ 计算各工作的总时间

$$TF_{1-2} = LS_{1-2} - ES_{1-2} = 3 - 3 = 0$$

$$TF_{2-3} = LS_{2-3} - ES_{2-3} = 6 - 3 = 3$$

$$TF_{2-4} = LS_{2-4} - ES_{2-4} = 6 - 3 = 3$$

$$TF_{3-5} = LS_{3-5} - ES_{3-5} = 9 - 6 = 3$$

$$TF_{3-7} = LS_{3-7} - ES_{3-7} = 6 - 6 = 0$$

$$TF_{4-5} = LS_{4-5} - ES_{4-5} = 9 - 6 = 3$$

$$TF_{4-8} = LS_{4-8} - ES_{4-8} = 12 - 6 = 6$$

$$TF_{5-6} = LS_{5-6} - ES_{5-6} = 9 - 6 = 3$$

$$TF_{6-7} = LS_{6-7} - ES_{6-7} = 14 - 11 = 3$$

$$TF_{6-8} = LS_{6-8} - ES_{6-8} = 16 - 11 = 5$$

$$TF_{7-9} = LS_{7-9} - ES_{7-9} = 14 - 14 = 0$$

$$TF_{8-9} = LS_{8-9} - ES_{8-9} = 16 - 11 = 5$$

$$TF_{9-10} = LS_{9-10} - ES_{9-10} = 18 - 18 = 0$$

⑦ 计算各工作的自由时差

$$FF_{1-2} = ES_{2-3} - EF_{1-2} = 3 - 3 = 0$$

$$FF_{2-3} = ES_{3-7} - EF_{2-3} = 6 - 6 = 0$$

$$FF_{2-4} = ES_{4-8} - EF_{2-4} = 6 - 6 = 0$$

$$FF_{3-7} = ES_{7-9} - EF_{3-7} = 14 - 14 = 0$$

$$FF_{3-5} = ES_{5-6} - EF_{3-5} = 6-6 = 0$$

$$FF_{4-5} = ES_{5-6} - EF_{4-5} = 6-6 = 0$$

$$FF_{4-8} = ES_{8-9} - EF_{4-8} = 11-10 = 1$$

$$FF_{5-6} = ES_{6-7} - EF_{5-6} = 11-11 = 0$$

$$FF_{6-7} = ES_{7-9} - EF_{6-7} = 14-11 = 3$$

$$FF_{6-8} = ES_{8-9} - EF_{6-8} = 11-11 = 0$$

$$FF_{7-9} = ES_{9-10} - EF_{7-9} = 18-18 = 0$$

$$FF_{8-9} = ES_{9-10} - EF_{8-9} = 18-13 = 5$$

$$FF_{9-10} = T_p - EF_{9-10} = 20-20 = 0$$

第三步　确定关键工作和关键线路

当计划工期等于计算工期时，总时差为 0 的工作为关键工作，该工程项目的关键工作为 A 工作、B 工作、D 工作、G 工作、I 工作，由关键工作组成的线路为关键线路，关键线路为 ①→②→③→⑦→⑨→⑩。

各工作的六个时间参数的计算如图 4-2-44 所示。

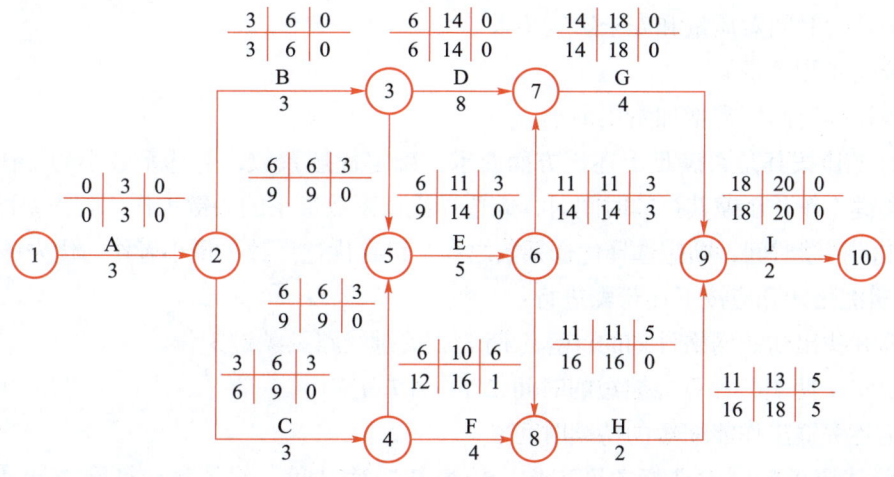

图 4-2-44　各工作的六个时间参数的计算

⚛ 【知识拓展】

1. 工期优化

工期优化是指在满足既定约束条件的前提下，通过延长或缩短网络计划初始方案的计算工期，以达到要求工期的目标，保证按期完成任务。

在网络计划的初始方案编制完成后，将其计算工期与要求工期进行比较，会出现以下情况：

网络计划
工期优化

（1）计算工期小于或等于要求工期

如果计算工期小于要求工期不多或两者相等，则一般不必进行工期优化。如果计算工期小于要求工期较多，则考虑与施工合同中的工期提前奖励等条款相结合，确定是否进行工期优化。若需优化，可采取如下优化方法：延长关键线路上资源占用量大或直接费用高的工作的持续时间（相应减少其单位时间资源需要量）；或重新选择施工方案，改变施工机械，调整施工顺序，再重新分析逻辑关系；编制网络图，计算时间参数；反复多次进行，直至满足要求工期。

（2）计算工期大于要求工期

当计算工期大于要求工期时，可以在不改变网络计划中各项工作之间的逻辑关系的前提下，通过压缩关键工作的持续时间来满足要求工期。压缩关键工作的持续时间的方法有顺序法、加数平均法、选择法等。顺序法是按关键工作的开工时间来确定需压缩的工作，先开工的工作先压缩。加数平均法是按关键工作的持续时间的百分比压缩。这两种方法虽然简单，但没有考虑压缩的关键工作所需的资源是否有保证及相应的费用增加幅度。选择法更接近实际需要，接下来进行重点介绍。

① 选择应缩短持续时间的关键工作时，应考虑下列因素：

a. 缩短持续时间对质量和安全影响不大。

b. 有充足备用资源。

c. 缩短持续时间所需增加费用最小。

将所有工作按其是否满足上述三方面要求，确定优选系数，优选系数小的工作较适宜压缩。选择关键工作并压缩其持续时间时，应选择优选系数最小的关键工作。若需要同时压缩多个关键工作的持续时间，则应选择优选系数之和（组合优选系数）最小者作为优先压缩对象。

② 工期优化计算应按下述步骤进行：

a. 计算并找出初始网络计划的计算工期 T_c、关键线路及关键工作。

b. 按要求工期 T_r，计算应缩短的时间 ΔT，$\Delta T = T_c - T_r$。

c. 确定各关键工作能缩短的持续时间。

d. 按前述要求的因素选择关键工作，压缩其持续时间，并重新计算网络计划的计算工期。此时，要注意不能将关键工作压缩成非关键工作，当出现多条关键线路时，必须将平行的各关键线路的持续时间压缩相同的数值，否则不能有效地缩短工期。

e. 当计算工期仍超过要求工期时，则重复以上步骤，直到满足要求工期或工期不能再缩短为止。

f. 当所有关键工作的持续时间都已达到其能缩短的极限而工期仍不能满足要求工期时，应对计划的原技术方案、组织方案进行调整，或对要求工期进行重新审定。

【案例 4-2-6】某工程双代号时标网络计划如图 4-2-45 所示。箭线下方括号外数据为该工作的正常持续时间，括号内数据为该工作的最短持续时间，箭线上方括号内数据为各工作的优选系数。根据实际情况，并考虑选择优选系数（或组合优选系数）最小的关键工作缩短其持续时间。假定要求工期 $T_r = 19\,d$，试对该网络计划进行工期优化。

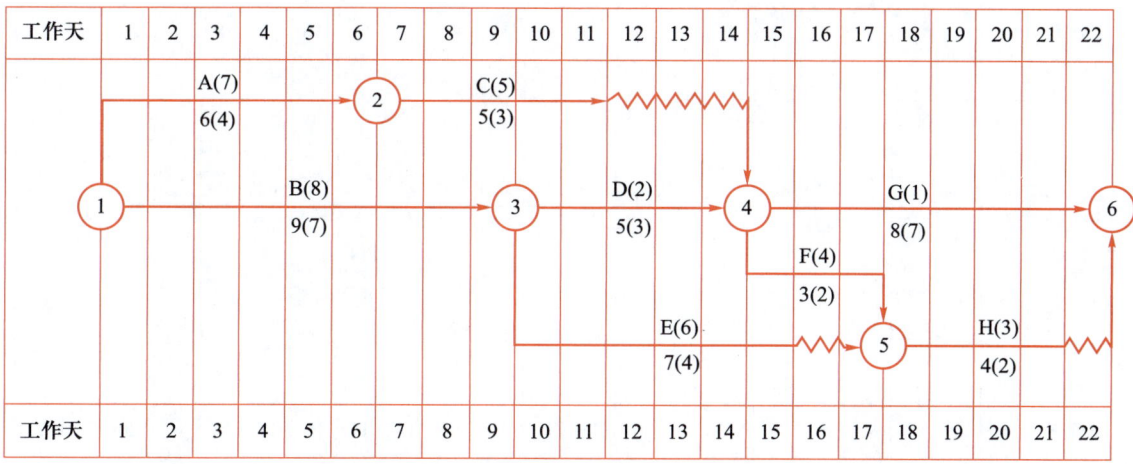

图 4-2-45 某工程双代号时标网络计划

① 计算应缩短的时间

按要求工期 T_r，计算应缩短的时间 ΔT，$\Delta T = T_c - T_r$。

$$\Delta T = T_c - T_r = 22\ \text{d} - 19\ \text{d} = 3\ \text{d}$$

② 选择关键线路上优选系数较小的工作，依次进行压缩

关键线路上关键工作 G 的优选系数最小，将关键工作 G 的持续时间压缩 1 天，调整后的时标网络计划如图 4-2-46 所示，关键线路有两条：①→③→④→⑥和①→③→④→⑤→⑥，计算工期 $T_c = 21\ \text{d}$。

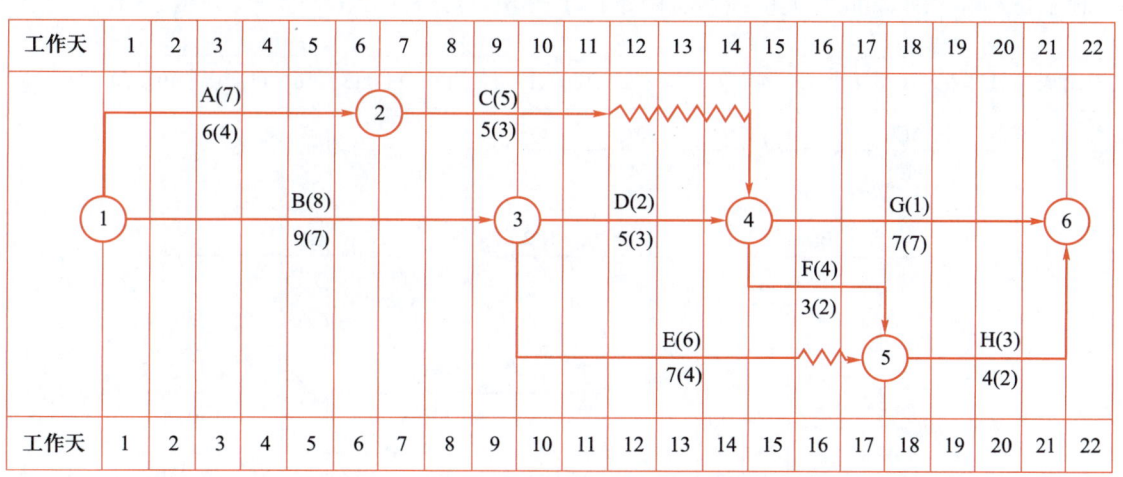

图 4-2-46 工作 G 压缩 1 d 后的时标网络计划

继续压缩关键工作，工作 G 不能再压缩，关键线路上只能压缩工作 B 或工作 D 才能缩短工期。选择压缩优选系数小的工作 D，将工作 D 压缩 1 d，时标网络计划如图 4-2-47 所示。此时关键线路有三条：①→③→④→⑥、①→③→⑤→⑥和①→③→④→⑤→⑥，计算工期 $T_c = 20\ \text{d}$。

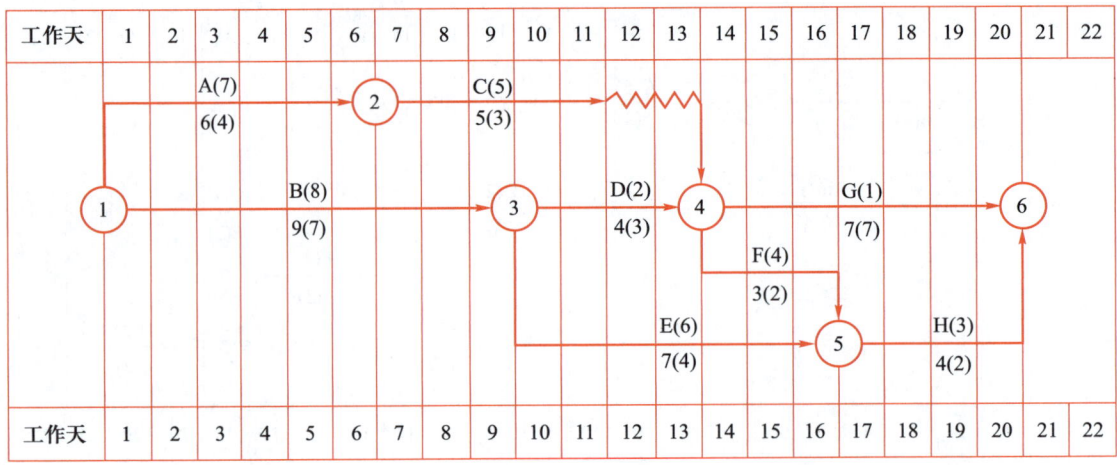

图 4-2-47　工作 D 压缩 1 d 后的时标网络计划

③ 继续压缩关键工作。工期需继续缩短 1 d，在图 4-2-46 所示时标网络计划中，有以下 3 个压缩方案：

a. 压缩工作 B，优选系数为 8。

b. 同时压缩工作 D 和工作 H，组合优选系数为 2+3=5。

c. 同时压缩工作 D 和工作 E，组合优选系数为 2+6=8。

在上述压缩方案中，由于工作 D 和工作 H 的组合优选系数最小，所以应选择将工作 D 和工作 H 同时压缩 1 d 的方案，此时计算工期 T_c=（20-1）d=19 d，满足要求工期时标网络计划如图 4-2-48 所示。此时关键线路有两条：①→③→④→⑥和①→③→④→⑤→⑥。

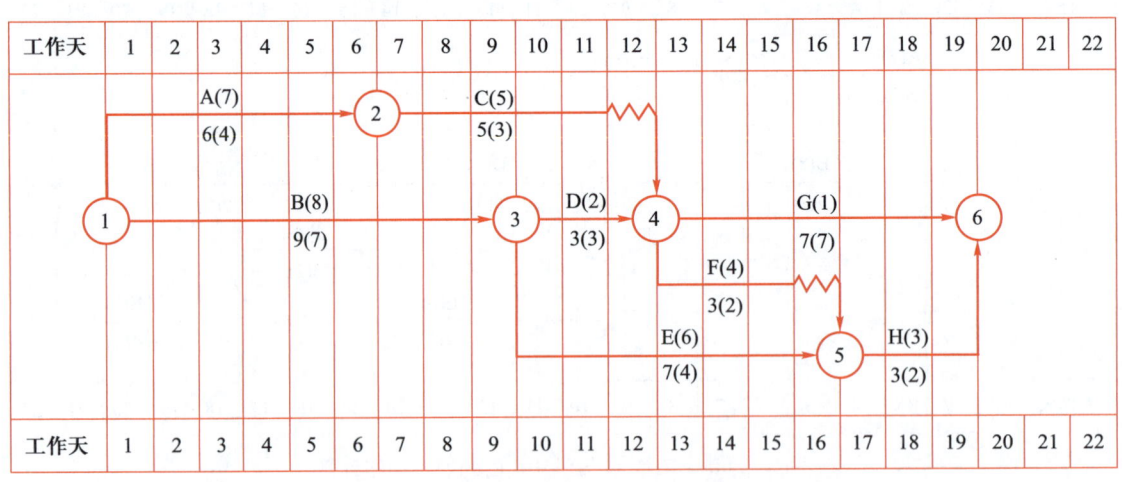

图 4-2-48　工作 D 和工作 H 同时压缩 1 d 后的时标网络计划

通过 3 次压缩，计算工期达到 19 d，满足要求工期的规定。网络计划工期优化压缩过程见表 4-2-9。

表 4-2-9　网络计划工期优化压缩过程

优化次数	压缩工序	组合优选系数	压缩天数/天	工期/天	关键工作
0				22	①→③→④→⑥
1	G	1	1	21	①→③→④→⑥ ①→③→④→⑤→⑥
2	D	2	1	20	①→③→④→⑥ ①→③→⑤→⑥ ①→③→④→⑤→⑥
3	D、H	5	1	19	①→③→④→⑥ ①→③→④→⑤→⑥

特别提示：

① 在压缩过程中，一定要注意不能把关键工作压缩成非关键工作。否则可能出现多条关键线路，此时要同时压缩多条关键线路。

② 当需要同时压缩多个关键工作的持续时间时，应优先选择优选系数之和最小者。

2. 费用优化

费用优化又称工期成本优化或时间成本优化，是指寻求工程总成本最低时的工期安排，或按要求工期寻求成本最低的计划安排过程。

网络计划
费用优化

（1）工程费用

工程的总费用包括直接费用和间接费用。直接费用是指直接用于建筑工程的人工费、材料费、建筑机械使用费等费用，主要由建筑工程各工序的直接费用构成；间接费用是指组织和管理建筑工程施工的各项经营管理费用，如机关工作人员的工资、行政办公费、职工福利与教育经费、银行贷款利息等。

在一定范围内，直接费用随着时间的延长而减少，而间接费用随着时间的延长而增加，见图 4-2-49。

间接费用曲线表示间接费用和工期呈正比例关系，通常用直线表示。直线的斜率表示间接费用在单位时间内增加（或减少）的值。间接费用与施工单位的管理水平、施工条件、施工组织等有关。

直接费用曲线表示直接费用在一定范围内和时间成反比例关系。一般在施工时为了加快施工进度，必须突击作业，也就是采取加班加点或采取多班制作业，这样就要增加许多非熟练工人，并且增加高价的材料和劳动力、采用高价的施工方法及机械设备等。因此，虽然工期缩短，但直接费用也随之增加。在施工中存在一个极限工期，用 DC 表示，如果工期超过此限制，即使再增加施工费用也不能使工期缩短。同时，也存在一个无论怎样延长工期也不能使直接费用再减少的工期，这个工期称为正常工期，用 DN 表示，与此相对应的费用称为最低费用，亦称正常费用，用 CN 表示。工期和直接费用的关系示意图如图 4-2-50 所示。

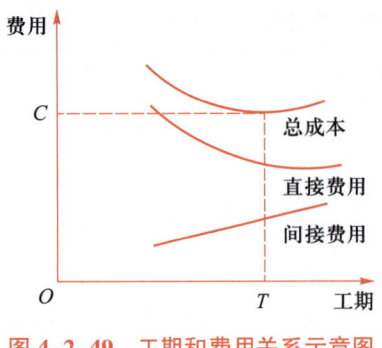

图 4-2-49 工期和费用关系示意图

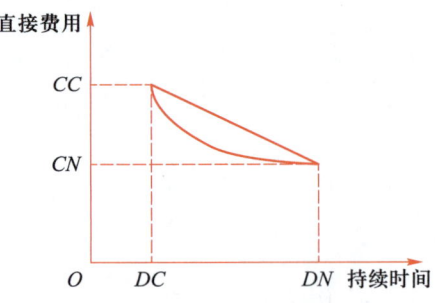

图 4-2-50 工期和直接费用的关系示意图

工作的持续时间每缩短一个单位时间所需增加的直接费简称为直接费用率，其计算式为

$$\Delta C_{i-j} = \frac{CC_{i-j} - CN_{i-j}}{DN_{i-j} - DC_{i-j}} \qquad (4\text{-}2\text{-}38)$$

式中：ΔC_{i-j}——工作 $i\text{-}j$ 的直接费用率；

CC_{i-j}——将工作 $i\text{-}j$ 持续时间缩短为最短持续时间，完成该工作所需的直接费用；

CN_{i-j}——在正常条件下完成工作 $i\text{-}j$ 所需的直接费用；

DN_{i-j}——工作 $i\text{-}j$ 的正常持续时间；

DC_{i-j}——工作 $i\text{-}j$ 的最短持续时间。

从公式（4-2-38）中可以看出，工作的直接费用率越大，则将该工作的持续时间缩短一个单位时间，相应增加的直接费就越多；反之，工作的直接费用率越小，则将该工作的持续时间缩短一个单位时间，相应增加的直接费就越少。

（2）费用优化的方法步骤

费用优化的基本方法：不断在网络计划中找出直接费用率（或组合直接费用率）最小的关键工作，缩短其持续时间，同时考虑间接费随工期缩短而减少的数值，最后求得工程总成本最低时的最优工期安排或按要求工期求得成本最低的计划安排。费用优化的基本方法可简化为以下口诀：不断压缩关键线路上有压缩可能且费用最少的工作。

按照上述基本方法，费用优化可按以下步骤进行：

① 按工作的正常持续时间确定并计算关键线路、工期、总费用。

② 按式（4-2-38）计算各项工作的直接费用率。

③ 当只有一条关键线路时，应找出直接费用率最小的一项关键工作，将其作为缩短持续时间的对象；当有多条关键线路时，应找出组合直接费用率最小的一组关键工作，将其作为缩短持续时间的对象。

④ 对于选定的压缩对象（一项或一组关键工作），首先比较其直接费用率（或组合直接费用率）与工程间接费用率的大小：

a. 如果被压缩对象的直接费用率（或组合直接费用率）小于工程间接费用率，说明压缩关键工作的持续时间会使工程总费用减少，故应缩短关键工作的持续时间。

b. 如果被压缩对象的直接费用率（或组合直接费用率）等于工程间接费用率，说明压缩关键工作的持续时间不会使工程总费用增加，故应缩短关键工作的持续时间。

c. 如果被压缩对象的直接费用率（或组合直接费用率）大于工程间接费用率，说明压缩关键工作的持续时间会使工程总费用增加，此时应停止缩短关键工作的持续时间，在此之前的方案即为优化方案。

⑤ 当需要缩短关键工作的持续时间时，其缩短值的确定应符合以下两条原则：

a. 缩短后工作的持续时间不能小于其最短持续时间。

b. 缩短持续时间的工作不能变成非关键工作。

⑥ 计算关键工作的持续时间缩短后相应的总费用变化。

⑦ 重复上述③~⑥步骤，直至计算工期满足要求工期，或被压缩对象的直接费用率（或组合直接费用率）大于工程间接费用率为止。

费用优化过程见表4-2-10。

表 4-2-10 费用优化过程

压缩次数	被压缩工作代号	缩短时间/天	直接费用率（或组合直接费用率）/（万元/天）	费率差（正或负）/（万元/天）	压缩所需用总费用（正或负）/（万元/天）	总费用/万元	工期/天	备注

3. 资源优化

资源优化是指通过改变工作的开始时间和完成时间，使资源按照时间的分布符合优化目标。通常分为"资源有限、工期最短"的优化和"工期固定、资源均衡"的优化。

进行资源优化的前提条件如下：

① 优化过程中，不改变网络计划中各项工作之间的逻辑关系。

② 优化过程中，不改变网络计划中各项工作的持续时间。

③ 网络计划中各工作单位间所需资源数量为合理常量。

④ 除明确可中断的工作外，优化过程中一般不允许中断工作，应保持其连续性。

下面仅介绍"资源有限、工期最短"的优化。

（1）资源分配原则

① 关键工作优先满足，按每日资源需要量大小，从大到小顺序供应资源。

② 非关键工作按时差从大到小顺序供应资源，同时考虑资源和工作是否中断。

（2）优化步骤

① 按照各项工作的最早开始时间安排进度计划，并计算网络计划每个单位时间的资源需用量。

② 从计划开始日期起，逐个检查每个时段（每个单位时间资源需用量相同的时间段）的

资源需用量是否超过资源限量。如果某个时段的资源需用量超过资源限量，则必须调整计划。

③ 分析超过资源限量的时段。如果在该时段内有几项工作平行作业，则采取将一项工作安排在与之平行的另一项工作之后进行的方法，以降低该时段的资源需用量。

对于两项平行作业的工作 m 和工作 n 来说，为了降低相应时段的资源需用量，现将工作 n 安排在工作 m 之后进行，如图 4-2-51 所示，则网络计划的工期增量为

$$\Delta T_{m,n} = EF_m + D_n - LF_n = EF_m - (LF_n - D_n) = EF_m - LS_n \qquad (4-2-39)$$

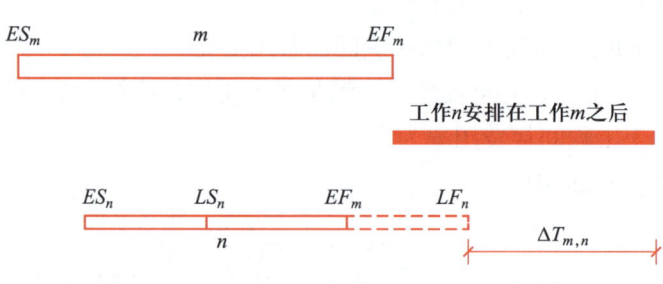

图 4-2-51 工作 n 安排在工作 m 之后的排序

这样，在有资源冲突的时段中，对平行作业的工作进行两两排序，即可得出若干个 $\Delta T_{m,n}$，选择其中最小的 $\Delta T_{m,n}$，将相应的工作 n 安排在工作 m 之后进行，即可降低该时段的资源需用量，也可使网络计划的工期增量最小。

④ 对调整后的网络计划安排重新计算每个单位时间的资源需用量。

⑤ 重复上述（2）~（4）步骤，直至网络计划任意单位时间的资源需用量均不超过资源限量为止。

⚛ 【学习自测】

一、单项选择题

1. 下列关于双代号网络图节点表达的内容叙述错误的是（   ）。

A. 箭线的箭尾节点表示工作的开始

B. 箭线的箭头节点表示工作的结束

C. 双代号网络图箭头节点编号小于箭尾节点编号

D. 双代号网络图的中间节点具有双重意义

2. 下列关于双代号网络图中关键线路的描述正确的是（   ）。

A. 双代号网络图中的关键线路是唯一的

B. 双代号网络图的关键线路是一成不变的

C. 双代号网络图中最长的线路是关键线路

D. 双代号网络图中关键线路上工作的完成情况直接影响整个项目的计划工期

3. 双代号网络图中虚箭线（   ）。

A. 不消耗时间，只消耗资源 　　　　B. 只消耗时间，不消耗资源

C. 仅表示工作之间的逻辑关系 　　　D. 既消耗时间，也消耗资源

4. 关于双代号网络计划的工作最迟开始时间的说法，正确的是（　　）。

A. 最迟开始时间等于各紧后工作最迟开始时间的最大值

B. 最迟开始时间等于各紧后工作最迟开始时间的最小值

C. 最迟开始时间等于各紧后工作最迟开始时间的最大值减去持续时间

D. 最迟开始时间等于各紧后工作最迟开始时间的最小值减去持续时间

5. 双代号时标网络计划中，某工作箭线上的波形线表示（　　）。

A. 该工作的自由时差

B. 该工作的总时差

C. 该工作与其紧前工作之间的时间间隔

D. 该工作与其紧前工作之间的时距

6. 在双代号时标网络计划中，某工作的总时差等于其紧后工作的（　　）的最小值加上本工作的波线长度。

A. 自由时差
B. 总时差

C. 最早可能开始时间
D. 最迟必须开始时间

7. 在工程网络计划中，已知工作 M 的总时差和自由时差分别为 4 d 和 2 d，检查其进度时发现，该工作持续时间延长了 5 d，说明此工作 M 的实际进度（　　）。

A. 不影响总工期，也不影响其紧后工作的正常进行

B. 不影响总工期，但将其紧后工作的开始时间推迟 5 d

C. 将其紧后工作的开始时间推迟 5 d，并使总工期延长 3 d

D. 将其紧后工作的开始时间推迟 3 d，并使总工期延长 1 d

二、技能实训

1. 已知各工作之间的逻辑关系见表 4-2-11，试绘制双代号网络图，并按工作计算法计算各工作的时间参数。

表 4-2-11　各工作之间的逻辑关系

工作代号	A	B	C	D	E	F	G	H
紧前工作	—	—	B	B	A、C	A、C	D、E	E、F、D

2. 已知各工作之间的逻辑关系见表 4-2-12，试绘制单代号网络图，并按工作计算法计算各工作的时间参数。

表 4-2-12　各工作之间的逻辑关系

工作代号	A	B	C	D	E	G
紧后工作	B、C	D、E	E	E、G	G	—

任务3 BIM施工进度计划的编制

⚛ 【任务引入】

要求根据给定的楚雄职教办公楼工程项目资料，基于广联达斑马进度计划软件完成横道图和双代号网络图的绘制。

⚛ 【知识链接】

1. 单位工程施工进度计划概述

单位工程施工进度计划是在施工方案的基础上，根据规定的工期和技术物资供应条件，遵循工程的施工顺序，用图表形式表示各分部（分项）工程的搭接关系及工程的开工与竣工时间的一种计划安排。

单位工程施工进度计划是施工组织设计的重要内容，是控制各分部（分项）工程施工进度及总工期的主要依据，也是编制施工作业计划及各项资源需要量计划的依据。其主要作用包括：确定各分部（分项）工程的施工时间及其相互之间的衔接、穿插、平行搭接、协作配合等关系；确定所需的劳动力、机械、材料等资源用量；指导现场的施工安排，确保施工任务的如期完成。

2. 单位工程施工进度计划的分类

根据单位工程施工进度计划的作用可将其分为控制性进度计划和指导性进度计划两类。

控制性进度计划按分部工程来划分施工过程，旨在控制各分部工程的施工时间及其相互之间的搭接配合关系。它主要适用于工程结构较复杂、规模较大、工期较长且需跨年度施工的工程（如宾馆、体育场、火车站候车大楼等大型公共建筑），还适用于虽然工程规模不大或结构不复杂，但各种资源（包括劳动力、机械、材料等）未落实，以及建筑结构等可能发生变化的情况。

指导性进度计划按分项工程或施工工序来划分施工过程，旨在具体确定各施工过程的施工时间及其相互之间的搭接、配合关系。它适用于任务具体明确、施工条件基本落实、各项资源供应正常及施工工期不太长的工程。

3. 单位工程施工进度计划的编制依据

单位工程施工进度计划的编制依据主要包括：施工图、工艺图及有关标准图等技术资料；施工组织总设计对工程的要求；施工工期要求；施工方案、施工定额以及施工资源的供应情况。

4. 单位工程施工进度计划的编制步骤

施工进度计划的编制可以采用横道图、网络图（时标或无时标）等形式。其中，网络图应用较为普遍，随着电子计算机的应用，多功能且适宜的系统软件被开发出来，用于网络计

单位工程
施工进度
计划的编
制步骤

划的编制、优化、动态控制与管理。

单位工程施工进度计划的编制步骤如下。

（1）划分施工过程

编制施工进度计划时，首先按施工图纸和施工顺序把拟建单位工程的各个施工过程列出，并结合施工方法、施工条件、劳动组织等因素加以适当调整，使其成为编制施工进度计划所需的施工过程，然后逐项填入施工进度计划表。

（2）计算工程量

单位工程的工程量应根据施工图纸、有关工程量的计算规则及相应的施工方法进行计算。这是一项十分烦琐的工作，但一般在工程概算、施工图预算、投标报价、施工预算等文件中已有详细的计算，且数值是比较准确的，所以在编制单位工程施工进度计划时不需要重新计算，只需要将预算中的工程量总数根据施工组织分层分段的要求，按比例进行划分即可。施工进度计划中的工程量只是作为计算劳动力、施工机械、建筑材料等各种施工资源需要量的依据，而不能作为计算工资或进行工程结算的依据。

在工程量计算时，应注意以下几个问题：

① 各施工过程的工程量计算单位应与现行定额手册中所规定的单位一致，以避免在计算劳动力、材料和机械台班数量时再进行换算，从而产生换算错误。

② 要结合选定的施工方法和安全技术要求计算工程量。例如，在基坑的土方开挖中，要考虑到采用的开挖方法和边坡稳定的要求。

③ 结合施工组织的要求，分区、分项、分段、分层计算工程量，以便组织流水作业，同时避免产生漏项。

④ 可直接采用预算文件（或其他计划）中的工程量，以避免重复计算。但要注意按施工过程的划分情况，将预算文件中有关项目的工程量汇总。例如，"砌筑砖墙"一项要将预算中按内墙、外墙、不同墙厚、不同砌筑砂浆及强度等级计算的工程量进行汇总。

（3）套用施工定额

根据所划分的施工项目和施工方法，即可套用相应的施工定额（当地实际采用的劳动定额及机械台班定额），以确定所需的劳动量和机械台班数量。

在套用国家或地方颁发的定额时，必须注意结合本单位工人的技术等级、实际施工操作水平、施工机械情况和施工现场条件等因素，确定完成定额的实际水平，使计算出来的劳动量、机械台班数量符合实际需要，为准确编制施工进度计划奠定基础。

有些采用新技术、新材料、新工艺或特殊施工方法的项目，若施工定额中尚未编入相关内容，可参考类似项目的定额、经验资料或实际情况确定。

（4）确定劳动量和机械台班数量

劳动量和机械台班数量的确定，应当根据各分部（分项）工程的工程量、施工方法、机械类型和现行的施工定额等资料，并结合当地的实际情况进行计算。一般可根据公式（4-1-8）计算。

（5）确定各施工过程的施工持续时间

计算出各分部（分项）工程的劳动量和机械台班数量后，就可以确定各施工过程的施工持续时间。施工持续时间的计算方法参见任务一中流水节拍的计算方法。

（6）编制施工进度计划的初始方案

流水施工是组织施工活动、编制施工进度计划的主要方式。编制单位工程施工进度计划时，必须考虑各分部（分项）工程的合理施工顺序，尽可能组织流水施工，力求主要的施工班组能连续施工，其编制方法如下：

① 划分工程的主要施工阶段，尽量组织流水施工。首先安排主导施工过程的施工进度，例如，现浇钢筋混凝土框架结构房屋中的主体结构工程，其主导施工过程为支设模板、绑扎钢筋和浇筑混凝土，应使这些施工过程尽可能连续施工，其他穿插性的施工过程尽可能与主导施工过程相配合，穿插、搭接或平行作业。

② 安排其他施工阶段的施工进度，以配合主要施工阶段的进行。与主要分部工程相结合的同时，应尽量考虑组织流水施工。

③ 按照工艺的合理性和工序间的关系，尽量采用穿插、搭接或平行作业方法，将各施工阶段的流水作业最大限度地搭接起来，即可得到单位工程施工进度计划的初始方案。

（7）施工进度计划的检查与调整

1）施工进度计划的检查

初始施工进度计划编制完成后，不可避免地会存在一些不足，因此必须进行检查与调整，使其满足规定的计划目标，保证施工进度计划的顺利执行。初始施工进度计划的检查一般从以下几方面进行：

① 施工过程方面：各施工过程的施工顺序是否正确，流水施工的组织方法是否正确，技术间歇是否合理。

② 工期方面：初始方案的总工期是否满足合同约定的工期要求。

③ 劳动力方面：主要工种的工人是否连续施工，劳动力消耗是否均衡。劳动力消耗的均衡性是针对整个单位工程或各个工种而言，应力求每天出勤的工人人数不发生过大变动。

劳动力消耗的均衡性指标可以采用劳动力均衡系数 K 来评估，计算公式如下式所示，最为理想的情况是劳动力均衡系数 $K \in (1, 2]$，超过 2 则不正常。

$$K = \frac{高峰出工人数}{平均出工人数}$$

④ 物资方面：主要机械、设备、材料等的利用是否均衡，施工机械是否充分利用。主要机械通常指混凝土搅拌机、灰浆搅拌机、自行式起重机和挖土机等。机械的利用情况是通过机械的利用率来反映的。

2）施工进度计划的调整

施工进度计划的初始方案经过检查，对不符合要求的部分需进行调整。调整方法一般如下：

① 增加或缩短某些施工过程的施工持续时间。

② 在符合工艺关系的条件下，将某些施工过程的施工时间向前或向后移动。必要时，还可以改变施工方法。

应当指出，上述编制施工进度计划的步骤不是孤立的，而是互相依赖、互相联系的，有的可以同时进行。建筑施工是一个复杂的生产过程，受周围很多客观条件因素的影响，在施工过程中，由于劳动力和机械、材料等物资的供应及自然条件等因素的影响，施工进度计划经常不符合原计划的要求，所以在工程进展中应随时掌握施工动态，经常检查与调整施工进度计划。

⚛ 【任务实施】

第一步　划分流水段

（1）底板流水段划分

底板按照后浇带位置划分 3 个流水段（局部后浇带之间区域合并），分别为一段、二段、三段。根据出土先后顺序和施工工序，总体依次施工：一段→二段→三段。底板施工区段划分示意图见图 4-3-1。

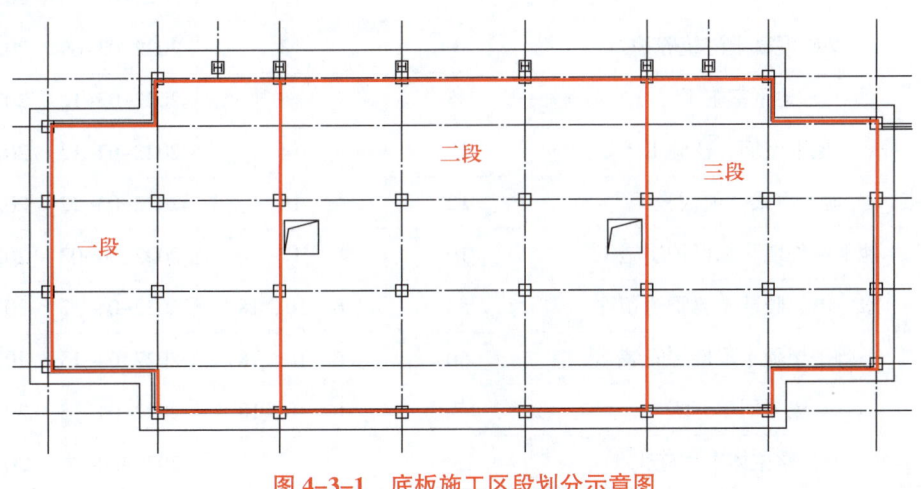

图 4-3-1　底板施工区段划分示意图

（2）地下结构流水段划分

地下结构正常组织施工，按照后浇带位置划分 3 个流水段，分别为一段、二段、三段。

（3）地上结构流水段划分

地上结构包含钢结构施工流水段，按照楼层和东、西两个区域组织施工。

第二步 确定流水施工过程及工期

楚雄职教办公楼工程项目流水施工过程及工期见表4-3-1。

表 4-3-1 楚雄职教办公楼工程项目流水施工过程及工期

序号	施工过程	工期/工日	前置工作/序号	开工日期	结束日期
1	准备阶段	32	—	2022-01-01	2022-02-01
2	前期准备	15	—	2022-01-01	2022-01-15
3	测量定位	3	2	2022-01-16	2022-01-18
4	塔基施工及养护	14	3	2022-01-19	2022-02-01
5	基础工程施工	52	—	2022-01-19	2022-03-11
6	基坑支护与监测	37	3	2022-01-19	2022-02-24
7	基础挖土方	14	3	2022-01-19	2022-02-01
8	人工挖孔桩施工	14	7	2022-02-02	2022-02-15
9	人工清底、验槽	5	8	2022-02-16	2022-02-20
10	塔吊安装、检测	10	4	2022-02-02	2022-02-11
11	基础垫层、防水层施工	7	9	2022-02-21	2022-02-27
12	基础底板绑扎钢筋	5	11	2022-02-28	2022-03-04
13	基础支模	4	12	2022-03-05	2022-03-08
14	基础混凝土浇筑养护	3	13	2022-03-09	2022-03-11
15	地下室施工	85	—	2022-03-12	2022-06-04
16	地下室墙、柱施工	10	14	2022-03-12	2022-03-21
17	地下室梁、顶板施工	12	16	2022-03-22	2022-04-02
18	地下室外墙防水保护层施工	10	17	2022-04-03	2022-04-12
19	水、电、暖随土建管道预埋	53	6、10、18	2022-04-13	2022-06-04
20	脚手架随土建楼层安装	50	6、10、18	2022-04-13	2022-06-01
21	土方回填夯实	7	6、10、18	2022-04-13	2022-04-19
22	办公楼主体工程施工	136	—	2022-04-20	2022-09-02
23	1层柱绑扎钢筋	2	21	2022-04-20	2022-04-21
24	1层柱、梁、板、梯支模板	3	23	2022-04-22	2022-04-24
25	1层柱混凝土浇筑	1	24	2022-04-25	2022-04-25
26	1层梁、板、梯绑扎钢筋	3	25	2022-04-26	2022-04-28
27	1层梁、板、梯混凝土浇筑	1	26	2022-04-29	2022-04-29
28	2层柱绑扎钢筋	2	27	2022-04-30	2022-05-01

序号	施工过程	工期/工日	前置工作/序号	开工日期	结束日期
29	2层柱、梁、板、梯支模板	3	28	2022-05-02	2022-05-04
30	2层柱混凝土浇筑	1	29	2022-05-05	2022-05-05
31	2层梁、板、梯绑扎钢筋	3	30	2022-05-06	2022-05-08
32	2层梁、板、梯混凝土浇筑	1	31	2022-05-09	2022-05-09
33	3层主体工程施工	10	32	2022-05-10	2022-05-19
34	4层主体工程施工	10	33	2022-05-20	2022-05-29
35	货梯安装	7	33	2022-05-20	2022-05-26
36	5层主体工程施工	10	34	2022-05-30	2022-06-08
37	水、电、暖设备安装	90	19	2022-06-05	2022-09-02
38	层顶楼梯间、电梯间、强弱电机房施工	10	35、36	2022-06-09	2022-06-18
39	主体封顶验收施工	5	20、38	2022-06-19	2022-06-23
40	砌墙体	40	20、38	2022-06-19	2022-07-28
41	办公楼屋面工程施工	46	—	2022-06-19	2022-08-03
42	屋面找平	7	20、38	2022-06-19	2022-06-25
43	屋面保温施工	10	42	2022-06-26	2022-07-05
44	屋面防水保护层施工	14	43	2022-07-06	2022-07-19
45	屋顶四角亭施工	15	44	2022-07-20	2022-08-03
46	报告厅钢结构工程施工	152	—	2022-06-19	2022-11-17
47	钢结构基础工程施工	20	20、38	2022-06-19	2022-07-08
48	报告厅砌筑工程施工	15	47	2022-07-09	2022-07-23
49	钢柱、钢梁吊装、焊接	30	47	2022-07-09	2022-08-07
50	屋架、檩条、系杆安装固定	17	48、49	2022-08-08	2022-08-24
51	焊口无损探伤检测	6	50	2022-08-25	2022-08-30
52	铝板屋面施工	14	51	2022-08-31	2022-09-13
53	报告厅门窗安装	8	52	2022-09-14	2022-09-21
54	钢结构防腐防火施工	20	52	2022-09-14	2022-10-03
55	报告厅装饰工程施工	45	53、54	2022-10-04	2022-11-17
56	办公楼装饰工程施工	161	—	2022-06-24	2022-12-01
57	天棚吊顶、抹灰	30	39	2022-06-24	2022-07-23
58	内墙抹灰	60	57	2022-07-24	2022-09-21

序号	施工过程	工期/工日	前置工作/序号	开工日期	结束日期
59	门窗框安装	15	40	2022-07-29	2022-08-12
60	外墙抹灰	25	59	2022-08-13	2022-09-06
61	外墙涂饰工程施工	15	60	2022-09-07	2022-09-21
62	楼地面工程施工	40	45、58	2022-09-22	2022-10-31
63	楼梯栏杆安装	20	37、62	2022-11-01	2022-11-20
64	门窗扇安装	24	37、62	2022-11-01	2022-11-24
65	散水台阶坡道施工	7	55、63、64	2022-11-25	2022-12-01
66	工程完工验收	30	—	2022-12-02	2022-12-31
67	工程预验收及整改	20	65	2022-12-02	2022-12-21
68	竣工验收	10	67	2022-12-22	2022-12-31

第三步　绘制横道图

下面基于广联达斑马进度计划软件绘制横道图，介绍将 Excel 表复制到斑马进度计划软件生成横道图的方法。

（1）启动软件，新建空白计划

双击软件图标，打开斑马进度计划软件，在向导界面单击"新建空白计划"或按"Ctrl+N（新建计划）"，如图 4-3-2 所示。

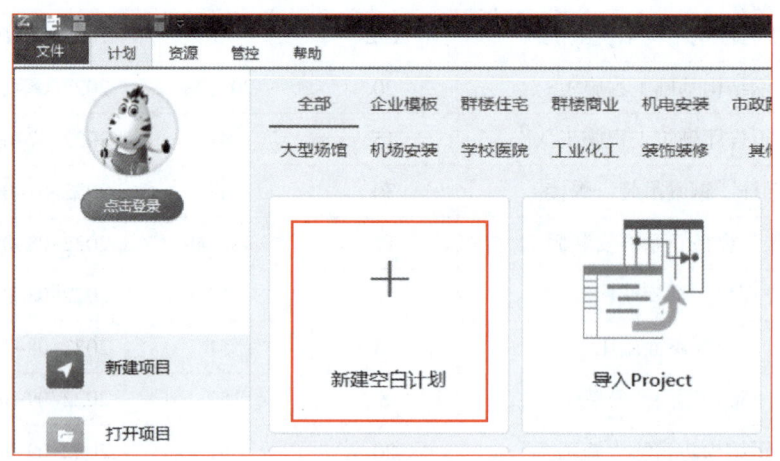

图 4-3-2　新建空白计划

（2）设置计划基本信息

编辑计划标题、要求开始时间、要求完成时间、要求总工期，如图 4-3-3 所示。

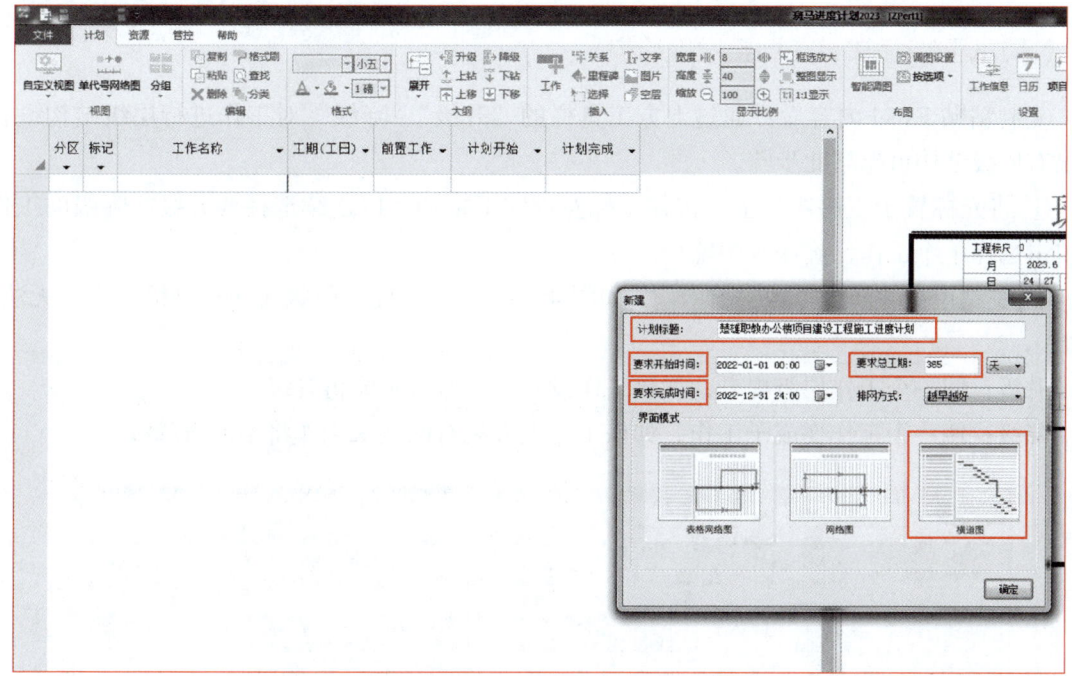

图 4-3-3　设置计划基本信息

（3）复制粘贴 Excel 内容

按照列，选中 Excel 表的内容，单击"复制"，在斑马软件中选中对应单元格单击"粘贴"，如图 4-3-4 所示（注：时间格式为"yyyy-mm-dd"才能粘贴）。

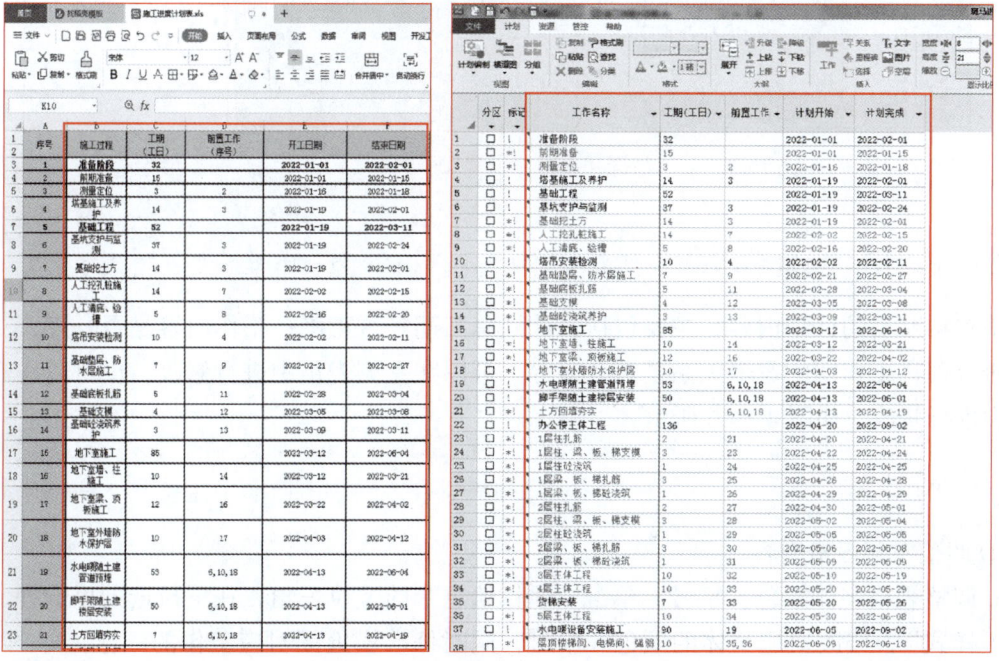

图 4-3-4　复制粘贴 Excel 内容

（4）设置父子关系，调整层级结构

复制粘贴 Excel 内容后，通过上方工具栏的"升级""降级"对工作进行层级结构设置。如没有层级结构可忽略此步骤。

① 将光标置于工序序号上，按住鼠标左键向下拖动，以连续选择要升级或降级的工作，或单击选择单个工作，确保选中整行内容。

② 左键单击"降级"或"升级"，如图 4-3-5 所示（注：一级无法再升级，末级无法再降级）。

升级：使一个工作层级提升，如该工作没有父工作将不能再升级。

降级：使一个工作变成子工作，如该工作上方没有同层级工作将不能再降级。

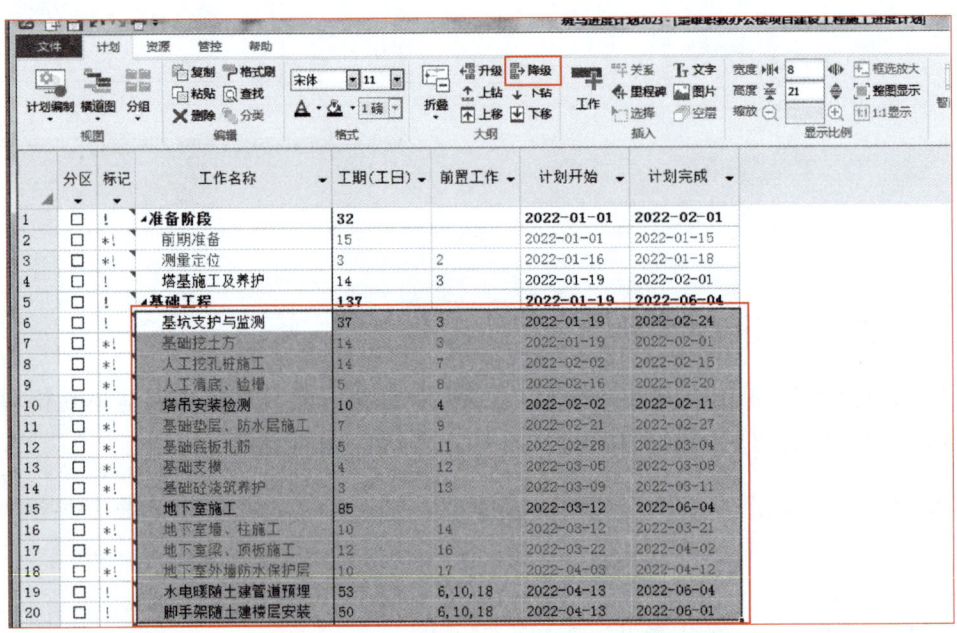

图 4-3-5　设置父子关系

（5）检查并完善计划内容

检查粘贴后的计划内容，主要包括：计划总工期是否正确；工作内容是否一样；工作工期是否合理；工作间的逻辑关系是否合适等。可以在左侧表格中进行修改，也可以在右侧网络图中进行修改，如图 4-3-6 所示。

（6）调整横道图

① 调整左侧表格内容。

a. 调整表格字体颜色、字号。单击"项目信息"的下拉三角，在下拉选项里选择"表格和横道样式"，修改对应字体的颜色和字号，同时修改横道图对应工作的颜色，如图 4-3-7 所示。

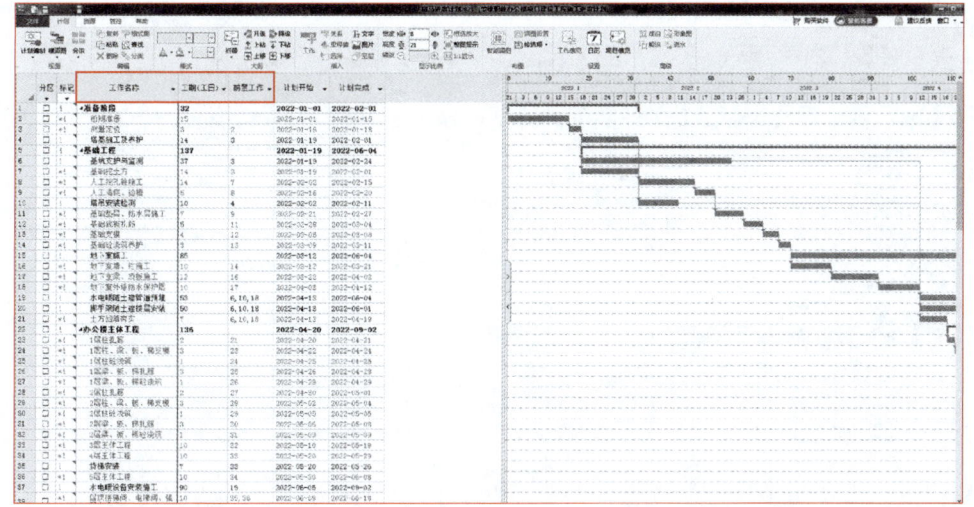

图 4-3-6　检查并完善计划内容

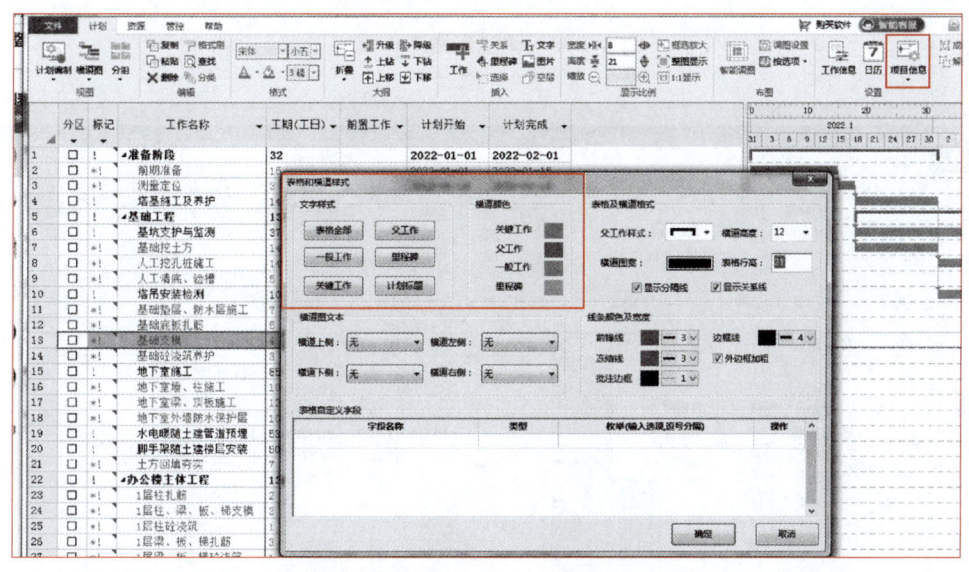

图 4-3-7　调整表格字体颜色、字号

b. 调整表格工作排序。单击表头"计划开始"旁边的下拉三角，在下拉选项里选择"从早到晚排序"，即可一键调整。表格变化后，横道图同时也会改变排序，如图4-3-8所示。

c. 调整表格列。将光标置于需要隐藏列的表头部分，单击鼠标右键，选择"隐藏列"，则选中的列被隐藏；将光标置于需要插入列的表头部分，单击鼠标右键，选择"插入列"，勾选需要显示的列即可；将光标置于需要修改的列的表头部分，单击鼠标右键，选择"列设置"，在"别名"中输入信息即可；将光标置于表头列的分割线上，出现左右箭头后，按住鼠标左键左右拖动即可自由调整列宽，或者双击鼠标左键即可自适应列宽。调整表格列如图4-3-9所示。

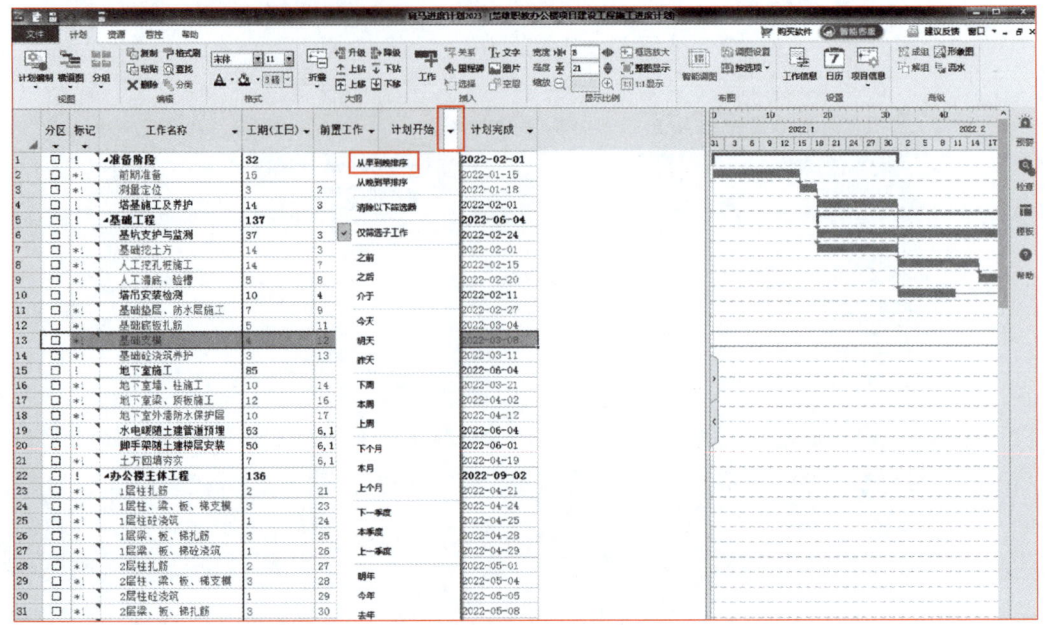

图 4-3-8　调整表格工作排序

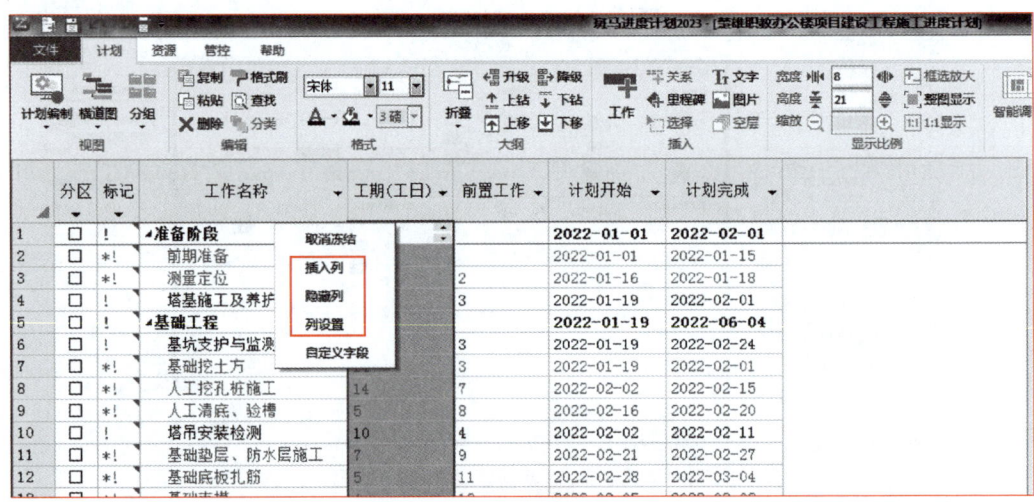

图 4-3-9　调整表格列

d. 调整表格行高。单击"项目信息"的下拉三角，在下拉选项里选择"表格和横道样式"，修改表格行高或横道高度，如图 4-3-10 所示。

② 调整右侧横道图内容。

a. 调整横道图填充样式、横道图文本显示内容和隐藏横道图横向分隔线及关系线。

调整横道图填充样式：单击"项目信息"的下拉三角，在下拉选项里选择"表格和横道样式"，选择父工作样式和横道图案填充样式。

调整横道图文本显示内容：单击"项目信息"的下拉三角，在下拉选项里选择"表格和横道样式"，选择横道图上、下、左、右侧显示内容。

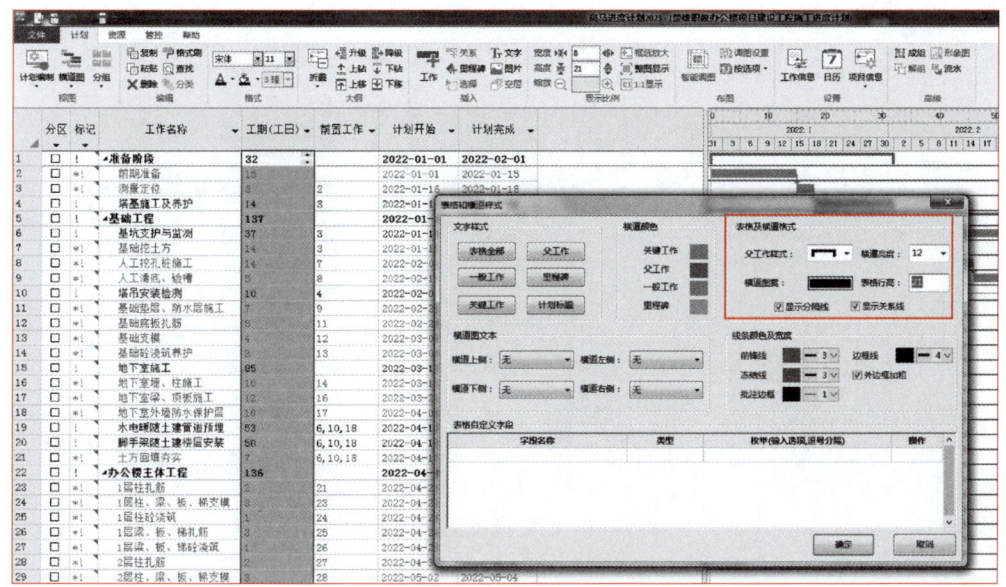

图 4-3-10　调整表格行高

隐藏横道图横向分隔线及关系线：单击"项目信息"的下拉三角，在下拉选项里选择"表格及横道样式"，取消勾选"显示分隔线"，如图 4-3-11 所示。

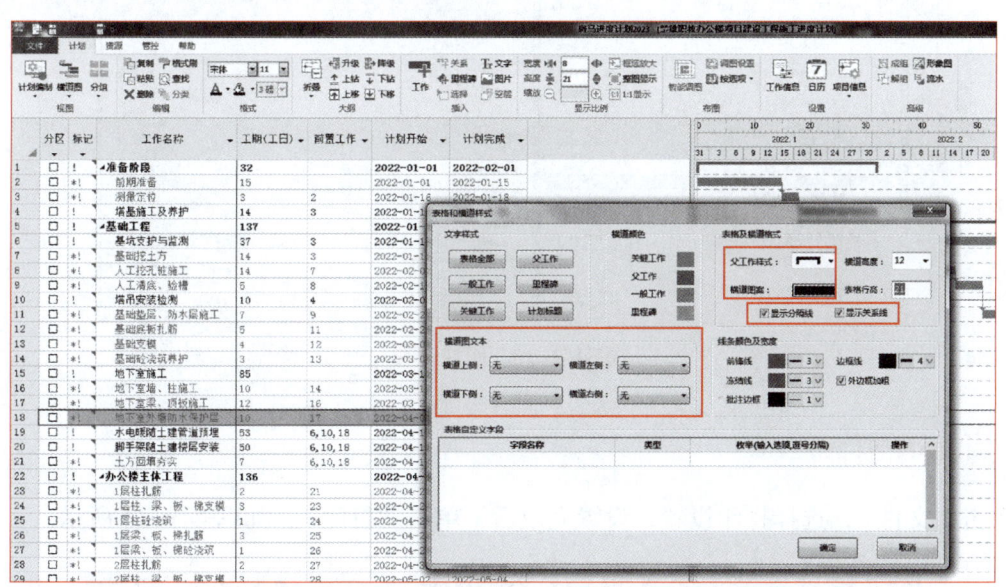

图 4-3-11　调整横道图填充样式、横道图文本显示内容和隐藏横道图横向分隔线及关系线

b. 调整横道图时间刻度线。单击"项目信息"的下拉三角，在下拉选项里选择"时间刻度"，选择时间刻度线展现形式，画小刻度线、画大刻度线、画工程历线、不画刻度线，如图 4-3-12 所示。

c. 图注设置。单击"项目信息"的下拉三角，在下拉选项里选择"图注"，设置图注是否显示，题栏框的宽、高等信息，如图 4-3-13 所示。

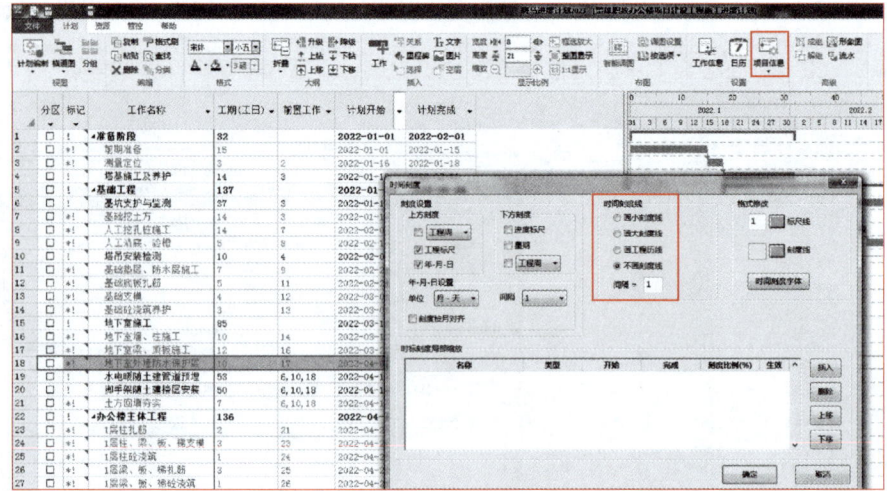

图 4-3-12　调整横道图时间刻度线

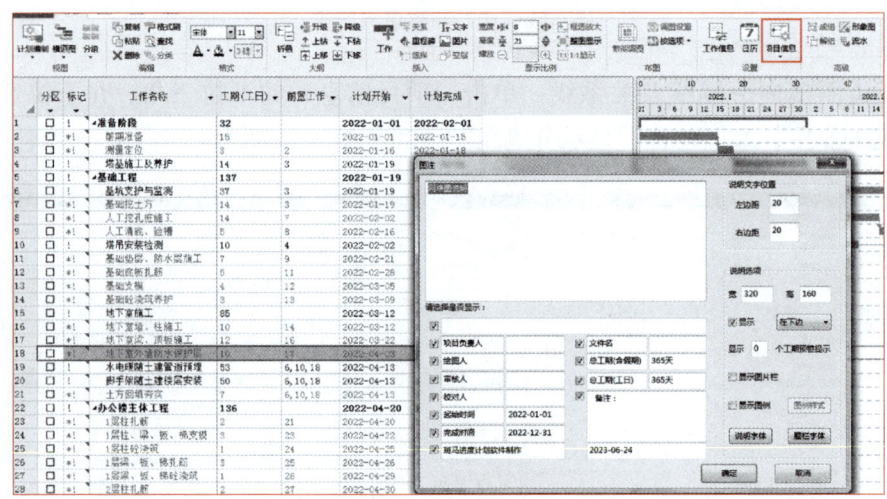

图 4-3-13　图注设置

（7）横道图打印

单击"文件"，选择打印设置，设置完成后，单击"打印"，如图 4-3-14 所示。

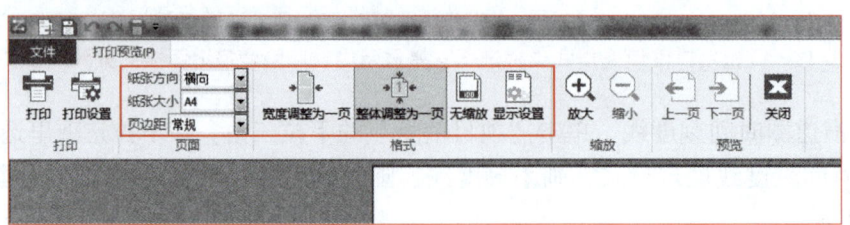

图 4-3-14　打印设置

楚雄职教办公楼工程项目横道图如图 4-3-15 所示。

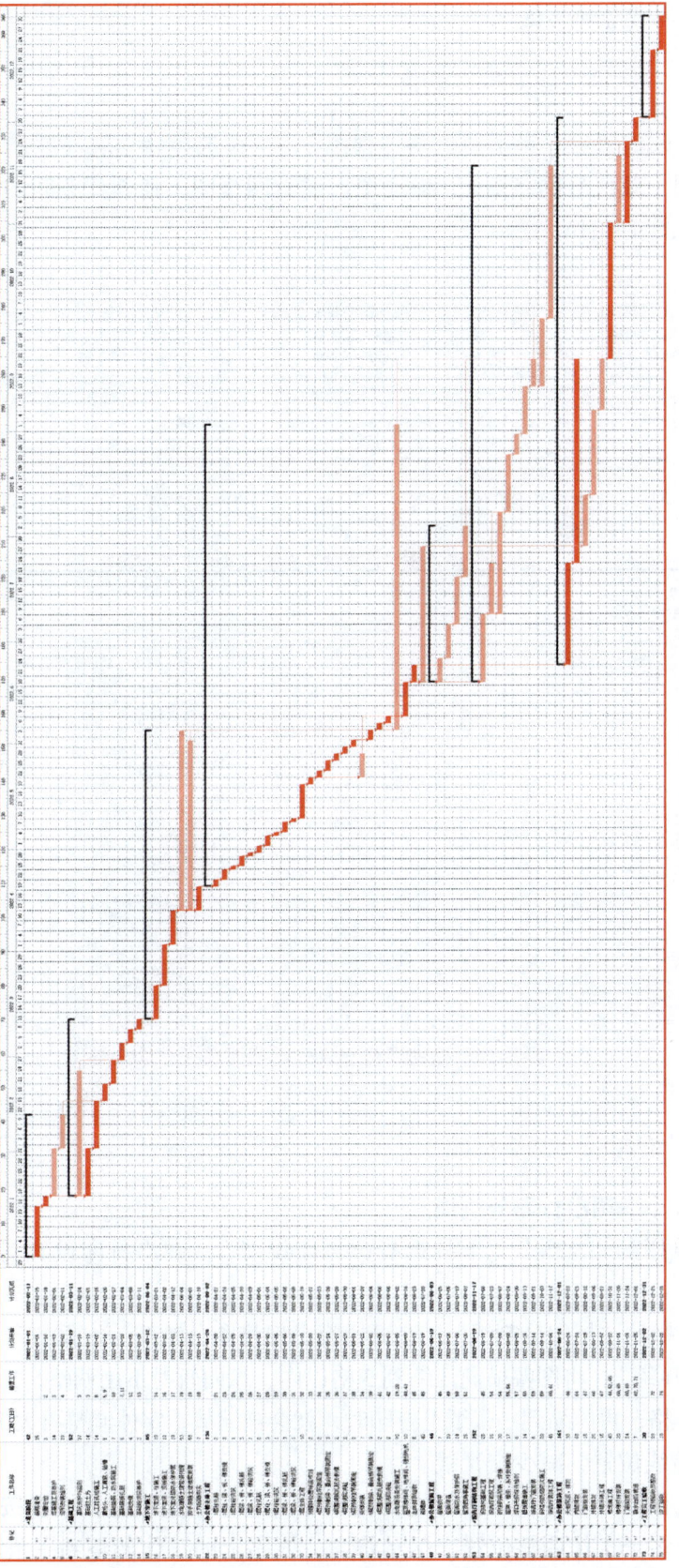

图 4-3-15　楚雄职教办公楼工程项目横道图

第四步　绘制双代号网络图

（1）横道图与双代号网络图模式转换

计划完成并修改定版后，单击左上角"视图"，下拉选择计划展现形式，可以将横道图转换为时标网络图（双代号网络图）、横道图、逻辑网络图（强调任务间的逻辑关系）、单代号网络图等，如图4-3-16所示。

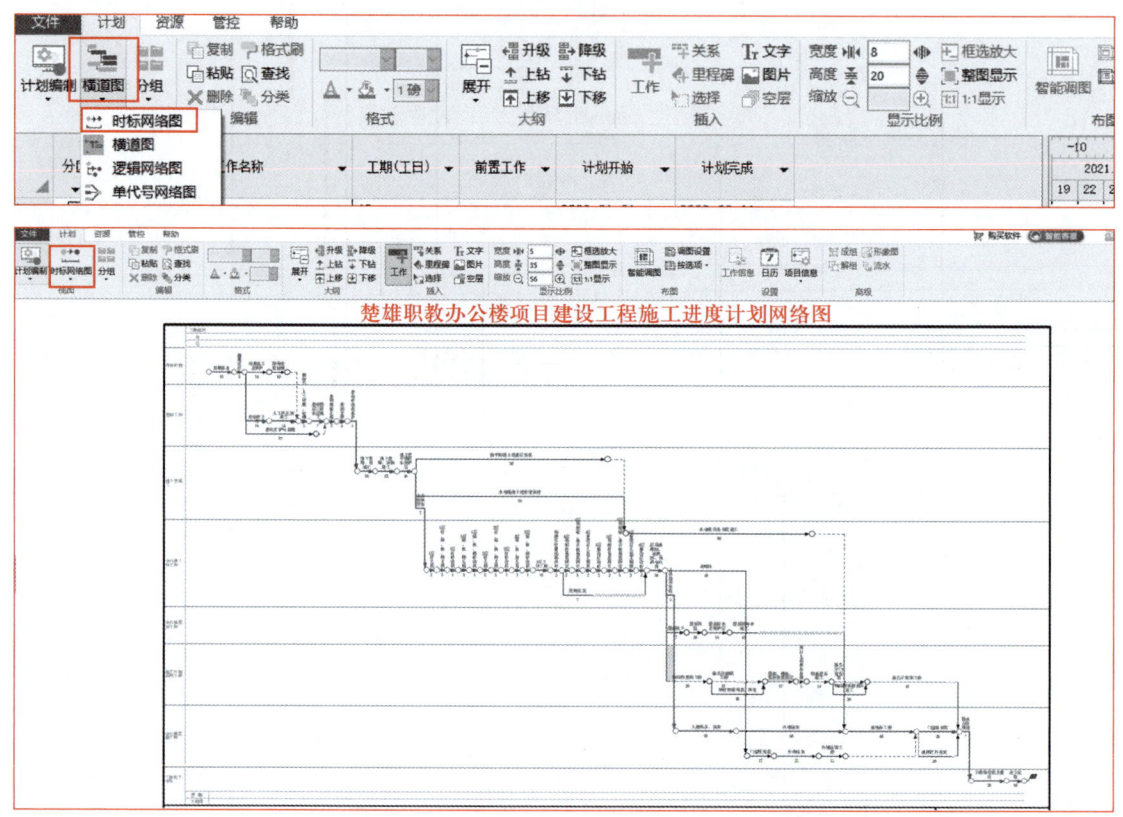

图 4-3-16　横道图与双代号网络图模式转换

（2）双代号网络图的调整与打印

① 设置纸张大小，调出打印分割线。

单击上方菜单栏的"文件"，下拉选择"打印设置"，弹出打印设置对话框（快捷键：Ctrl+Shift+P）。

单击下方工具栏的"打印分割线"，编辑界面出现打印分割线。根据打印分割线，通过上方工具栏的"横向压缩"，将图幅横向压缩到3格以内，纵向暂时不用调整，如图4-3-17所示。如果图幅大于3×3格，再压缩到一张纸上打印时，就会被缩放，字体调整再大都可能看不清楚。

② 调整工作箭线位置，减少交叉线。

将光标置于工作箭线上，按住鼠标左键拖动单个工作调整位置，或者按住Ctrl，左键框选多个工作后拖动多个工作调整位置，尽量将同一线路上的工作调整到一条水平线上。然后单击"按选项"，选择"清除多余空层"，使图幅纵向减少多余空白，如图 4-3-18 所示。

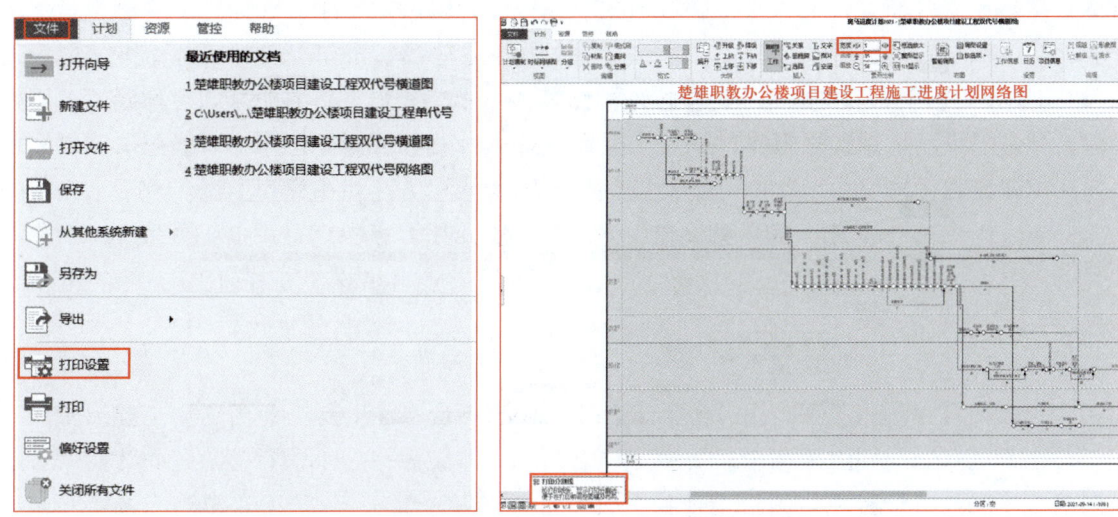

图 4-3-17　设置纸张大小，调出打印分割线

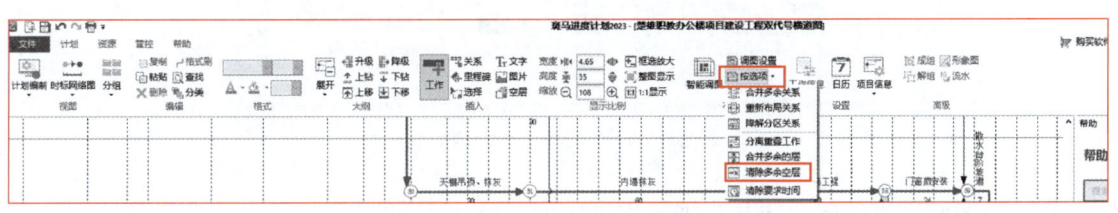

图 4-3-18　调整工作箭线位置，减少交叉线

③ 调整网络图字体大小，避免字体重叠。

调整网络图各项的字体字号，以满足不同纸张需要，使打印时可以清楚美观地阅览计划。

单击上方工具栏的"项目信息"的下拉三角，在下拉选项里选择"网络图样式"，在"文字和线条样式"页签下，修改工作名称、节点代号、里程碑名称、分区字体、文字批注、计划标题等的字体字号。

单击上方工具栏的"项目信息"的下拉三角，在下拉选项里选择"网络图样式"，在"分区"页签下修改分区相关设置，包含显示设置、分隔线和底色、区域名称。

单击上方工具栏的"项目信息"的下拉三角，在下拉选项里选择"网络图样式"，在"特殊格式"页签下可以设置节点风格和大小、箭头样式、工作名称排布形式。在"自定义显示内容"可以设置工作线上下显示的内容。在"特殊设置"可以设置网络图中特殊的设置显示。

单击上方工具栏的"项目信息"的下拉三角，在下拉选项里选择"时间刻度"，修改时间轴上的时间刻度字体大小及刻度线显示比例。

单击上方工具栏的"项目信息"的下拉三角，在下拉选项里选择"图注"，修改网络图的说明字体和题栏字体，以及题栏信息。

单击上方工具栏的"资源"，在"资源图设置"中设置资源的相关字体信息，如图 4-3-19 所示。

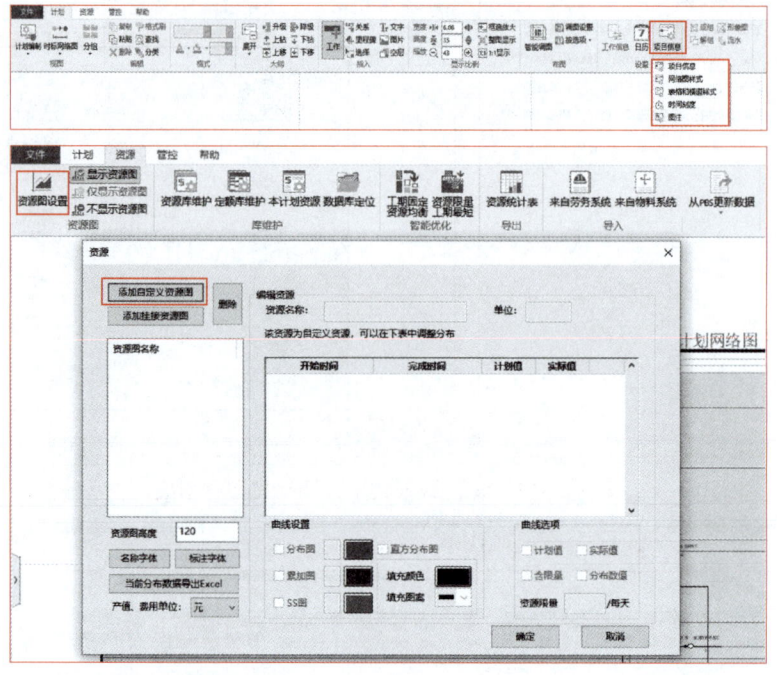

图 4-3-19　调整网络图字体大小

④ 调整图幅横纵比例，使其与纸张横纵比例一致。

通过上方工具栏的横向伸长或横向压缩调整图幅的横向长度，使其横纵比例和纸张横纵比例一致，如图 4-3-20 所示。

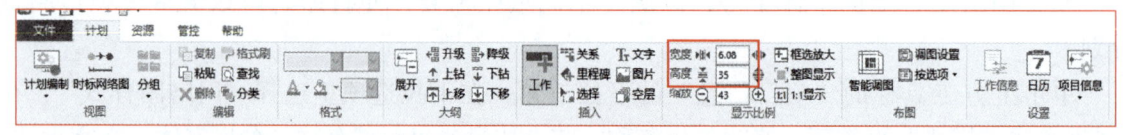

图 4-3-20　调整图幅横纵比例

⑤ 打印。

单击软件左上方快捷工具栏的"打印"，进入打印预览界面。单击"等比缩放"，使图幅铺满纸张打印，如图 4-3-21 所示。

图 4-3-21　打印网络图

楚雄职教办公楼工程项目双代号网络图如图 4-3-22 所示。

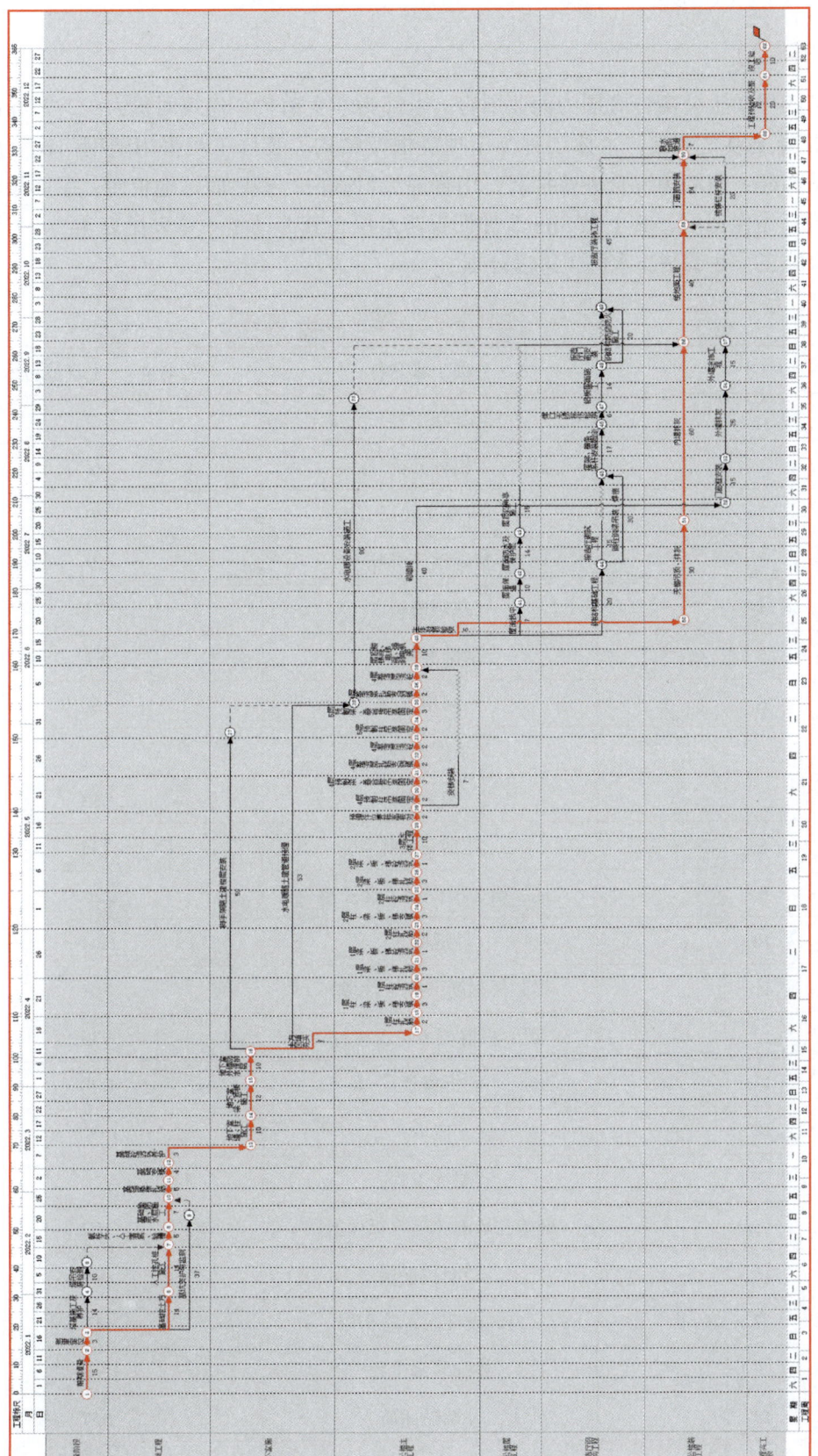

图 4-3-22　楚雄职教办公楼工程项目双代号网络图

已知某四层学生公寓，底层为商业用房，上部为学生宿舍，建筑面积为 3 277.96 m²。基础为钢筋混凝土独立基础，主体工程为全现浇框架结构。装修工程采用塑钢门窗、胶合板门；外墙贴面砖；内墙为混合砂浆抹灰，用普通涂料刷白；楼地面贴地板砖；屋面用聚苯乙烯泡沫塑料板做保温层，其上做 SBS 改性沥青防水层，其劳动量一览表见表 4-3-2。试组织本工程流水施工，并编制流水施工进度计划。

表 4-3-2 某四层学生公寓劳动量一览表

序号	分项工程名称	劳动量 / (工日或台班)
（一）	基础工程	
1	机械开挖	6
2	混凝土垫层	30
3	基础钢筋绑扎	59
4	基础模板	73
5	基础混凝土	87
6	回填土	150
（二）	主体工程	
7	脚手架	313
8	柱钢筋绑扎	135
9	柱、梁、板模板（含楼梯）	2 263
10	柱混凝土	204
11	梁、板钢筋绑扎（含楼梯）	801
12	梁、板混凝土（含楼梯）	939
13	拆模板	398
14	砌墙	1 095
（三）	层面工程	
15	聚苯乙烯泡沫塑料板保温层	152
16	层面找平层	52
17	SBS 改性沥青防水层	47
（四）	装饰装修工程	
18	外墙贴面砖	957

序号	分项工程名称	劳动量 / （工日或台班）
19	顶棚、墙面抹灰	1 648
20	楼地面及楼梯地砖	929
21	塑钢门窗安装	68
22	胶合板门安装	81
23	顶棚、墙面涂料	380
24	油漆	79
25	水、电安装及其他	

模块五
编制施工准备及资源配置计划

【学习目标】

知识目标：

1. 掌握施工准备工作计划的编制内容。
2. 掌握资源配置计划的编制内容。

能力目标：

1. 能编制施工准备工作计划。
2. 能编制资源配置计划。

素养目标：

1. 具有"凡事预则立，不预则废"的职业素养。
2. 培养遵守客观条件的思想观念。
3. 具有绿色、环保、全局意识。

模块五
编制施工准备
及资源配置计划

任务1　施工准备
工作计划的编制

一、技术准备工作计划

二、施工现场准备工作计划

三、资金准备工作计划

任务2　资源配置
计划的编制

一、劳动力配置计划

二、主要材料、成品、半成品配置计划

三、施工机具、机械配置计划

任务 1 施工准备工作计划的编制

◎【任务引入】

根据给定的楚雄职教办公楼工程项目相关资料，编制施工准备工作计划。

◎【知识链接】

施工准备工作是完成施工任务的重要保障。全场性施工准备工作计划应根据已拟定的工程开展程序和主要项目的施工方案来编制，其主要内容包括：安排好场地平整、全场性排水及防洪、场内外运输、水电来源及引入方案；安排好生产和生活基地的建设；安排好建筑材料、构件等的货源、运输方式、储存地点及方式；安排好现场区域内的测量工作、永久性标志的设置；安排好新技术、新工艺、新材料、新结构的试制与试验计划；安排好各项季节性施工的准备工作；安排好施工人员的培训工作等。

施工准备工作计划的编制

施工准备应包括技术准备、现场准备和资金准备等。在单位工程施工组织设计中，应列出具体准备的内容，应确定各项工作的要求、完成时间及有关的责任人，使准备工作有计划、有步骤、分阶段地进行。施工准备工作计划见表 5-1-1。

表 5-1-1 施工准备工作计划

序号	施工准备项目	内容	负责单位	负责人	开始日期	完成日期	备注
1	人员准备						
2	材料准备						
…	…						

1. 技术准备工作计划

（1）一般性准备工作计划

组织技术人员、工程监理、质量工程师、预算工程师等认真审阅图纸，并在施工前进行阶段性图纸会审，以便能准确地掌握设计意图，解决图纸中存在的问题，并整理出图纸会审纪要。

由技术人员负责收集、购买工程所需的主要规程、规范、标准、图集和法规。由技术负责人组织项目相关管理人员学习规程、规范的重要条文，加深对规范的理解。

以上一般性准备工作计划均需确定完成时间。

（2）计量、测量、检测、试验等器具配置计划

根据工程类型及规模确定器具的规格、型号、数量，并列表说明，其配置计划见表 5-1-2。

表 5-1-2 计量、测量、检测、试验等器具配置计划

序号	项目	器具名称	型号	单位	数量	检验状态
1	测量	全站仪				
2		水准仪				
3		…				
4	试验	温湿度自动控制器				
5		混凝土试模				
6		…				
7	计量	电子秤				
8		磅秤				
9		…				
10	检测	兆欧表				
11		万用表				
12		…				

（3）技术工作计划

1）施工方案编制计划

根据工程进度计划，提前编制详细的各分项工程施工方案和施工管理措施，以便为施工提供足够的技术支持，施工方案编制计划见表 5-1-3。

表 5-1-3 施工方案编制计划

序号	方案名称	编制人	完成日期	审核人	审批人	备注

2）试验工作计划

在编制施工组织设计时，因尚无施工详图导致分层、分段的数量不清楚，可先描述试验工作所应遵循的原则，后期再另编详细的试验方案。

3）样板项、样板间计划

样板项是结构施工中主要工序的样板，应将分项工程样板的名称、分段、轴线位置规定得具体、明确。

样板间是针对施工交付标准设置的，该项工作对工程质量预控至关重要，应制定计划并认真实施。样板项、样板间编制计划见表 5-1-4。

表 5-1-4 样板项、样板间编制计划

序号	样板项目	具体部位	施工人员	负责人	备注

4）技术培训计划

采用"四新"技术、施工技术含量高、危险性较大的分项工程应在施工前对施工人员进行相关技术培训，以保证施工质量及安全。技术培训计划见表 5-1-5。

表 5-1-5 技术培训计划

序号	培训内容	主讲人	参加人	培训方式	培训时间

5）"四新"技术应用计划

建筑业"四新"技术是指新技术、新材料、新设备、新工艺。应对其列表并逐项加以说明，目的是体现工程技术含量，提高项目管理人员素质。"四新"技术应用计划见表 5-1-6。

表 5-1-6 "四新"技术应用计划

序号	四新项目	应用部位	应用数量	应用时间	总结完成时间	责任人

6）高程引测与建筑物定位计划

对业主提供的坐标点、水准点进行校核并确认无误后，按照工程测量控制网的要求，建立工程轴线及高程测量控制网，将控制桩引测到基坑周围的地面上或原有建筑物上，并对控制桩加以保护，以防被破坏。

2. 施工现场准备工作计划

结合工程实际，阐明开工前所需做的现场准备工作，见表 5-1-7。

表 5-1-7 施工现场准备工作计划

序号	现场准备工作计划内容	说明
1	施工水源准备计划	临时供水应计算生产用水、生活用水和消防用水，三者比选
2	施工电源准备计划	临时供电根据现场使用的各类机械及生活用电计算用电量，通过计算确定变压器规格、导线截面，并绘制现场用电进度计划
3	施工热源准备计划	临时供热根据现场的生产、生活设施的面积形式，确定供热方式和供热量，并绘制管线布置图

序号	现场准备工作计划内容	说明
4	生产、生活公共卫生临时设施计划	根据工程规模和施工人数确定并列表注明各类临时设施的面积、用途、做法、完成时间等
5	临时围墙及施工道路计划	根据现场平面布置图确定围墙和道路的材料、施工做法
6	对业主的要求	对业主应解决而尚未解决的事项提出要求和解决的时间

3. 资金准备工作计划

资金准备应根据施工进度计划编制资金使用计划。在项目开工前，在成本分析的基础上，结合合同约定的付款条件以及分包商或供应商等的支付条件，编制项目资金收款计划表、项目资金支付计划表。对于跨年度的项目，还需编制年度收支计划，对项目的总体现金流量进行预测和分析。

⚛ 【任务实施】

第一步　技术准备

（1）一般性准备工作

组织项目有关人员熟悉图纸、进行图纸会审，以便发现设计存在的问题；确定设计交底的时间，并组织设计交底；准备好工程所需的主要规程、规范、标准、图集和法规，由技术负责人组织有关人员学习规程、规范的重要条文，加深对规范的理解。图纸会审及规范学习计划见表5-1-8。

表 5-1-8　图纸会审及规范学习计划

序号	培训或交底内容	培训或交底计划时间	参加人员	方式	组织单位
1	内部图纸会审	2022.1	项目全体人员	书面总结	技术部
2	图纸会审交底	2022.2	甲方、监理和施工单位人员	书面总结	甲方
3	其他相关规范的学习	2022.2—2022.4	施工管理人员	书面总结	项目总工

（2）深化设计出图计划

深化设计出图计划见表5-1-9。

表 5-1-9　深化设计出图计划

序号	分包项目	开始时间	完成时间
1	钢结构工程	2022.1.10	2022.4.30
2	防水工程	2022.4.1	2022.4.30

序号	分包项目	开始时间	完成时间
3	机电工程	2022.1.2	2022.3.31
4	精装修工程	2022.5.1	2022.6.1
5	通风空调工程	2022.5.10	2022.6.10
6	消防工程	2022.7.15	2022.8.15
7	电梯安装工程	2022.7.1	2022.8.1
8	电气工程	2022.7.1	2022.8.1
9	弱电工程	2022.7.15	2022.8.15
10	小市政工程	2022.9.1	2022.9.30
11	绿化园林工程	2022.10.1	2022.10.30

（3）施工方案编制计划

施工方案编制计划见表 5-1-10。

表 5-1-10　施工方案编制计划

序号	专项施工方案名称	编制单位	完成时间	审批单位	备注
1	现场临建施工方案	项目部	2022.1	公司项管部	
2	现场临电施工方案	项目部	2022.1	公司机电部	
3	现场临水施工方案	项目部	2022.1	公司机电部	
4	钢筋工程施工方案	项目部	2022.4	项目部	
5	模板工程施工方案	项目部	2022.4	技术中心	
6	混凝土工程施工方案	项目部	2022.4	技术中心	
7	底板大体积混凝土施工方案	项目部	2022.4	技术中心	
8	砌筑工程施工方案	项目部	2022.4	项目部	
9	防水施工方案	项目部	2022.4	技术中心	
10	消防保卫方案	项目部	2022.4	项目部	
11	机电各专业施工方案	项目部	2022.2	项目部	
12	大型设备吊装方案	项目部	2022.4	公司安全监督管理部	
13	机电工程调试方案	项目部	2022.4	公司机电部	
14	绿色施工方案	项目部	2022.4	项目部	
15	装饰装修施工方案	项目部	2022.2	项目部	

序号	专项施工方案名称	编制单位	完成时间	审批单位	备注
16	季节性施工方案	项目部	2022.4	技术中心	
17	回填土施工方案	项目部	2022.1	项目部	
18	安全应急预案	项目部	2022.1	项目部	
19	屋面施工方案	项目部	2022.2	技术中心	
20	钢结构施工方案	专业分包	2022.2	项目部	
21	起重机械安装方案	专业分包	2022.2	公司安全监督管理部	
22	试验方案	项目部	2022.2	公司	
23	资料管理方案	项目部	2022.2	项目部	
24	成品保护方案	项目部	2022.2	项目部	

（4）试验、检测、设备调试计划

① 试验计划见表 5-1-11。

表 5-1-11 试 验 计 划

序号	试验内容	批量取样原则（数量）	见证检验比例
1	钢筋原材	同一厂家、同一类型、同一来源的成型钢筋，不超过 30 t 为一批，每批中每种钢筋牌号、规格均应至少抽取 1 个钢筋试件，总数不应少于 3 个	100%
2	钢筋连接工艺	应以 300 个同牌号钢筋接头作为一批；当不足 300 个接头时，仍应作为一批。每批随机切取 3 个接头试件做拉伸试验	100%
3	钢筋接头	对于直螺纹接头同一施工条件下采用同一批材料的同等级、同型式、同规格接头，以 500 个为一批进行检验和验收，不足 500 个也作为一批。	100%
4	混凝土试块	同一配合比、同一强度等级、同种原材料的情况下： ① 每拌制 100 盘且不超过 100 m^3 的同一配合比的混凝土，取样不少于一次； ② 每工作班拌制的同一配合比的混凝土不足 100 盘时，取样不少于一次； ③ 当一次连续浇筑超过 1000 m^3 时，同一配合比的混凝土每 200 m^3 取样不少于一次； ④ 每一楼层同一配合比的混凝土取样不少于一次； ⑤ 每次取样至少留置两组标准养护试件，同条件养护试件的留置组数（如拆模前，拆除支撑前）应根据实际需要确定； ⑥ 冬季施工试块留置参照各地相关要求	100%

序号	试验内容	批量取样原则（数量）	见证检验比例
5	防水卷材	同一生产厂家、同一类型、同一规格的产品以 10 000 m² 为一批，不足 10 000 m² 也按一批计	100%
6	防水涂料	同一类型的产品以 10 t 为一批，不足 10 t 也按一批计	100%
7	砌体材料	同品种、同规格、同等级的砌块，以 10 000 块为一批，不足 10 000 块也按一批计	100%
8	回填土	基坑回填土每层按 50～100 m² 取样一组；基槽回填每 10～20 延米取样一组，取样部位在每层压实后的下半部（2/3 深处）	100%

② 机电设备调试计划见表 5-1-12。

表 5-1-12 机电设备调试计划

序号	机电工程名称	开始时间	完成时间
1	电气工程	2022.11	2022.12
2	建筑给排水及采暖工程	2022.11	2022.12
3	通风与空调工程	2022.12	2022.12
4	智能建筑工程	2022.12	2022.12

（5）新技术推广计划

按照住房和城乡建设部编制的《建筑业 10 项新技术（2017 版）》的要求，新技术推广计划用表格形式表达，要注明应用项目、应用部位、应用数量，并对需要进行总结归纳的项目列出项目跟踪责任人和施工总结的完成时间。新技术推广计划见表 5-1-13。

表 5-1-13 新技术推广计划

序号	新技术名称	子项名称	应用部位	应用数量
2	钢筋与混凝土技术	2.5 混凝土裂缝控制技术	底板大体积混凝土	—
		2.7.1 热轧高强钢筋应用技术	HRB400E 钢筋	—
		2.8 高强钢筋直螺纹连接技术	公称直径 ≥ 18 mm 的钢筋采用直螺纹连接技术	—
5	钢结构技术	5.1 高性能钢材应用技术	钢结构桁架	—
		5.2 钢结构深化设计与物联网应用技术	钢结构桁架	
		5.4 钢结构虚拟预拼装技术	钢结构桁架	

序号	新技术名称	子项名称	应用部位	应用数量
5	钢结构技术	5.7 钢结构防腐、防火技术	钢结构桁架和屋架	
		5.8 钢与混凝土组合结构应用技术	主体结构	
		5.9 索结构应用技术	钢结构	
6	机电安装工程技术	6.1 基于 BIM 的管线综合技术		—
		6.5 机电管线及设备工厂化预制技术		
		6.8.1 金属矩形风管薄钢板法兰连接技术		
7	绿色施工技术	7.2 建筑垃圾减量化与资源化利用技术		
		7.3.1 施工现场太阳能光伏发电照明技术		
		7.4 施工扬尘控制技术		
		7.7 工具式定型化临时设施技术		
9	抗震、加固与监测技术	9.1 消能减震技术		
		9.6 深基坑施工监测技术	对基坑位移、变形进行全过程观测	—
10	信息化技术	10.1 基于 BIM 的现场施工管理信息技术		—
		10.5 基于移动互联网的项目动态管理信息技术		

注：表中子项目名称栏中"×.×""×.×.×"为《建筑业 10 项新技术（2017 版）》中的序号。

（6）高程引测与定位计划

高程引测与定位计划应写明定位点的坐标点位置和高程，最少应有两个控制坐标点。进场后，需复核建筑物控制桩，并引入高程控制水准点，同时做好控制桩和水准点的测设和保护工作。

第二步　施工现场准备

（1）临水准备和施工

楚雄职教办公楼工程项目建筑高度为 20.40 m，包含地上 5 层与地下 1 层，总建筑面积为 7 895.70 m²。结合现场条件，临水方案如下：沿项目周围布置消防环管，施工用水与临时消防系统共用管道，采用市政用水直供方式。现场生产给水一部分根据需要由现场的临时用水主管预留甩口，另一部分在消火栓栓头处均预留一个 DN25 接头。

该工程施工阶段分为地下室结构施工阶段、主体结构施工阶段、装饰装修与机电安装施工阶段、小市政园林施工阶段，各阶段的用水量各不相同，该工程用水主要为混凝土养护、模板胶水湿润、砂浆搅拌及机械清洗用水，其余用水量很少。现场西北侧预留有 DN100 的市政水源点，经计算，施工现场配置 DN100 的主管道，沿基坑周围设置临时消火栓，消火栓间距不大于 120 米，规格采用地上式消火栓 SY65 型，栓头为 DN65，由环网引出支管供应地上消防用水。每栋建筑每层室内设 3 根消防立管，消火栓间距不大于 50 m；每个消火栓处配备 1 个消防箱，箱内应有 2 个水带和 2 个消防水枪。

（2）临电准备和施工

现场施工电源由业主提供的 2 台 1 250 kVA 的变压器取用，施工现场设置 3 台一级配电柜，生活及办公区各设置 1 台一级配电柜，临时电缆主要采用沿场地四周埋地及架空敷设相结合的方式。现场采用 TN–S 三相五线制接零保护系统供电，确保达到"三级配电，逐级保护"的要求。

❀ 【学习自测】

一、单项选择题

1. 现场准备工作应在（   ）完成。

A. 项目开工后 　　　　　　　　　B. 项目开工前

C. 设计阶段 　　　　　　　　　　D. 招投标阶段

2. 以下不属于施工准备工作计划内容的是（   ）。

A. 技术准备 　　　　　　　　　　B. 机械设备需要量

C. 现场准备 　　　　　　　　　　D. 资金准备

3. 施工图纸会审由（   ）组织。

A. 施工单位 　　　　　　　　　　B. 质检单位

C. 设计单位 　　　　　　　　　　D. 建设单位

4. 施工图纸会审记录由（   ）负责。

A. 施工单位 　　　　　　　　　　B. 监理单位

C. 设计单位 　　　　　　　　　　D. 建设单位

5. 建筑业"四新"技术是指（   ）。

A. 新技术、新材料、新设备、新工艺 　B. 新技术、新材料、新结构、新工艺

C. 新技术、新材料、新思想、新工艺 　D. 新技术、新材料、新设备、新结构

二、思考题

1. 简述施工技术准备工作的具体内容。

2. 简述施工现场准备工作的具体内容。

任务 2 资源配置计划的编制

◎【任务引入】

根据给定的楚雄职教办公楼工程项目的相关资料，编制资源配置计划。

◎【知识链接】

资源配置
计划的编
制

单位工程施工进度计划确定以后，根据施工图纸、工程量、施工方案、施工进度计划等有关技术资料，着手编制劳动力配置计划，主要材料、成品、半成品配置计划及施工机具、机械配置计划。资源配置计划不仅是为了明确各种技术工人和各种技术物资的配置，还是做好劳动力与物资的供应、平衡、调度、落实的依据，也是施工单位编制月、季生产作业计划的主要依据之一，是保证施工进度计划顺利执行的关键。

1. 劳动力配置计划

劳动力配置计划主要反映工程施工所需的技工、普工人数，它是控制劳动力平衡、调配的主要依据。其编制方法如下：根据工程量汇总表中列出的各建筑物的主要实物工程量，查阅预算定额或有关资料，便可计算出各建筑物主要工种的劳动量，再根据施工进度计划表中各单位工程分工种的持续时间，可得到某单位工程在某段时间里的平均劳动力数量。按同样方法可计算出各建筑物各工种在各个时期的平均工人数量，并绘制各工种的劳动力动态曲线图，从而得到主要工种的劳动力配置计划。劳动力配置计划见表 5-2-1。

表 5-2-1 劳动力配置计划

序号	工种名称	高峰期需要人数 / 人	现有人数 / 人	多余或不足人数 / 人
1	瓦工			
2	木工			
3	…			
…	…			

2. 主要材料、成品、半成品配置计划

主要材料、成品、半成品配置计划是根据施工预算、材料消耗定额及施工进度计划编制的，是施工备料、供料和确定仓库、堆场面积及运输量的依据。主要材料是指工程用水泥、钢筋、砂子、石子、砖、防水材料等主要材料；成品、半成品是指混凝土预制构件、钢结构、门窗构件等成品、半成品材料。一般按不同种类分别编制，编制时应提出材料名称、规格、数量、使用时间等要求，见表 5-2-2。

表 5-2-2　主要材料、成品、半成品配置计划

序号	材料名称	规格	需要量		供应开始时间	备注
			单位	数量		

3. 施工机具、机械配置计划

施工机具、机械配置计划是组织机具、机械进场，计算施工用电，选择变压器容量等的依据。根据施工进度计划、主要建筑物施工方案和工程量，套用机械产量定额，即可得到主要机械需要量，辅助机械需要量可依据工程概算指标求得。施工机具、机械配置计划主要反映施工所需的各种机械和器具的名称、规格、型号、数量及使用时间，见表 5-2-3。

表 5-2-3　施工机具、机械配置计划

序号	机具、机械名称	规格、型号	单位	需要数量	备注
1	塔吊		台		
2	电渣压力焊机		台		
3	…				
…	…				

⚙ 【任务实施】

第一步　主要劳动力配置计划

根据工程量、施工流水段的划分、施工进度计划的要求，得到结构、机电安装、装修等所需劳动力（不包括专业分包商及独立承包商施工所需劳动力）。该工程劳动力高峰期集中在 2022 年 5 月—2022 年 9 月，高峰人数为 232 人，主要劳动力配置计划见表 5-2-4。

表 5-2-4　主要劳动力配置计划　　　　　　　　　　单位：人

工种	2022 年											
	1 月	2 月	3 月	4 月	5 月	6 月	7 月	8 月	9 月	10 月	11 月	12 月
桩基工	20	15	—	—								
支护施工人员	10	10	10	10	—	—	—	—	—	—	—	—
挖掘机司机	6	6	6	6								
渣土车司机	20	20	20	20								
土方清洁员	5	5	5	5								

工种	2022年											
	1月	2月	3月	4月	5月	6月	7月	8月	9月	10月	11月	12月
塔司			—	4	4	4	4	—	—	—	—	—
信号工	—	—	—	4	4	4	4	—	—	—	—	—
施工提升架	—	—	—	—	—	—	—	—	—	—	6	6
测量工	3	3	3	3	3	3	6	6	6	6	3	3
防水保温工	—	—	—	—	20	—	—	10	10	—	—	—
木工	—	—	—	40	40	40	30	30	20	5	1	—
钢筋工	—	—	—	30	30	30	30	5	—	—	—	—
混凝土工	—	—	—	30	40	40	20	5	—	—	—	—
架子工	—	—	—	15	15	15	—	—	—	—	—	—
力工	5	10	10	10	15	15	15	15	15	5	5	—
钢结构工	—	—	—	—	5	20	20	20	10	—	—	—
履带吊司机	—	—	—	2	2	2	2	—	—	—	—	—
瓦工	—	—	—	—	—	20	20	20	20	—	—	—
抹灰工	—	—	—	—	—	20	20	20	10	—	—	—
油工	—	—	—	—	—	—	20	20	20	—	—	—
电工	1	2	2	2	2	2	2	2	2	1	—	—
电焊工	—	—	—	—	2	2	2	2	—	—	—	—
通风工	—	—	—	—	—	10	10	10	5	—	—	—
水暖工	—	—	—	—	—	5	5	5	—	—	—	—
油漆工	—	—	—	—	—	—	5	5	5	5	—	—
电梯工	—	—	—	—	—	—	—	—	5	5	—	—
园林工	—	—	—	—	—	—	—	—	10	20	10	—
合计	70	63	56	137	182	232	225	175	148	62	29	10

第二步　主要周转材料配置计划

根据该工程施工流水段的划分、施工工期，安全防护类材料配置计划，操作措施类材料配置计划，模板支撑类材料配置计划，冬雨季施工措施类材料配置计划，临建措施类材料配置计划分别见表5-2-5、表5-2-6、表5-2-7、表5-2-8、表5-2-9。

表 5-2-5　安全防护类材料配置计划

序号	材料名称	规格型号	单位	数量	使用时间 / 月	备注
1	基坑防护成品栏杆	1 800 × 1 200	榀	520	4	平均投入时间
2	楼层临边成品栏杆	1 800 × 1 200	榀	900	5	平均投入时间
3	电梯竖向成品栏杆	1 600 × 1 500	榀	50	5	平均投入时间
4	楼层洞口、楼梯临边钢管防护	$\phi 48 \times 3.6$	t	17	5	平均投入时间
5		扣件	个	3 600	5	平均投入时间
6		大眼网	m²	300	5	平均投入时间
7	基坑及临边补充防护	$\phi 48 \times 3.6$	t	15	5	平均投入时间
8		扣件	个	3 600	5	平均投入时间
9		密目网	m²	1 300	5	平均投入时间
10	高压线防护	杉木杆	根	1 250	5	平均投入时间
11		大眼网	m²	2 640	5	平均投入时间
12	办公区防护	木跳板	块	420	5	平均投入时间
13		多层板	m²	400	5	平均投入时间
14	防火涂料封闭钢管	$\phi 48 \times 3.6$	t	6	3	平均投入时间

表 5-2-6　操作措施类材料配置计划

序号	材料	规格	单位	数量	使用时间 / 月	备注
1	钢管	$\phi 48 \times 3.6$	t	100	3	内、墙，柱子操作脚手架
2	扣件	对接、直角、旋转	个	21 180	3	
3	密目网	—	m²	9 200	一次性买入	
4	木跳板	50 × 250 × 4 000	m²	510	一次性买入	
5	钢管	$\phi 48 \times 3.6$	t	46	2	悬挑钢结构脚手架
6	扣件	对接、直角、旋转	个	6 980	2	
7	大眼网	—	m²	1 200	一次性买入	
8	支撑头	—	个	230	一次性买入	

表 5-2-7 模板支撑类材料配置计划

序号	材料	规格	单位	数量	使用时间/月	备注
1	实心砖	240墙	m³	120		底板砖胎模
2	快易收口网模板	—	m²	580	一次性买入	底板、外墙楼板后浇带
3	15 mm 厚普通多层板	915×1 830	m²	5 800	一次性买入（红板）	底板反梁
4	15 mm 厚普通多层板	915×1 830	m²	800	一次性买入（红板）	电梯坑、集水坑
5	15 mm 厚普通多层板	915×1 830	m²	7 100	一次性买入	内外墙、柱子
6	15 mm 厚普通多层板	915×1 830	m²	19 300	一次性买入	地下、地上楼板等
7	钢管	$\phi 48 \times 3.6$	t	1 432	3	墙、楼板模板支撑架
8	扣件	—	个	273 400	3	
9	支撑头	—	个	15 000	3	
10	木方	50 mm×100 mm	m³	970	一次性买入	
11	三接头 M14 止水螺杆	$L=1.2$ m	根	16 500	一次性买入	地下室外墙
12	M14 对拉螺杆	$L=0.9$ m	根	1 000	一次性买入	地下室内墙、柱子
13	M14 对拉螺杆	$L=1.2$ m	根	1 700	一次性买入	
14	M14 对拉螺杆	$L=1.4$ m	根	800	一次性买入	
15	M14 对拉螺杆	$L=1.8$ m	根	160	一次性买入	
16	M14 对拉螺杆	$L=2.4$ m	根	110	一次性买入	
17	电子测温元件	0.4 m、0.8 m、1.0 m	根	150	一次性买入	底板测温
18	电子测温仪	—	套	2	一次性买入	底板测温

表 5-2-8 冬、雨季施工措施类材料配置计划

序号	名称	单位	规格	数量	使用部位
1	潜水泵	台	$H>30$ m	3	基坑排水
2	潜水泵	台	$H>30$ m	2	地面排水沟排水
3	排水胶管	m	$\phi 50$ mm	1 000	抽水排水
4	塑料布/彩条布/苫布	m²	普通	5 000	物料苫盖
5	铁锹	把	普通	50	防汛施工

序号	名称	单位	规格	数量	使用部位
6	铁皮桶	只	30 L	20	排水
7	小推车	辆	—	10	水平运输
8	编织袋	个	标准	2 000	装沙堵水
9	雨衣/雨靴	套	普通	50	
10	阻燃草帘被	m²	—	3 500	
11	塑料薄膜	m²	—	3 500	
12	橡塑海绵	m²	—	68	水管保温
13	彩条布	m²	—	3 000	
14	酒精温度计	根	—	30	
15	测温管	根	—	50	
16	测温百叶箱	个	300×300×400	1	
17	防雨布	m²	—	1 500	
18	防尘网	m²	—	45 000	

表 5-2-9　临建措施类材料配置计划

序号	材料	规格	单位	数量/个	备注
1	排水沟	300 宽，砌筑抹灰	m³	12	办公区、生活区
2	化粪池	砌筑+防水抹灰	个	2	
3	隔油池	砌筑+防水抹灰	个	1	
4	沉淀池	砌筑+防水抹灰	个	1	
5	导向牌	标准化	套	3	
6	九板一图	标准化	套	1	
7	现场大门	标准化	套	3	门楼式标准化大门一个、普通大门两个
8	门禁系统	—	套	1	拟定 4 个轧机
9	监控系统	—	套	1	暂定 12 个枪机
10	岗亭	—	套	3	
11	钢筋加工厂防砸棚	标准化	个	1	

序号	材料	规格	单位	数量/个	备注
12	木工加工厂防砸棚	标准化	个	1	
13	机电加工棚	标准化	个	1	
14	茶烟亭	标准化	个	2	
15	镝灯架子	—	个	4	
16	封闭垃圾池	2 m 砖砌抹灰，彩钢板屋盖，25 m²	个	1	
17	实验室	2 K×4 K 板房	间	1	配养护设备 1 套（恒温、加湿系统）
18	库房	板房，约 60 m²	间	1	
19	临时活动厕所	1 m×1.3 m×2.5 m	个	12	移动厕所，每 2 层一个
20	工人生活区宿舍	2 K×4 K 板房	间	50	
21	工人生活区食堂、浴室、卫生间、开水间等	2 K×3 K 板房	间	10	
22	总包办公室	2 K×4 K 板房	间	30	
23	总包食堂、餐厅	2 K×3 K 板房	间	6	

第三步　主要机械、机具、仪器配置计划

土建施工机械设备配置计划、钢结构施工机械设备配置计划、装饰装修施工机械设备配置计划、试验和检测仪器设备配置计划分别见表 5-2-10、表 5-2-11、表 5-2-12、表 5-2-13。

表 5-2-10　土建施工机械设备配置计划

序号	机械或设备名称	型号规格	单位	数量	进场时间	出场时间	额定功率/kW	备注
1	1# 塔吊	TC70/52，70 m	台	1	2022.2.5	2022.6.5	96.5	土建、钢结构
2	2# 塔吊	TC70/52，70 m	台	1	2022.2.5	2022.6.5	96.5	土建、钢结构
3	混凝土输送泵	HBT-60	台	3	2022.2.10	2022.5.10	柴油泵	底板
4	混凝土汽车泵	56 m	台	1	2022.2.10	2022.5.10		底板及土建结构
5	钢筋弯曲机	GTJB7-40	台	2	2022.2.1	2022.5.10	3	土建结构
6	钢筋切断机	GQ40-B	台	2	2022.2.1	2022.5.30	7	土建结构
7	钢筋调直机	GJ4-4/14	台	2	2022.2.1	2022.5.30	7.5	土建结构
8	套丝机	—	台	4	2022.2.1	2022.5.30	4	土建结构
9	污水泵	PX10-34	台	5	2022.2.1	2022.6.30	8	土建结构

序号	机械或设备名称	型号规格	单位	数量	进场时间	出场时间	额定功率 /kW	备注
10	电焊机	BX300	台	4	2022.2.1	2022.6.30	22	土建结构
11	振动棒	ZN60	台	20	2022.2.1	2022.6.30	1.1	土建结构
12	平板振动器	PZ–50	台	3	2022.2.1	2022.6.30	0.5	土建结构
13	压刨机	MY100	台	2	2022.2.1	2022.6.30	4	土建结构
14	圆盘锯	MJ105	把	2	2022.2.1	2022.6.30	4	土建结构
15	手提电锯	MJ50	把	5	2022.2.1	2022.6.30	1.1	土建结构
16	手提电钻	—	把	5	2022.2.1	2022.6.30	—	土建结构
17	汽车吊	100 t	台	1	2022.2.1	2022.6.30	—	土建结构
18	空气压缩机	9 m³	台	1	2022.2.1	2022.6.30	22.3	土建结构
19	柴油发电机	300 KWGF	台	1	2022.2.1	2022.6.30	—	土建结构
20	消防水泵	YBZSZ-2	台	1	2022.3.1	2022.5.30	—	土建结构

表 5-2-11　钢结构施工机械设备配置计划

序号	机械或设备名称	型号规格	单位	数量	进场时间	出场时间	额定功率 /kW	备注
1	汽车吊	100 t	台	1	2022.3.1	2022.6.10		安装桁架
2	履带吊	70 t	台	1	2022.3.1	2022.6.10		安装桁架
3	CO_2 气体保护半自动焊机	CPXS-500	台	10	2022.3.1	2022.6.10	28	
4	手工电弧焊机		台	10	2022.3.1	2022.6.10	26	
5	空气压缩机		台	2	2022.3.1	2022.6.10	7.5	
6	电热干燥箱	YZH2-100	台	2	2022.3.1	2022.6.10		
7	电热保温筒		个	10	2022.3.1	2022.6.10		
8	风速仪		台	2	2022.3.1	2022.6.10		
9	测温计	600 ℃	个	12	2022.3.1	2022.6.10		
10	放大镜		个	10	2022.3.1	2022.6.10		
11	高压氧气带	ϕ8 mm	m	1 200	2022.3.1	2022.6.10		
12	乙炔气带	ϕ8 mm	m	1 200	2022.3.1	2022.6.10		
13	焊机房		个	3	2022.3.1	2022.6.10		
14	氧气表		块	10	2022.3.1	2022.6.10		
15	乙炔表		块	10	2022.3.1	2022.6.10		
16	磁力扩孔器		个	1	2022.3.1	2022.6.10		
17	超声波探伤仪	CTS-2000	台	2	2022.3.1	2022.6.10		

序号	机械或设备名称	型号规格	单位	数量	进场时间	出场时间	额定功率/kW	备注
18	超声波探伤仪	USM-32XL	台	2	2022.3.1	2022.6.10		
19	磁粉探伤仪	DCT-E	台	1	2022.3.1	2022.6.10		
20	干漆膜测厚仪	QUJ	台	3	2022.3.1	2022.6.10		
21	湿度计	SN-02	只	3	2022.3.1	2022.6.10		
22	游标卡尺	125 mm/0.02 mm	把	10	2022.3.1	2022.6.10		
23	楔形塞尺	15 mm	把	5	2022.3.1	2022.6.10		
24	等离子切割机		台	2	2022.3.1	2022.6.10		
25	半自动切割机	CG1-30	台	2	2022.3.1	2022.6.10		
26	特制氧-乙炔烤枪		把	6	2022.3.1	2022.6.10		
27	喷涂机	SZ6517	台	4	2022.3.1	2022.6.10		
28	促凝搅拌机	FJB60	台	4	2022.3.1	2022.6.10		
29	千斤顶	5 t、10 t、20 t	个	15	2022.3.1	2022.6.10		
30	卡环	17 t、8.5 t、5 t、2 t	对	20	2022.3.1	2022.6.10		
31	角向磨光机	ϕ100	台	5	2022.3.1	2022.6.10	0.6	
32	砂轮切割机	SQ-40-1	台	1	2022.3.1	2022.6.10	1.0	

表 5-2-12　装饰装修施工机械设备配置计划

序号	机械或设备名称	型号规格	单位	数量	进场时间	出场时间	额定功率/kW	备注
1	手枪钻	10 mm	把	10	2022.6.1	2022.9.13	—	
2	电改锥		把	10	2022.6.1	2022.9.13	—	
3	冲击钻	TEI5	把	5	2022.6.1	2022.9.13	0.6	
4	射钉枪	603 型	把	10	2022.6.1	2022.9.13	—	
5	水平尺	1 200 mm	把	10	2022.6.1	2022.9.13	—	
6	铝合金靠尺	3 000 mm	把	10	2022.6.1	2022.9.13	—	
7	电箱	380 V	台	10	2022.6.1	2022.9.13	—	
8	电箱	220 V	台	5	2022.6.1	2022.9.13	—	
9	气钉枪	F30	把	10	2022.6.1	2022.9.13	—	
10	气泵		台	5	2022.6.1	2022.9.13	—	
11	电圆锯	235	把	3	2022.6.1	2022.9.13	3	
12	电焊机		台	4	2022.6.1	2022.9.13	20	
13	云石机	4 100 NB	台	5	2022.6.1	2022.9.13	1.5	

序号	机械或设备名称	型号规格	单位	数量	进场时间	出场时间	额定功率 /kW	备注
14	座切机	355	台	5	2022.6.1	2022.9.13	3	
15	角向磨光机	$\phi 100$	台	3	2022.6.1	2022.9.13	0.6	

表 5-2-13 试验和检测仪器设备配置计划

序号	仪器设备	型号规格	单位	数量	国别产地	制造年份	进场时间	备注
1	全站仪	Topcon	台	1	日本	2014	2022.2	支护施工、结构施工
2	经纬仪	J2	台	1	国产	2015	2022.2	支护施工、结构施工
3	激光经纬仪	DJJ2-2	台	1	国产	2016	2022.2	支护施工、结构施工
4	水准仪	DS3	台	1	国产	2015	2022.2	支护施工、结构施工
5	电子水准仪	Zeiss	台	1	国产	2014	2022.2	支护施工、结构施工
6	激光铅直仪	拉特	台	1	国产	2015	2022.2	支护施工、结构施工
7	钢卷尺	50 m	把	2	国产	2015	2022.2	支护施工、结构施工
8	卷尺	5 m	把	5	国产	2016	2022.2	支护施工、结构施工
9	游标卡尺	0–150 mm	把	1	国产	2015	2022.2	支护施工、结构施工
10	游标卡尺	0–300 mm	把	1	国产	2014	2022.2	支护施工、结构施工
11	混凝土回弹仪	AT-225 A	台	1	国产	2015	2022.2	结构施工
12	混凝土厚度测定仪		个	1	国产	2015	2022.2	结构施工
13	混凝土试模	100 mm × 100 mm × 100 mm	个	25	国产	2015	2022.2	支护施工、结构施工
14	砂浆试模	70.7 mm × 70.7 mm × 0.07 mm	个	25	国产	2015	2022.2	结构施工
15	抗渗试模	175 mm × 185 mm × 100 mm	个	25	国产	2015	2022.2	结构施工

序号	仪器设备	型号规格	单位	数量	国别产地	制造年份	进场时间	备注
16	坍落度筒		个	3	国产	2016	2022.2	支护施工、结构施工
17	环刀		把	3	国产	2016	2022.2	结构施工
18	检查测力扳手	200 kN	把	2	国产	2015	2022.2	结构施工
19	工程检测尺		把	2	国产	2015	2022.2	装修施工
20	试验室内温室控制仪		台	1	国产	2015	2022.2	支护施工、结构施工、装修施工
21	混凝土振动台	HZJ-A	台	1	国产	2014	2022.2	支护施工、结构施工、装修施工
22	磅秤		台	1	中国	2013	2022.2	钢筋称重、混凝土称重

现场采用物料现场验收系统对重点物料进行实时管控。通过智能验收、动态管控、自动核算的物料管理平台，实现作业精细、管控集约、决策智能、钢筋点根、物料追踪的闭环物料管理，实现物料数据全链条流转、追溯。物料智能化管理示意图见图5-2-1。

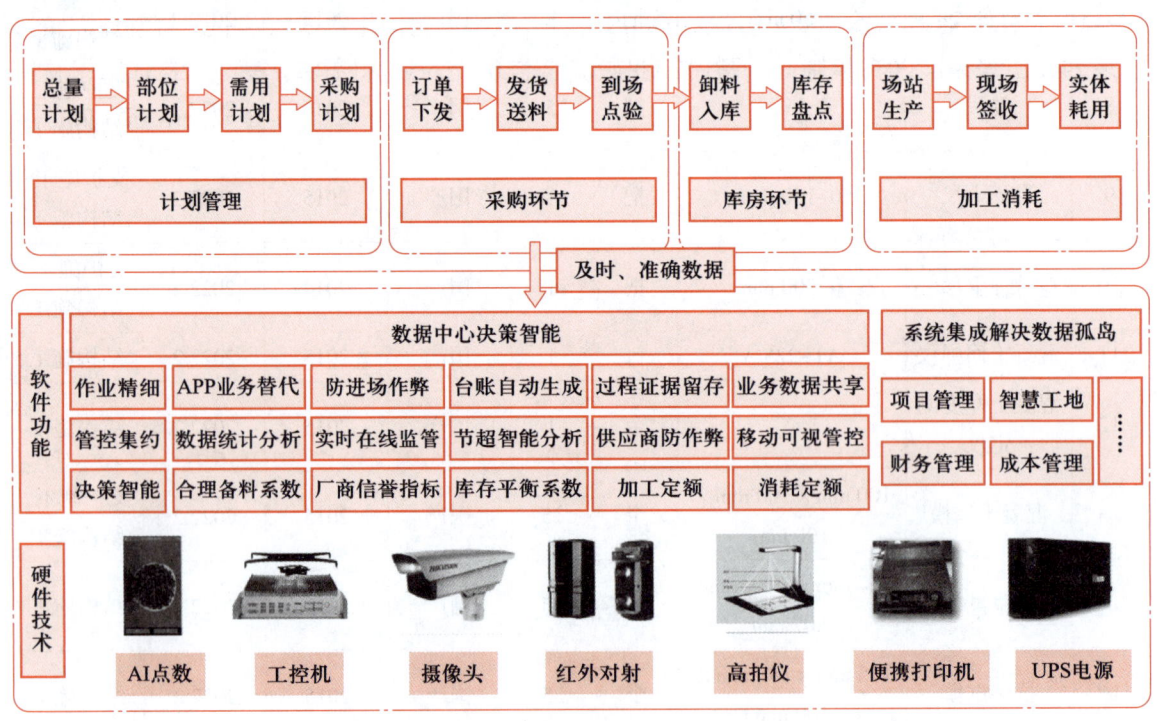

图 5-2-1　物料智能化管理示意图

【学习自测】

一、单项选择题

1. 在施工组织中,编制资源配置计划的直接依据是( )。

A. 工程量清单   B. 施工进度计划

C. 施工图   D. 市场供应情况

2. 以下不属于资源配置计划内容的是( )。

A. 技术准备   B. 劳动力配置计划

C. 主要材料、成品、半成品配置计划   D. 施工机具、机械配置计划

3. ( )是控制劳动力平衡、调配的主要依据。

A. 成品、半成品配置计划   B. 劳动力配置计划

C. 主要材料配置计划   D. 施工机具、机械配置计划

二、思考题

1. 资源配置计划包含哪些方面?

2. 劳动力配置计划如何编制?

模块六
编制施工方案

【学习目标】

知识目标:

1. 掌握主要分部（分项）工程施工方案的编制内容及编制要点。

2. 熟练应用 BIM 技术软件进行施工方案的编制。

能力目标:

1. 能根据给定条件完成主要分部（分项）工程施工方案的编制。

2. 能应用 BIM 技术软件优化模板脚手架专项施工方案的编制。

素养目标:

1. 具有规范、创新、主次意识。

2. 培养终身学习理念。

模块六
编制施工方案

任务1　主要分部(分项)
工程施工方案的编制

一、施工方案概述

二、施工方案的编制内容

三、施工方案的编制技巧

任务2　BIM脚手架模板
专项施工方案的编制

一、基本概述

二、BIM技术应用

任务 1　主要分部（分项）工程施工方案的编制

【任务引入】

根据给定的楚雄职教办公楼工程项目相关资料，编制主要分部（分项）工程施工方案。

【知识链接】

1. 施工方案概述

施工方案是以分部（分项）工程或专项工程为主要对象编制的施工技术与组织方案，用以具体指导施工过程。其中，技术方案是指根据施工对象的特征、施工进度要求、资源配置能力优选施工方法。组织方案是指根据合同约定编制进度计划、配置各类生产要素。

施工方案
概述

施工方案包括下列 3 种情况：

① 专业承包公司独立承包（分包）项目中的分部（分项）工程或专项工程所编制的施工方案。

② 作为单位工程施工组织设计的补充，由总承包单位编制的分部（分项）工程或专项工程施工方案。

③ 按规范要求单独编制的强制性施工方案。

《建设工程安全生产管理条例》（国务院令〔2003〕第 393 号）第二十六条规定，对下列达到一定规模的危险性较大的分部（分项）工程编制专项施工方案，并附具安全验算结果，经施工单位技术负责人、总监理工程师签字后实施，由专职安全生产管理人员进行现场监督：

① 基坑支护与降水工程。

② 土方开挖工程。

③ 模板工程。

④ 起重吊装工程。

⑤ 脚手架工程。

⑥ 拆除、爆破工程。

⑦ 国务院建设行政主管部门或其他有关部门规定的其他危险性较大的工程。

对涉及高层脚手架、起重吊装工程的专项施工方案，施工单位应当组织专家进行论证、审查。除上述《建设工程安全生产管理条例》中规定的分部（分项）工程外，施工单位还应根据项目特点和地方政府部门有关规定，对具有一定规模的重点、难点分部（分项）工程进行相关论证。

2. 施工方案的编制内容

施工方案的编制内容包括工程概况、施工安排、施工进度计划、施工准备与资源配置计划、施工方法及工艺要求等。

施工方案
的编制内
容和方法

（1）工程概况

工程概况应包括工程主要情况、设计简介和工程施工条件等。

1）工程主要情况

工程主要情况应包括分部（分项）工程或专项工程名称，工程参建单位的相关情况，工程的施工范围，施工合同、招标文件或总承包单位对工程施工的重点要求等。

2）设计简介

设计简介应主要介绍施工范围内的工程设计内容和相关要求。

3）工程施工条件

工程施工条件应重点说明与分部（分项）工程或专项工程相关的内容。

（2）施工安排

施工安排应包括工程施工目标、工程施工顺序及施工流水段、工程的重点和难点、工程管理的组织机构及岗位职责。

1）工程施工目标

工程施工目标包括进度目标、质量目标、安全目标、环境目标和成本目标等，各项目标应满足施工合同、招标文件和总承包单位对工程施工的要求。

2）工程施工顺序及施工流水段

工程施工顺序及施工流水段应在施工安排中确定。

3）工程的重点和难点

针对工程的重点和难点，进行施工安排并简述主要管理和技术措施。

4）工程管理的组织机构及岗位职责

工程管理的组织机构及岗位职责应在施工安排中确定，并应符合总承包单位的要求。根据分部（分项）工程或专项工程的规模、特点、复杂程度、目标控制和总承包单位的要求设置项目管理机构，需确保各种专业人员配备齐全，并完善项目管理网络，建立健全岗位责任制。

（3）施工进度计划

施工进度计划应当符合以下要求：

① 分部（分项）工程或专项工程施工进度计划应按照施工安排，并结合总承包单位的工程进度计划进行编制。

② 施工进度计划的编制应内容全面、安排合理、科学实用，在进度计划中应反映出各施工段或各工序之间的搭接关系、施工期限、开始时间、结束时间。

③ 施工进度计划应能体现落实总体进度计划的目标控制要求，通过编制分部（分项）工程或专项工程进度计划进而体现总进度计划的合理性。

④ 施工进度计划可采用网络图或横道图表示，并附必要说明。

（4）施工准备与资源配置计划

1）施工准备计划

施工方案中的施工准备计划，针对的是分部（分项）工程或专项工程，在施工准备阶段除了要完成本项工程的施工准备外，还需注重与前后工序的相互衔接。

施工准备计划应包括下列内容：

① 技术准备计划。包括施工所需技术资料的准备计划，图纸深化和技术交底的计划，试验、检验工作计划，样板制作计划以及与相关单位的技术交接计划等。

② 现场准备计划。包括生产、生活等临时设施的准备计划以及与相关单位进行现场交接的计划等。

③ 资金准备计划。包括资金使用计划等。

2）资源配置计划

资源配置计划应包括下列内容：

① 劳动力配置计划。确定工程用工量，并编制专业工种劳动力计划表。

② 物资配置计划。物资配置计划包括工程材料和设备配置计划，周转材料和施工机具配置计划以及计量、测量和检验仪器配置计划等。

（5）施工方法及工艺要求

施工方法及工艺要求应符合以下规定：

① 明确分部（分项）工程或专项工程施工方法并进行必要的技术核算，对主要分项工程（工序）明确施工工艺要求。施工方法是工程施工期间所采用的技术方案、工艺流程、组织措施、检验手段等，它直接影响施工进度、质量、安全以及工程成本。其内容应比施工组织总设计和单位工程施工组织设计的相关内容更细化。

② 对易发生质量通病、易出现安全问题、施工难度大、技术含量高的分项工程（工序）等应做出重点说明。

③ 对开发和使用的新技术、新工艺以及采用的新材料、新设备应通过必要的试验或论证并制订计划。对于工程中推广应用的新技术、新工艺、新材料和新设备，可以采用目前国家和地方推广的项目，也可以根据工程具体情况由企业创新；对于企业创新的技术和工艺，要制订理论和试验研究实施方案，并组织鉴定评价。

④ 对季节性施工应提出具体要求。根据施工地点的实际气候特点，提出具有针对性的施工措施。在施工过程中，还应根据气象部门的预报资料，对具体措施进行细化。

3. 施工方案的编制技巧

（1）分部分项工程施工安排

分部（分项）工程施工安排是指确定各分部（分项）工程施工的先后逻辑顺序，同时，还需要考虑各工种在时间和空间上的衔接关系。

确定施工顺序的目的是按照施工的逻辑顺序组织各施工作业队平行、搭接、穿插施工，提高劳动生产率，确定施工顺序的原则如下：

① 符合施工工艺的要求。

② 与施工方法协调一致。

③ 施工组织决定施工顺序。

④ 考虑成品保护的要求。

⑤ 考虑当地气候条件。

⑥ 考虑安全施工的要求。

确定分部（分项）工程的施工顺序是一个综合分析的过程，需要认真分析每一个分部（分项）工程的施工特点和逻辑关系，针对性地确定符合工艺要求的施工顺序。现浇框架结构和装配式剪力墙结构施工顺序对比见表 6-1-1。

表 6-1-1　现浇框架结构和装配式剪力墙结构施工顺序对比

工程分部	现浇框架结构	装配式剪力墙结构
基础工程	基础工程一般包括 ±0.000 以下的所有工程。这些工程的施工顺序为： 放线→挖土（若基础开挖深度较大、地下水位较高，则在挖土前尚应进行降排水及基坑支护工作）→清除地下障碍物→验槽→处理软弱地基（需要时）→垫层→地下室底板防水施工（需要时）→基础施工（钢筋混凝土基础施工，包括绑扎钢筋→支模板→浇筑混凝土→养护→拆模板）→一次回填土→地下室外墙施工→外墙防水施工→二次回填土	
主体结构	现浇框架结构主体结构的施工顺序为： 测量放线→绑扎柱钢筋→支设柱模板→浇筑柱混凝土→支设梁、板模板→绑扎梁、板钢筋→浇筑梁、板混凝土	装配式剪力墙结构主体结构的施工顺序为： 测量放线→墙板底部坐浆→墙板安装（内墙板或外墙板）→固定斜支撑→微调墙板位置→注浆→确定叠合板与楼梯支撑标高与位置→安装楼梯与叠合板→微调支撑→安装空调板
二次结构	二次结构包括砌体工程、浇筑圈梁构造柱、门窗框安装、水电预埋预留安装。 二次结构的工作面比较分散，施工顺序不固定。砌体工程包括搭设砌筑用脚手架、砌筑等分项工程，不同的分项工程之间可组织平行、搭接、立体交叉流水施工，脚手架应配合砌筑工程搭设；浇筑圈梁构造柱随砌体结构同步进行；门窗框安装、水电预埋预留安装必须在砌体结构完成后，主体验收前完成。对于高层建筑，可以考虑全工序穿插施工流水的施工顺序及时插入二次结构的施工	
屋面工程	屋面工程在主体结构完成后开始，并应尽快完成，为顺利进行室内装饰工程创造条件。屋面工程目前大多数采用卷材防水屋面，其施工顺序按屋面构造的层次，由下向上逐层施工，一般顺序为：隔气层→保温层→找坡→找平层→涂刷基层处理剂→细部的加强层（例如，突出屋面设施的根部、排气道、分隔缝等）→卷材防水层→保护层	
安装工程	（1）电、暖、卫、燃气等安装工程需与土建工程中有关分部（分项）工程交叉施工。 ① 在基础施工时，应将上、下水管沟和暖气管沟的垫层、沟壁做好后再回填土。不具备条件时应预留位置。	

工程分部	现浇框架结构	装配式剪力墙结构
安装工程	② 在主体结构施工时，应在砌墙和现浇钢筋混凝土的同时，预留上、下水，燃气，暖气及配电箱等设备的孔洞，预埋电线管、接线盒及其他预埋件。 ③ 在装饰工程施工前，应完成各种管道、水暖、卫的预埋件和设备箱体的安装等，应敷设好电气照明的墙内暗管、接线盒及电线管的穿线。 ④ 室外上、下水，暖气，燃气等管道工程可安排在基础工程之前或主体结构完工之后进行。 （2）生产设备安装的专业性强、技术要求高，一般由专业公司分包安装（工业厂房）	
装饰工程	内外墙抹灰、勾缝→安门窗刷→楼、地面饰面→顶、墙面饰面喷浆→门窗油漆→玻璃安装→勒脚、散水。装饰工程的工作面比较多，没有严格的顺序要求，但应考虑各装饰成品保护问题。 （1）主体结构工程与装饰工程的施工顺序关系。一般是先完成主体结构，后进行装饰施工，对于高层建筑及工期要求紧的工程，可以考虑穿插施工，但在空间上工序交叉较多，质量控制及成品保护问题比较突出。 （2）室内与室外装饰工程的先后顺序关系。室内与室外装饰工程的先后顺序与施工条件和气候条件有关，可以先室外后室内，也可以先室内后室外或室外室内同时平行施工，但由于脚手架拉墙杆的脚手眼需要填补，所以同一层需要先做完室外墙面装饰后再做室内墙面装饰。 （3）顶棚、墙面与楼地面抹灰的顺序关系。在同一层内抹灰工作不宜交叉进行，顶棚、墙面与楼地面抹灰的顺序可灵活安排，一般有两种方式：① 楼地面抹灰→顶棚抹灰→墙面抹灰；② 顶棚抹灰→墙面抹灰→楼地面抹灰。第①种方法，先楼地面后顶棚、墙面，有利于收集落地灰以节约材料，但顶棚、墙面抹灰用脚手架易损坏地面，成品保护问题突出；第②种方法，先顶棚、墙面后楼地面，则必须将结构层上的落地灰清扫干净再做楼地面，以保证楼地面面层的质量。另外，为了保证和提高施工质量，楼梯间的抹灰和踏步抹面通常在其他抹灰工作完工以后，自上而下进行，内墙涂料必须待顶棚、墙面抹灰干燥后方可进行。 （4）室内精装饰工程的施工顺序。室内精装饰工程的施工顺序一般为：砌隔墙→安装门窗框→房间防水施工→楼地面垫层施工→天棚抹灰→墙面抹灰→楼梯间及踏步抹灰→墙、地铺贴饰面砖→安门窗扇→木装饰→天棚、墙体涂料→木制品油漆→铺装木地板→检查整修	

（2）施工流向的确定

1）水平施工流向

建筑工程在组织流水施工时，应根据工程特点、工程性质和施工条件组织流水施工。

① 基础阶段：少分段或不分段，当结构平面较大时，可结合沉降缝分段。

② 主体阶段：以板式建筑为例，一个单元为一段；一个单元的楼栋，平面内不分段，可以进行栋间流水。

③ 屋面阶段：一般不分段，有错层或伸缩缝时，按界分段。

④ 装饰阶段：分为内装饰和外装饰，内装饰一般按自然楼层、自然单元划分施工段；外装饰一般不分段，对于超高层或者工期紧的工程，可以在竖向划分施工段，结合主体进度，在中间楼层穿插外墙装饰施工，这种组织方式的关键是成品保护。

2）垂直施工流向

当采用提前穿插施工时，就需要在竖向划分若干施工层，施工层穿插的起止位置应与主体结构施工工作面、裙房施工工作面之间设置不低于两个自然楼层的隔离，上隔离层用于止水，下隔离层用于成品保护，目的是防止成品受到污染或破坏，同时需要考虑垂直运输通道的分界、隔离、保护问题。垂直施工流向的优点是可以和主体结构工程进行交叉施工，缩短工期，其缺点是工序交叉多，需要考虑施工用水渗漏和雨水问题。

（3）施工方法和施工机械的选择

施工方法和施工机械的选择主要根据工程建筑结构特点、质量要求、工期长短、资源供应条件、现场施工条件、施工单位的技术装备水平和管理水平等因素综合考虑。

1）施工方法的选择

施工方法的选择需满足以下基本要求：

① 以主要分部（分项）工程（工序）为主。

② 满足施工组织要求。

③ 工艺及技术可行。

④ 能够提高工业化、机械化。

⑤ 多方案对比，择优选择（先进、合理、可行、经济、工期、质量、成本、安全）。

2）施工机械的选择

施工机械的选择原则如下：

① 选择主导工程的施工机械。

② 辅助机械与主导机械配套。

③ 减少施工机械的种类和型号。

④ 多方案经济分析。

在建筑工程施工中，垂直运输设备的选型、空间规划、平面布置、吊运计划直接关系到施工进度和施工成本。常用的垂直运输设备有塔式起重机（以下简称塔机）、施工升降机、混凝土输送泵等。塔式起重机、混凝土输送泵是主体结构施工中主要的垂直运输设备。高层建筑纯质运输设施常用配套方案见表 6-1-2。

表 6-1-2　高层建筑纯质运输设施常用配套方案

序号	配套方案	功能配合	优缺点	适用情况
1	施工电梯 + 塔机	塔机承担吊装和运送模板、钢筋、混凝土；施工电梯运送人员和零星材料	优点：直供范围大，综合服务能力强，易调节安排； 缺点：集中运送混凝土的效率不高，受大风影响	吊装量较大、现浇混凝土量适应塔式起重机能力
2	施工电梯 + 塔机 + 混凝土输送泵、布料杆	混凝土输送泵和布料杆输送混凝土；塔机承担吊装和大件材料运输；施工电梯运送人员和零星材料	优点：直供范围大，综合服务能力强，供应能力大，易调节安排； 缺点：投资大，费用高	工期紧，工程量大的超高层的结构施工阶段

序号	配套方案	功能配合	优缺点	适用情况
3	施工电梯＋高层井架＋塔机	施工电梯运送人员、零星材料；井架运送大宗材料；塔机吊装和运送大件材料	优点：直供范围大，综合服务能力强，易调节安排，结构完成后可拆除塔机； 缺点：可能出现设备能力利用不足情况	吊装和现浇量较大的工程
4	施工电梯＋塔机＋塔架	以塔架取代井架，功能配合同3	同3，但塔架为可带混凝土斗的物料专用电梯，性能优于高层井架，费用也较高	吊装和现浇量较大的工程

⚛ 【任务实施】

楚雄职教办公楼工程项目主要分部（分项）工程有测量工程，基坑降水、支护、土方开挖工程，钎探、验槽、垫层、回填土工程，模板工程，混凝土工程，砌体工程，钢筋工程，脚手架工程，防水工程，装饰装修工程，钢结构安装工程，装配式结构安装工程，机电安装工程等。下面仅介绍基坑降水、支护、土方开挖工程，混凝土工程，钢筋工程，装配式结构安装工程的施工方案。

第一步　编制基坑降水、支护、土方开挖工程施工方案

（1）基坑降水

根据楚雄职教办公楼工程项目岩土工程勘察报告，勘察期间20 m钻探深度内未遇见地下水。所以，该工程不考虑降水施工，但基坑土方开挖和地下结构施工期间需注意做好层间滞水和大气降水的排水施工。

（2）基坑支护

①护坡桩施工。

该工程护坡桩施工采用旋挖钻机泥浆护壁施工工艺，其施工工艺流程为：放桩位线→制作钢筋笼→埋设护筒→钻机就位→成孔→下插钢筋笼→灌注混凝土→养护。

②锚杆施工。

锚杆施工采用干成孔锚杆施工工序，其工艺流程为：螺旋钻成孔→钻机就位→校正孔位、调整角度→钻孔至设计孔深→拔出钻杆→插放钢绞线束及注浆管→压注水泥浆→注补浆2～3次→养护→安装钢腰梁及锚头→预应力张拉→锁定。

③桩顶连梁施工。

桩顶连梁施工工艺流程为：清理桩顶土方→剔凿桩头→绑扎钢筋→支模板→清理桩头浮土→自检→监理验收→浇筑混凝土→养护。

④桩间护壁施工。

人工将桩间土清理平整，在桩间土上铺挂40 mm×40 mm的钢板网片，并插入φ6.5竖向压

筋，在桩体上插入间距为 1 500 mm 的 φ16 钢筋进行固定，喷射 C20 混凝土，厚度一般为 50 mm。

施工中如遇滞水层，采取如下处理方法：在局部滞水丰富处插入导流管引流，将导流管上打孔并套上过滤用尼龙网，然后喷射混凝土。

（3）土方开挖

在基坑开挖过程中，充分利用"时空效应"理论，采取"分块开挖、分层开挖、平面和空间对称、留土护壁、限时挖土、及时支护"的开挖原则进行土方施工。同时将挖土作业与锚杆施工紧密联系，相互穿插施工，减少无支护暴露时间，以保证基坑的安全。

土方机械、运土车辆情况如表 6-1-3 所示。

表 6-1-3　土方机械、运土车辆情况

序号	机械或设备名称	型号规格	单位	数量	工期	备注
1	挖掘机	PC300	台	6	2023 年 1 月 10 日至 2 月 15 日	
2	挖掘机	小松 PC60-7	台	3	2023 年 1 月 10 日至 2 月 15 日	
3	铲车	—	辆	1	2023 年 1 月 10 日至 2 月 15 日	
4	土方运输车	欧曼、斯太尔、泰托拉	辆	40	2023 年 1 月 10 日至 2 月 15 日	土方开挖

选择土方机械和运土车的性能、型号、数量、作业时间和工期，确定挖土方向、坡道留置位置、每步开挖深度、开挖步数及挖土与护坡、锚杆、工程桩等工序的穿插配合，每步开挖都应根据基坑护坡的工况计算变形情况，以此确定开挖深度。

（4）基坑监测

设置深基坑支护变形监测系统，通过投入式水位计、轴力计、全自动全站仪、固定测斜仪等智能传感设备，实时监测基坑开挖阶段、支护施工阶段、地下建筑施工阶段及竣工后周边相邻建筑物、附属设施的稳定情况，包括地下水位监测、支承应力监测、水平位移监测等。基坑监测承担着对现场监测数据采集、复核、汇总、整理、分析与数据传送的职责，并对超警戒数据进行报警，为设计、施工提供可靠的数据支持。基坑监测示意图见图 6-1-1。

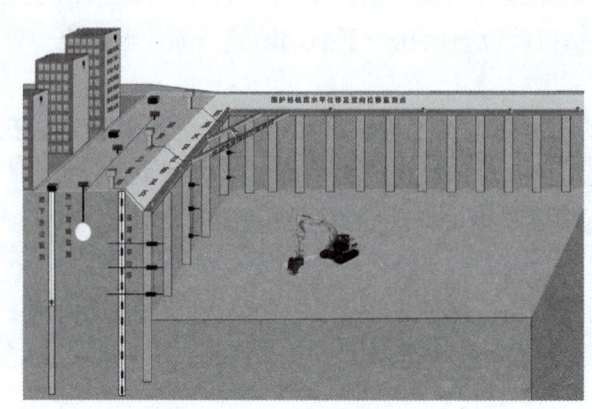

图 6-1-1　基坑监测示意图

BIM5D+智慧工地数据决策系统为全天候在线监测提供了条件,将获取监测结果的时效性大幅提高,在响应时间上真正做到为施工安全保驾护航。

第二步　编制混凝土工程施工方案

该工程基础泵送混凝土分布情况见表6-1-4,结构(除基础)泵送混凝土分布情况见表6-1-5。

表6-1-4　基础泵送混凝土分布情况

序号	部位	垫层	基础底板	基础地梁
—	基础	C15	C30	C30

表6-1-5　结构(除基础)泵送混凝土分布情况

序号	部位	柱	剪力墙及连梁、核心筒及连梁	地下室外墙	梁、楼板	楼梯(梁、板、柱)	最大泵送高度/m
1	地下室	C30	C30	C30	C30	C30	-0.15
2	一层至五层	C30	C30	—	C30	C30	20.4

(1)混凝土搅拌站的选择和要求

混凝土采用预拌混凝土,应选用两家信誉好、技术力量强、生产能力有保障的大型搅拌站作为该工程的混凝土主供应商,同时选两家搅拌站作为候选,其与主供应商使用同一配合比来供应混凝土。

为保证混凝土及时供应,混凝土浇筑前由搅拌站对混凝土罐车司机进行详细路线交底,预先选择多条交通路线。当罐车在某条线路中遇到交通堵塞时,需及时与搅拌站联系,使后续车辆绕道行驶或采用备用路线。每台混凝土输送泵至少有一辆罐车等待进行浇筑,现场与搅拌站必须保持密切联系,及时处理突发情况。

(2)混凝土的运输

场外混凝土运输采用搅拌运输车运输到施工现场。在运输过程中,需采取缓凝措施和考虑途中失水的情况,以确保混凝土浇筑过程连续和正常进行,避免在施工过程出现冷缝。当混凝土送到浇筑地点,如混凝土拌和物出现离析或分层现象,应对其进行二次搅拌,严禁在工地临时加水。同时,应对混凝土的稠度检测,所测稠度应符合施工要求及有关标准的规定。

(3)混凝土的浇筑与振捣

混凝土浇筑主要采用混凝土地泵、布料杆及汽车泵进行,同时辅以塔吊进行配合。

混凝土泵送施工时,实行统一指挥和调度,用无线通信设备进行混凝土地泵、搅拌运输车与浇筑地点的联络,把握好浇筑与泵送的时间。派专人前往混凝土搅拌站进行协调,并记录罐车出场时间,保证混凝土施工的顺利进行。

混凝土浇筑前保证所有隐检、预检、机电预埋都已经完成并通过监理验收，同时所有机具设备都已经准备妥当，现场交通状况良好，符合浇筑要求。

① 墙、柱混凝土浇筑。

墙体混凝土采用地泵和汽车泵浇筑，在汽车泵范围内优先采用汽车泵；柱混凝土采用地泵、塔吊浇筑，主要以地泵为主，在塔吊覆盖范围且地泵浇筑不便时采用塔吊。

a. 墙、柱混凝土浇筑时，严格控制下灰厚度及混凝土振捣时间，杜绝蜂窝、孔洞。每层混凝土的浇筑厚度不得超过 50 mm，分层浇筑混凝土时应注意上层混凝土的振捣要在下层混凝土初凝之前进行，振捣时要插入下层混凝土 50 mm 左右。

b. 墙体较高时，混凝土振捣采用赶浆法，以保证新、老混凝土接茬部位黏结良好。柱混凝土浇筑时，要加强柱根部混凝土振捣，防止漏振造成根部结合不良。墙、柱在梁底部位的水平施工缝的标高要准确，不得超高。

c. 为了避免发生离析现象，混凝土自高处倾落时，其自由倾落高度不宜超过 3 m，如高度超过 3 m，应设置串筒、斜槽、溜管或振动溜管。为了保证混凝土结构良好的整体性，混凝土应连续浇筑，不留或少留施工缝，如必须留置间隙时，间隙时间应尽量缩短，并应在上一层混凝土初凝前将次层混凝土浇筑完毕。

d. 浇筑墙、柱时为避免墙、柱脚出现蜂窝现象，在底部先铺一层 30 mm 厚的同标号混凝土去石子水泥砂浆，以保证接缝质量。

e. 墙体混凝土浇筑完毕后，将上口的钢筋加以整理，并按标高线为准将墙体上口表面的混凝土找平。墙体浇筑高度比顶板下皮高出 20～30 mm，支完顶板模板后将墙体上口表面的浮浆剔除，并清理干净。

② 梁、板混凝土浇筑。

梁、板混凝土采用地泵进行浇筑，配合采用布料杆。

a. 泵管垂直架设时，应尽量利用楼内的楼板洞或楼梯间、电梯井等结构。泵管水平铺设时，应将其架设于马凳上，泵管接头处必须铺设两块多层板，防止堵管时，管内的混凝土直接倒在顶板上，难以清除。

b. 楼板板面抄测标高。用短钢筋焊在板筋上，短钢筋上涂红油漆或粘贴红胶带，以标明高度位置，短钢筋的纵横间距不大于 3 m，浇筑混凝土时，拉线控制混凝土高度，并用刮板找平。

c. 混凝土应采用机械振捣成型，插入式振捣器应快插慢拔，插点要排列均匀，逐点移动，按顺序进行，不得遗漏，移动间距为 30～40 cm。

d. 混凝土浇筑过程中应经常观察模板、钢筋、预留孔洞、预埋件和插筋等是否移动、变形或堵塞，一旦发现问题及时处理，并应在混凝土初凝前完成修整和局部补振工作。

e. 柱头、梁端钢筋密集，下料困难，浇筑混凝土应离开梁端下料，用振捣棒将混凝土送至端部和柱头。对此部位采用小直径振捣棒仔细振捣，保证做到不漏振、不过振，振捣棒不得触动钢筋和预埋件。振捣后用钢叉片检查梁端及柱头混凝土是否密实，不密实处应人工叉捣到密实。

f. 梁、板混凝土浇筑时应从一端开始，用赶浆法连续向前进行。

g. 梁、板混凝土浇筑时，混凝土的虚铺厚度可略大于板厚，但是不应超过 50 mm。板混凝土应用平板振动器进行振捣，不允许用振捣棒铺摊，必须用铁扒将泵管口处堆积混凝土及时扒开、摊平。

h. 混凝土泵管必须用马凳支撑，不得直接放在钢筋上，浇筑完混凝土后，应及时将马凳移走并用振捣棒补振密实。

i. 混凝土振捣完毕后，应用刮板及时刮平。待混凝土初凝后用木抹子搓毛、压实两遍，以消除表面微裂缝。同时将柱插筋上污染的水泥浆清除干净，并在混凝土初凝后至终凝前，清除柱根混凝土表面的浮浆、划毛。

j. 在养护工序中，应加强混凝土早期湿养护，使其处于有利于硬化及强度增长的温度和湿度环境中，使硬化后的混凝土具有必要的强度和耐久性。

k. 混凝土浇筑过程中，设专人在模板下巡视，如果有顶板、梁沉陷严重或坍塌现象发生时，看模人员必须马上通知相关管理人员，并根据现场情况采取支顶措施。现场应配备不少于 5 人的模板看护人员。

（4）混凝土的养护

① 墙体混凝土采用浇水养护方式，浇水次数以保证混凝土墙面呈潮湿状态为准。

② 框架柱混凝土浇筑完成后刷养护剂，并包裹塑料布进行养护。

③ 梁、板采用浇水养护方式。

④ 普通混凝土的养护时间为 7 天，抗渗混凝土的养护时间为 14 天。

⑤ 夏季高温天气应采取必要的措施防止新浇筑的混凝土受到阳光暴晒，应增加浇水次数并保证表面湿润，同时用塑料布覆盖严密，并保持塑料布内有凝结水，严防混凝土裂纹的出现。

（5）混凝土结构实体验收

① 混凝土强度。

a. 同条件养护试件所对应的结构构件或结构部位，由监理（建设）单位、施工单位等各方共同选定；混凝土结构工程中的各混凝土强度等级，均应留置同条件养护试件；同一强度等级的同条件养护试件，其留置的数量应根据混凝土工程量和重要性确定，不宜少于 10 组，且不应少于 3 组。每连续两层楼取样不应少于 1 组；每 2 000 m³ 取样不得少于 1 组。同条件养护试件拆模后，应放置在靠近相应结构构件或结构部位的适当位置，并采取相同的养护方法。

b. 混凝土强度检验时的等效养护龄期，按混凝土实体强度与在标准养护条件下 28 d 龄期强度相等的原则确定，应在达到等效养护龄期后进行混凝土强度实体检验，取日平均温度逐日累计不小于 600 ℃·d 对应的龄期。等效养护龄期可按以下规定确定：

- 对于日平均温度，当无实测值时，可采用当地天气预报的最高温、最低温的平均值。

- 采用同条件养护试件法检验结构实体混凝土强度时，实际操作宜取日平均温度逐日累计达到 560～640 ℃·d 时所对应的龄期。对于确定等效养护龄期的最小规定日期 14 d，不再规定上限。

- 对于设计规定标准养护试件验收龄期大于 28 d 的大体积混凝土，混凝土实体强度检验的等效养护龄期也应相应按比例延长，如规定龄期为 60 d 时，则等效养护龄期的日平均温度逐日累积为 1 200 ℃·d。

● 冬期施工时，同条件养护试件的养护条件、养护温度应与结构构件相同，计算等效养护龄期时，温度可以取结构构件的实际养护温度，也可以根据结构构件的实际养护条件，按照同条件养护试件强度与在标准养护条件下 28 d 龄期试件强度相等的原则由监理（建设）单位、施工单位等各方共同确定。

② 钢筋保护层厚度。

a. 钢筋保护层厚度检验的结构部位，由监理（建设）单位、施工单位等各方根据结构构件的重要性共同选定。

b. 对非悬挑梁板类构件，应各抽取构件数量的 2% 进行检验，且抽取数量不少于 5 个构件。

c. 对悬挑梁，应抽取构件数量的 5% 进行检验，且抽取数量不少于 10 个构件；当悬挑梁数量少于 10 个时，应全数检验。

d. 对悬挑板，应抽取构件数量的 10% 进行检验，且抽取数量不少于 20 个构件；当悬挑板数量少于 20 个时，应全数检验。

e. 梁、板类构件，应各抽取构件数量的 2% 进行检验，且抽取数量不少于 5 个构件；当有悬挑构件时，抽取的构件中悬挑梁、板构件所占比例不宜小于 50%。

第三步　编制钢筋工程施工方案

（1）钢筋工程概况

该工程采用 HPB300（φ）、HRB400（Φ）两种规格的钢筋，结构主要部位钢筋规格见表 6-1-6。电梯、预制钢构件等的吊钩采用 HPB300 热轧光圆钢筋；吊钩、吊环不得采用冷加工钢筋。除楼板外，钢筋均采用抗震钢筋，即 HPB300E、HRB400E 等。预埋件钢材和焊条，钢材采用 Q235B 碳素结构钢和 Q345B 低合金高强度结构钢，预制对应的焊条采用 E43 系列焊条和 E50 系列焊条。

表 6-1-6　结构主要部位钢筋规格

主要部位		钢筋规格
柱	主筋	Φ25、Φ28、Φ22、Φ36
	箍筋	Φ10、Φ12
墙体	竖筋	Φ14、Φ16、Φ20
	水平筋	Φ12、Φ20
	拉筋	φ6、φ8
梁	主筋	Φ25
	腰筋	Φ12、Φ14
	箍筋	Φ10
楼板		Φ10、Φ12

（2）钢筋采购与报验

① 原材料供应。

为保证该工程钢筋材料的及时供应，供应厂家依据业主的相关要求进行选择，主要考虑的厂家为首钢、唐钢、邯钢、宣钢、或同等规模的大型国营品牌。

② 钢筋加工场地准备。

鉴于施工现场的场地环境，该工程采用分散式布局设置钢筋加工厂，基本保证每个塔吊的独自覆盖范围内有独立的钢筋存放及加工场地。材料堆放场区域的地面采用 50 mm 厚 C20 混凝土进行硬化处理。因此应根据工程进度计划，提前制定钢筋的加工、运输计划，并提交相应责任师进行审核。钢筋加工计划要细致准确，型号、规格、数量要齐全，严格按计划分批进场，以保证施工所需钢筋的供应。钢筋进场由专人负责统一调度，对施工现场进行合理划分与使用，提高现场利用率。钢筋施工时按需要的钢筋数量、规格加工后，尽量直接吊运至作业面，不能直接上作业面的钢筋在场边临时堆放，存放时间不宜过长，随用随吊，尽量减少现场材料存放。

③ 钢筋材料试验。

钢筋材料进场后，严格按相关规范进行取样检验。钢筋材料入场流程见图 6-1-2。

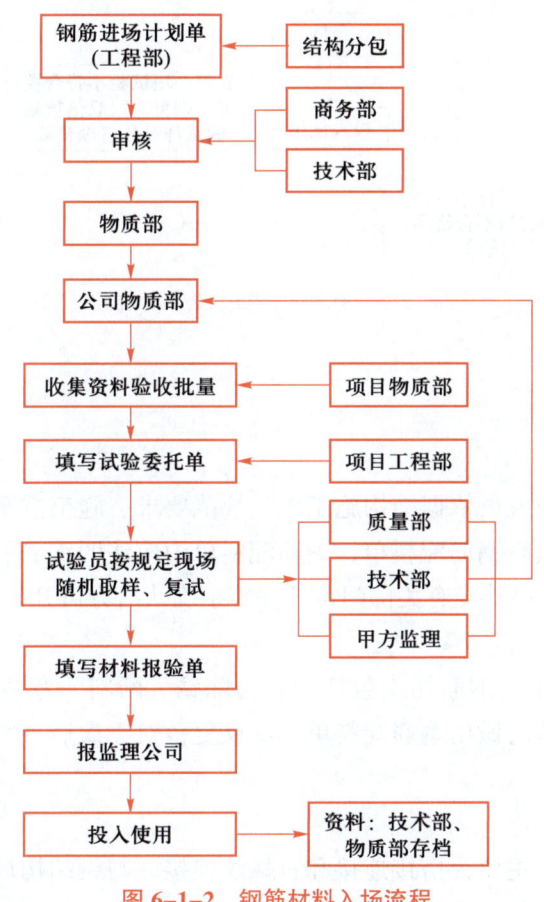

图 6-1-2　钢筋材料入场流程

a. 钢筋外观检查：钢筋表面不得有裂纹、折叠、结疤、耳子及夹渣等缺陷。盘条钢筋允许有压痕及局部的凸块、凹块、划痕、麻面，但其深度或高度（从实际尺寸算起）不得大于0.2 mm。带肋钢筋表面凸块的高度不得超过横肋高度。钢筋表面其他缺陷的深度和高度不得大于所在部位尺寸的允许偏差。

b. 复试要求：钢筋进入加工或施工现场时须按炉罐（批）号及直径进行分批检验；检验内容包括核对标志、外观检查，并按现行国家有关标准的规定抽取试样做力学性能试验，合格的钢筋方能使用。在钢筋的加工过程中如发现钢筋脆断、焊接性能不良或力学性能显著不正常时，须立即停止使用，并进行化学成分分析，经"技术部"确认合格后才能继续使用。钢筋力学性能检测示意图见图6-1-3。

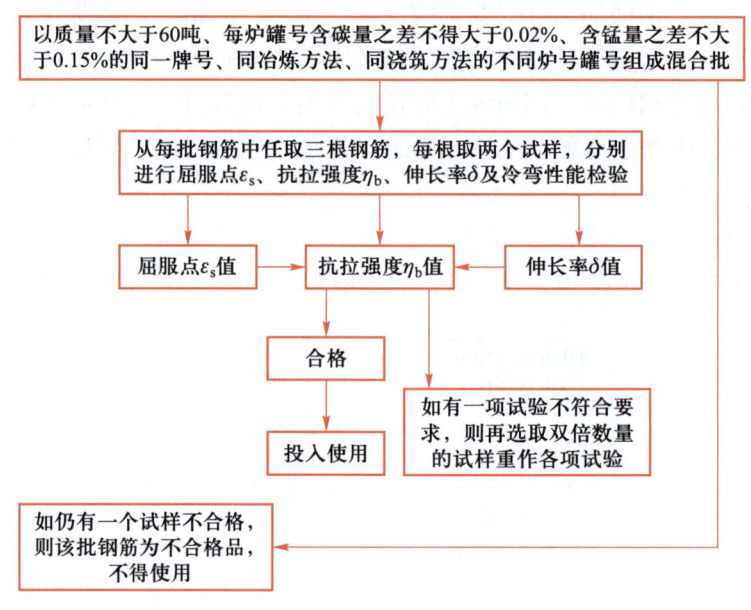

图 6-1-3　钢筋力学性能检测示意图

（3）钢筋交工与连接

① 施工放样。

钢筋加工前，由配筋人员依据结构施工图、规范要求、施工方案及有关洽商对各种构件的每种规格钢筋放样并填写钢筋配料单，钢筋配料单中应注明钢筋的规格、形状、长度、数量、应用部位等。钢筋配料单经有关部门审核并签字确认后方可开始加工。

② 钢筋加工。

钢筋全部在现场加工，钢筋加工包括调直与除锈、断料、弯曲、直螺纹套丝等加工程序。钢筋加工前由技术部门做出钢筋配料单，经反复核对无误后下料加工。钢筋加工流水作业流程图见图6-1-4。

③ 钢筋连接形式。

该工程钢筋连接方式主要为搭接连接和直螺纹连接，与钢结构局部连接处采用钢筋连接接驳器。直径≥18 mm的钢筋采用直螺纹机械连接，直径<18 mm的钢筋可以采用机械连接，

也可以采用搭接连接。标准型直螺纹套筒尺寸见表6-1-7，直螺纹套筒牙数见表6-1-8。

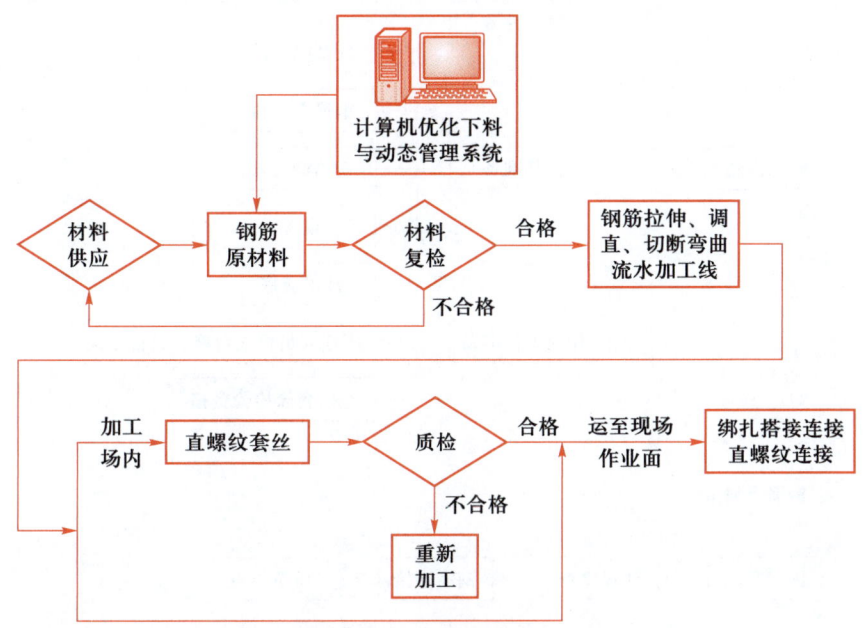

图 6-1-4　钢筋加工流水作业流程图

表 6-1-7　标准型直螺纹套筒尺寸 　　　　　　　　　　单位：mm

规格	螺距 P	长度 L	外径 D	螺纹内径 d
22	2.5	60	33	20.4
25	3	64	39	23.0
28	3	68	44	26.4
32	3	82	49	29.8

表 6-1-8　直螺纹套筒牙数

钢筋规格	22	25	28	32
套丝牙数（整牙数）	12	10	11	13

钢筋直螺纹连接施工工艺流程见图6-1-5。

钢筋直螺纹加工工艺流程：钢筋端面平头→滚压螺纹→丝头质量检验→戴帽保护→丝头质量抽检→存放待用，如图6-1-6所示。

a. 钢筋套筒连接工艺流程：钢筋就位→取下钢筋保护帽和套筒保护盖→接头拧紧→做标记→施工检验。

b. 钢筋丝头经检验合格后，应保持干净无损伤。

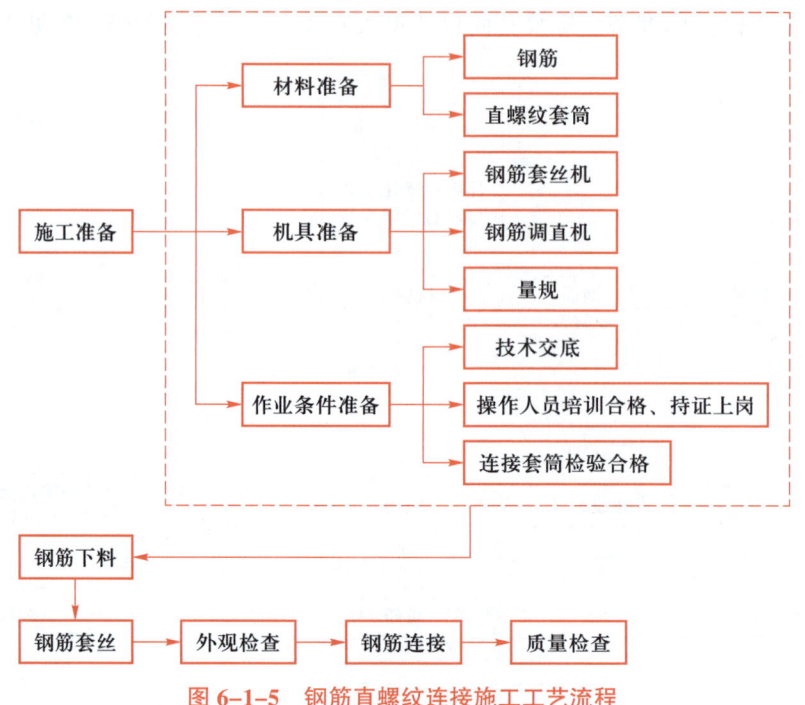

图 6-1-5　钢筋直螺纹连接施工工艺流程

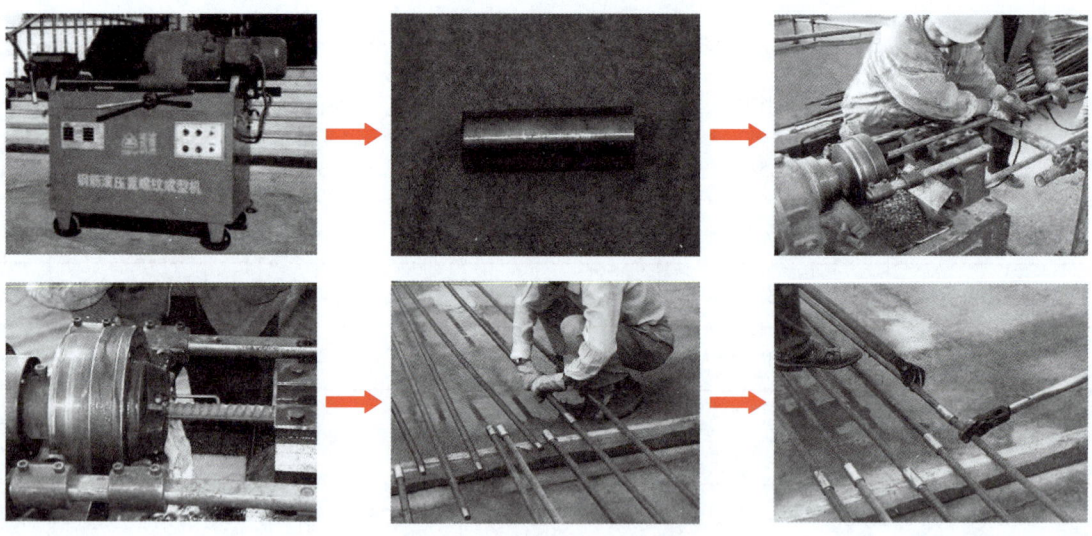

图 6-1-6　钢筋直螺纹加工工艺流程

　　c. 连接钢筋前，将钢筋端头的塑料保护帽拧下来，露出丝扣，并将丝扣上的水泥浆等污物清理干净。

　　d. 连接钢筋时，应使用扭力扳手或管钳进行操作，将两个钢筋丝头在套筒中间位置相互顶紧。

　　e. 在滚压直螺纹接头拧紧后，应做出标记，单边外露丝扣长度不应超过 2 个螺距。

　　f. 钢筋直螺纹连接试件见图 6-1-7，钢筋直螺纹连接实例 6-1-8。

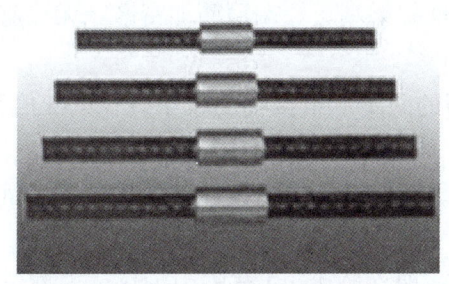

图 6-1-7　钢筋直螺纹连接试件

图 6-1-8　钢筋直螺纹连接实例

直螺纹接头试验：钢筋接头取样试验按《钢筋机械连接技术规程》（JGJ 107—2019）中的相关规定执行。经测试，钢筋接头的抗拉强度达到Ⅰ级接头标准，符合该规程的要求。

（4）混凝土主筋保护层及锚固要求

① 纵向受力钢筋的混凝土保护层厚度。

纵向受力钢筋的混凝土保护层厚度不应小于钢筋的公称直径，且应符合表 6-1-9 的规定。

表 6-1-9　混凝土保护层厚度　　　　　　　　　　　　　　　　单位：mm

部位	混凝土保护层厚度	部位	混凝土保护层厚度
基础底板、地梁下部钢筋	40	消防水池内侧墙板	25
地下室外墙外侧	30	地下室其余部位墙板	20
地下室内墙	20	地面以上梁柱	20
地面以上墙、板	15	室外露天环境墙板	25
室外露天环境梁柱	35		

注：以上钢筋的混凝土保护层厚度同时应不小于该受力钢筋的公称直径，±0.000 m 以上处于卫生间的梁、板、墙主筋的混凝土保护层厚度比表中的数值增加 5 mm。

② 纵向受力钢筋的连接。

a. 特别注明为轴心受拉及小偏心受拉的构件（如桁架和拱的拉杆、下挂柱），纵向钢筋宜采用机械接头。直接承受动力荷载的结构构件，应采用机械接头。

b. 位于同一连接区段内的受拉钢筋接头百分率规定如下：

● 搭接接头面积百分率：对于梁类、板类及墙类构件，不大于 25%；对于柱类构件，不大于 50%。

● 确有必要增大搭接接头面积百分率时，需经过设计院认可。

● 焊接接头百分率不大于 50%。

● 机械接头面积百分率：避开框架梁端、柱端箍筋加密区时，Ⅱ级、Ⅲ级接头百分率不大于 50%。

c. 框架梁、柱纵向受力钢筋的接头应避开框架梁端、柱端箍筋加密区。无法避开时，经设计院允许，可采用机械连接接头。

d. 在搭接区段范围内，应箍筋加密，箍筋的间距取搭接钢筋较小直径的 5 倍和 100 mm 两者之中的较小值。

e. 在工程正式焊接之前，参与该项施焊的焊工应进行现场条件下的焊接工艺试验，经试验合格后方可正式生产。

f. 楼层梁和板纵筋需要连接时，上部纵筋一般在跨中 1/3 范围内连接，下部纵筋一般在跨中 1/3 范围之外弯矩较小处连接或锚固在支座内。

g. 除特别注明外，地下室底板和相应的地基梁按倒置板、倒置梁的要求进行施工，上部纵筋一般在跨中 1/3 范围之外连接或锚固在支座内，下部纵筋一般在跨中 1/3 范围之内连接。

（5）钢筋工程施工

① 底板钢筋。

施工流程：放钢筋网格线→摆放底板下铁下排钢筋→绑扎底板下铁上排钢筋→摆放马凳筋→摆放上铁下排钢筋→绑扎上铁上排钢筋→墙柱插筋→检查、验收。

② 底板马凳与垫块。

考虑本工程底板厚度不等，为保证底板上层钢筋的标高，采用钢筋支撑，如图 6-1-9 所示。

图 6-1-9　底板钢筋支撑

③ 柱插筋。

柱插筋必须严格按照结构施工图进行，其锚固长度应满足相关图纸与规范要求，为保证柱插筋位置不因施工而产生移动，需对柱钢筋进行钢筋限位。

a. 施工流程：竖向钢筋连接→画箍筋间距线→箍筋绑扎→水电配管→检查、验收。

b. 主要施工方法

常规柱子在钢筋绑扎前需在两侧搭设灯笼架，横距 1.0 m，纵距小于 1.5 m，每步高度为 1.8 m，脚手架上满铺木跳板，每操作层设 1.2 m 高的护身栏杆。柱操作架示意图见图 6-1-10，钢筋直螺纹连接实例见图 6-1-11。

高大框架因考虑失稳问题，必要时采用多排灯笼架，各柱脚手架之间用钢管硬性连接。脚手架连接加固示意图见图 6-1-12。

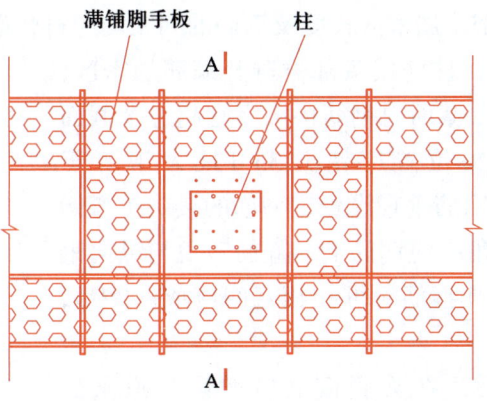

图 6-1-10　柱操作架示意图

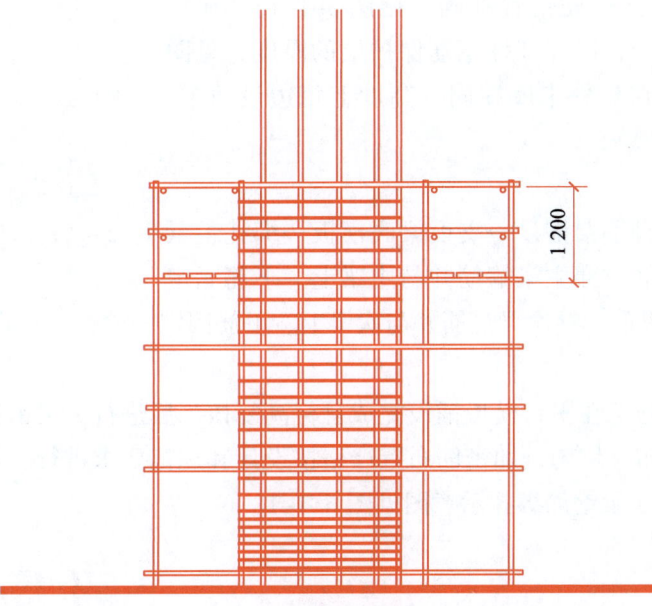

图 6-1-11　钢筋直螺纹连接实例

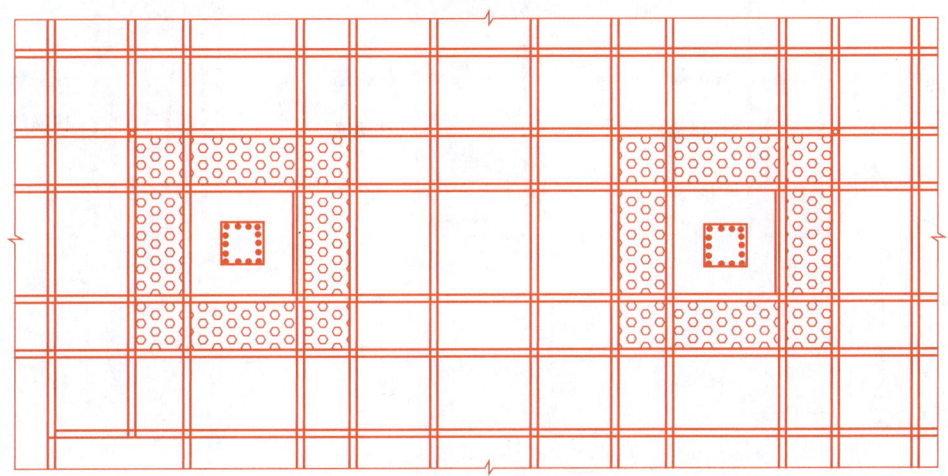

图 6-1-12　脚手架连接加固示意图

柱上、下两端箍筋加密，加密区长度及箍筋的间距均应符合设计要求。柱纵向钢筋全部采用直螺纹接头进行连接，柱筋接头部位避开箍筋加密区，钢筋接头位置应错开，同一截面内钢筋接头不宜超过全截面钢筋总根数的 50%，接头位置应错开 35 d 且大于等于 500 mm。柱箍筋应与受力钢筋垂直设置，箍筋的接头（弯钩叠合处）应交错布置在四角纵向钢筋上；箍筋转角与纵向钢筋交叉点应全部扎牢，绑扎箍筋时绑扣相互间应成八字形，见图 6-1-13。

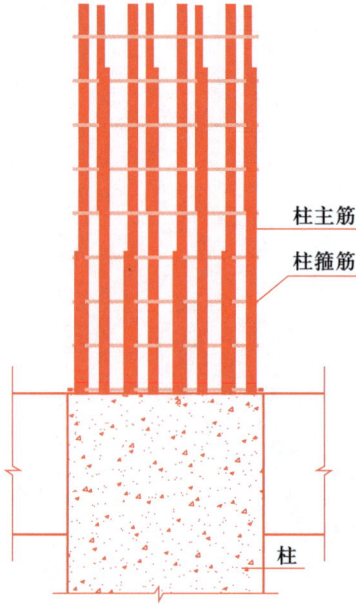

图 6-1-13　柱钢筋绑扎示意图

柱钢筋按要求设置后，在其底板上口增设一道限位箍，以保证柱钢筋的定位，见图 6-1-14，在柱筋上口设置一钢筋定位卡，以保证柱筋位置准确，见图 6-1-15。在柱箍筋上加设塑料定位卡，以保证柱钢筋保护层的厚度，见图 6-1-16。柱钢筋保护层塑料卡圈在同一高度上每边设两个，按竖向间距 1 000 mm 摆放。

④ 梁钢筋。

施工流程：梁底脚手架搭设→支设梁底模板→绑扎主梁上部、下部钢筋、腰筋→穿主梁箍筋并与主梁上、下筋固定→穿次梁上部、下部纵筋→穿次梁箍筋并与次梁上、下筋固定→检查、验收。

主要施工方法如下：

a. 梁、板钢筋的施工在平台模板铺设完成且标高复核之后进行。梁钢筋施工时，应确保梁标高正确、梁箍筋布置均匀，加密筋布置严格按设计和规范要求进行。梁钢筋绑扎示意图见图 6-1-17，主梁、次梁钢筋绑扎示意图见图 6-1-18。

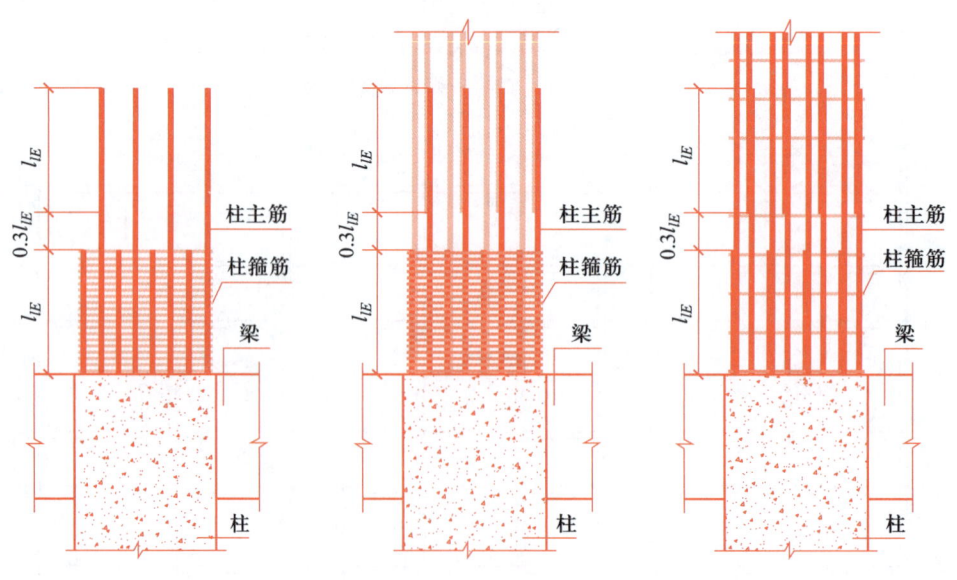

图 6-1-14　柱钢筋绑扎示意图

图 6-1-15　方柱柱筋定位卡

图 6-1-16　方柱柱筋定位卡的应用

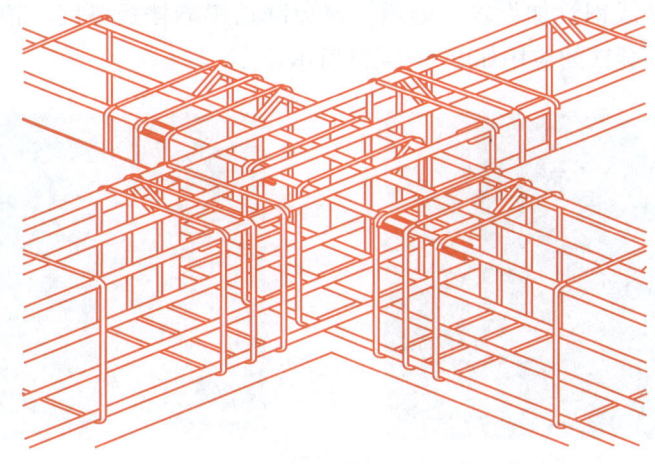

图 6-1-17　梁钢筋绑扎示意图

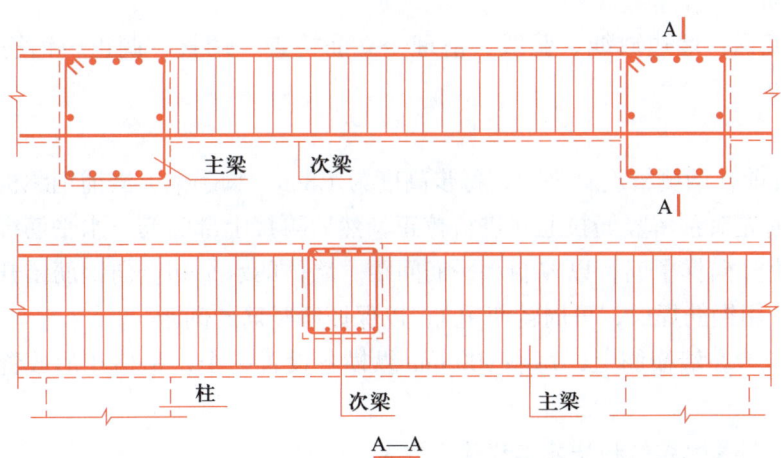

图 6-1-18　主梁、次梁钢筋绑扎示意图

b. 对于梁内双排及多排钢筋的情况，为保证相邻两排钢筋间的净距，在两排钢筋间垫 $\phi 25$ 的短钢筋。

c. 固定定位箍筋，在梁的四角主筋上画箍筋分隔线，以便于绑扎箍筋。

d. 布次梁主筋，固定定位箍筋。

e. 绑扎次梁箍筋。

f. 在梁箍筋上加设塑料定位卡，以保证梁钢筋保护层的厚度。

⑤ 板钢筋。

施工流程：清理模板→弹排列线→绑扎下层钢筋→水电配管→绑扎上层钢筋。

主要施工方法：平台板钢筋施工时，首先在平台板上划出钢筋排列线，然后进行板钢筋布置，保证平台板钢筋横平竖直，间距正确。板钢筋绑扎时，用顺扣或八字扣绑扎方式，除外围两根钢筋的相交点全部绑扎外，其余各点可交错绑扎。为确保上部钢筋的位置，在两层钢筋间加设马凳铁，马凳铁用ϕ10钢筋或根据需要使用更大直径钢筋制作加工。绑扎施工及绑扎完成后用马凳铁或钢管加设跳板通道，避免踩踏影响楼板厚度。顶板钢筋马凳铁如图6-1-19所示，顶板马凳铁的应用如图6-1-20所示。

图 6-1-19　顶板钢筋马凳铁　　　　　图 6-1-20　顶板马凳铁的应用

⑥ 墙体钢筋。

施工工艺流程：墙边放线、验线、清理→立筋检查、调直、调正→钢筋绑扎→洞口加筋→检查、验收。

施工要点：

a. 墙筋绑扎前在两侧搭设脚手架，每步高度为1.8 m，脚手架上满铺钢跳板。

b. 绑扎之前先对预留竖筋拉通线进行校正，然后再接上部竖筋。水平筋绑扎时，拉通线绑扎，并设一道竖向梯子筋，以控制水平筋间距。墙体的水平和竖向钢筋错开连接。墙筋上口放置梯形筋（用钢筋焊成，可周转使用），以保证墙竖筋的间距。

c. 将塑料卡卡在墙横筋上，每隔900 mm纵横各设置一个，呈梅花形放置，用以控制保护层的厚度。

第四步　编制装配式结构安装工程施工方案

（1）预制构件的运输及现场存放

① 出厂前准备。

a. 预制构件及相关产品必须于出厂前完成相关的质量验收，经驻场监理验收合格后方可出厂。

装配式施工技术

b. 构件运输计划和运输方案应由总包单位与构件厂充分沟通后确定。

c. 合格的预制构件及相关产品应在出厂产品合格证明书内明确列出来，并连同每件合格品的验收记录，随运输队伍一起送到工地。

② 构件运输。

a. 场外的运输路线踏勘工作由运输单位完成，并报总包单位。场内的运输路线由总包结合构件运输单位的要求进行规划，可给出车辆转弯半径的参考图。

b. 预制构件运输可选用专用平板车，车上应设有专用架，且需有可靠的措施来稳定构件。

c. 预制外墙板可采用竖立方式运输，预制板类构件可采用叠放方式存放，构件层与层之间应垫平、垫实，各层支垫应上下对齐，最下面一层支垫应通长设置，叠放层数不宜大于5层。

d. 预制墙板可采用插放或靠放方式存放，支架应有足够的刚度，并需支垫稳固。预制外墙板应对称靠放，且饰面朝外，同时与地面的倾斜角度不宜小于80°。

③ 现场堆放。

a. 现场运输道路和存放堆场应坚实平整，并有排水措施。运输车辆进入施工现场的道路，应满足预制构件的运输要求。预制构件的装卸、吊装工作范围内不应有障碍物，并应有满足预制构件周转使用的场地。

b. 预制外墙板可采用插放或靠放方式存放，插放时使用专门设计的插放架，其应有足够的刚度，并需支垫稳固，以防止墙板倾倒或下沉。墙板宜升高离地存放，以确保其根部面饰、高低口构造等部分的质量不受损害。

预制板运输、堆放、吊装示意图见图6-1-21。

(a) 预制墙板运输

(b) 预制叠合板运输

(c) 预制墙板堆放(1)

(d) 预制墙板堆放(2)

(e) 预制楼梯堆放　　　　　　　　(f) 预制阳台板堆放

(g) 预制叠合板堆放　　　　　　　(h) 剪刀梯隔墙板堆放

(i) 预制叠合板吊装　　　　　　　(j) 预制墙板吊装

图 6-1-21　预制板运输、堆放、吊装示意图

（2）安装机具及设备

① 可调斜支撑螺杆。

功能：用于预制墙体安装的临时固定和预制墙体垂直度的调整。

产品样式：端头内壁制成内螺纹，中间杆为外螺纹，直径为 30 mm，材质为 C45 中碳钢。斜支撑螺杆及安装位置见图 6-1-22。

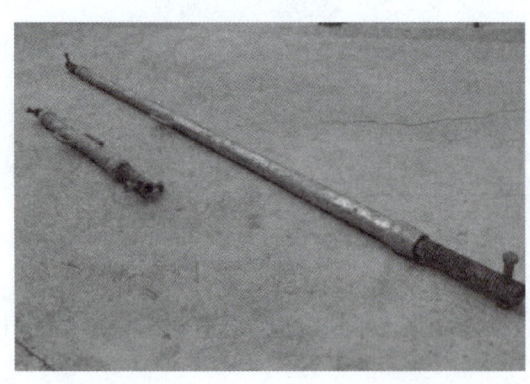

图 6-1-22　斜支撑螺杆及安装位置

② 独立钢支撑、铝合金梁、"U"型顶托。

功能：用于顶板模板的支撑体系。"U"型顶托见图6-1-23，铝合金梁及独立钢支撑见图6-1-24。

图6-1-23 "U"型顶托

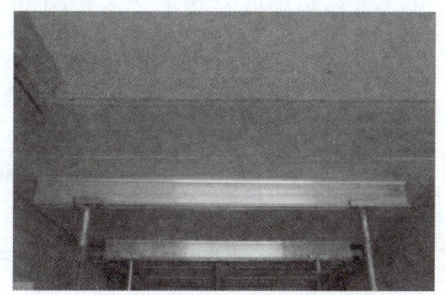
图6-1-24 铝合金梁及独立钢支撑

③ 吊装工具。

模数化吊装梁：预制构件吊装前，应根据构件类型准备吊具。模数化通用吊装梁根据各种构件吊装时不同的起吊点位置，设置模数化吊点，确保预制构件在吊装时吊装钢丝绳保持竖直，避免产生水平分力导致的构件旋转问题。模数化吊装梁见图6-1-25。

图6-1-25 模数化吊装梁

④ 其他工具。

其他工具主要有千斤顶、扳手、钢丝绳吊具、卡环、钢板垫块、EPE、临时固定卡具、吊装用钢扁担、机械式承重托座、手持电动搅拌机、灌浆胶枪等。

千斤顶：调整预制构件水平位置，如图6-1-26所示。

扳手：对斜支撑等其他连接材料进行安装、拆卸施工。

钢板垫块：枕垫在预制墙体下侧，用于调节墙体标高，如图6-1-27所示。

图6-1-26 千斤顶

图6-1-27 钢板垫块

（3）预制构件安装工艺

① 剪力墙体系预制构件安装工艺。

剪力墙体系预制构件安装工艺流程图见图 6-1-28。

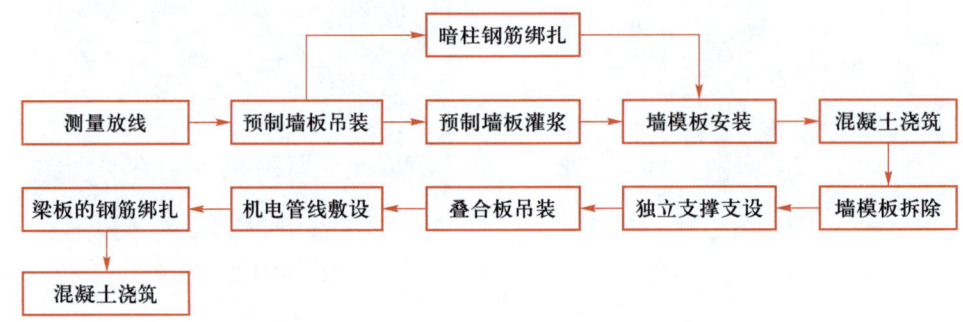

图 6-1-28　剪力墙体系预制构件安装工艺流程图

② 预制墙板定位及安装校正。

预制墙板定位及安装校正流程图见图 6-1-29。

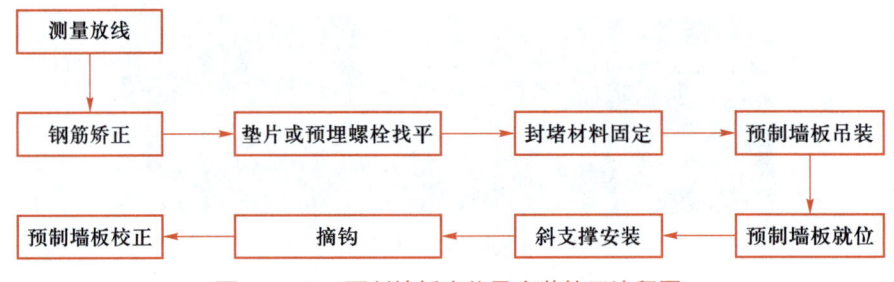

图 6-1-29　预制墙板定位及安装校正流程图

a. 测量放线：安装墙板的连接平面应清理干净，在作业层混凝土顶板上，弹设控制线以便安装墙体就位，包括墙体及洞口边线、墙体 50 cm（30 cm）水平位置控制线、作业层 50 cm 标高控制线（混凝土楼板插筋上）、套筒中心位置线。测量放线如图 6-1-30 所示。

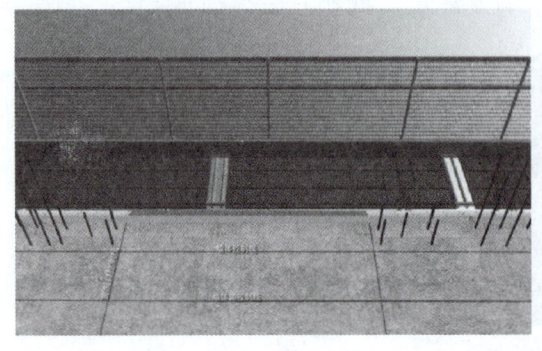

图 6-1-30　测量放线

b. 钢筋矫正：预制外墙板竖向连接采用水泥灌浆连接套筒形式，在施工过程中，需检查现浇层内预埋钢筋的位置和尺寸是否正确，根据墙体底部套筒的位置尺寸制作专用定位卡具。定位卡具由钢板及扶手组成，根据预制墙体连接钢筋的位置进行开孔，孔径为钢筋直径加 2 mm；在下层墙体施工时，应在墙体内预留钢筋，在浇筑墙体混凝土前使用定位卡具对钢筋进行定位，浇筑顶板混凝土时再将专用模具套在预留钢筋上，对超差的进行修正，保证预留钢筋的相对位置准确，专用模具按照墙体控制线进行定位，以保证墙板预留钢筋的绝对位置正确。标准层顶板施工时，将定位卡具套在预制墙顶预留钢筋上，对超差的进行修正，保证钢筋位置的准确；浇筑完顶板混凝土以后，在弹出墙体及钢筋套筒定位线的基础上调整钢筋位置，利用专用模具、线坠确定好每根预留钢筋的准确位置，用专用工具矫正钢筋位置。钢筋矫正如图 6-1-31 所示。

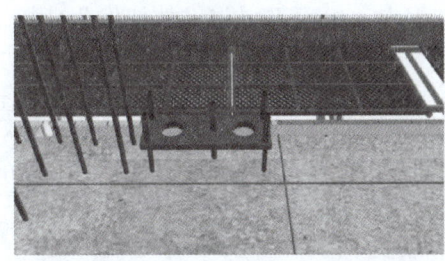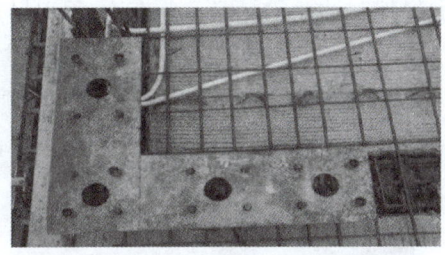

图 6-1-31　钢筋矫正

c. 钢垫片找平：根据预先弹设在竖向插筋上的标高控制线调整好钢垫片的高度。在每块预制墙板下部四个角的位置各放置一处钢垫片调整标高。标高调整到位后，用胶带将垫片缠好，重新复核标高，确保其位置及高度准确。钢垫片找平如图 6-1-32 所示。

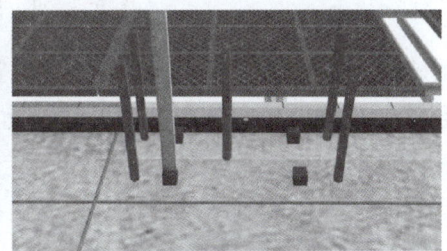

图 6-1-32　钢垫片找平

d. 封堵材料固定：由于预制墙板外侧构造做法的原因，预制墙板与楼板接触面的外侧不能按照其余三侧吊装完成后用砂浆进行封堵的方式，因此使用粘贴橡塑保温条进行封堵，步骤如下：

● 将 20 mm 厚的橡塑保温条裁剪为 50 mm 宽度。

● 取两层裁剪完成的橡塑保温条叠加在一起（40 mm 厚），沿预制墙体外侧边线整齐放置（保温条内侧边线距 200 mm 厚墙体 10 mm）。

● 放置准确后用钉子将橡塑保温条与楼板固定牢靠。

粘贴 EPE 伸缩条如图 6-1-33 所示。

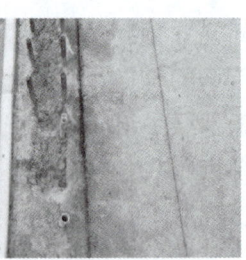

图 6-1-33　粘贴 EPE 伸缩条

e. 预制墙板吊装：

吊装准备：起吊墙板采用专用吊运钢梁，用卸扣将钢丝绳与外墙板上端的预埋吊环相连接，确认连接紧固后，在板的下端放置两块 1 000 mm×1 000 mm×100 mm 的海绵胶垫，以预防板起吊离地时边角被撞坏。并应注意起吊过程中，板面不得与堆放架发生碰撞。

试吊：用塔吊缓缓将外墙板吊起，待板的底边升至距地面 50 cm 时略作停顿，再次检查吊挂是否牢固，板面有无污染破损，若有问题必须立即处理。确认无误后，继续提升使之慢慢靠近安装作业面。预制墙板吊装如图 6-1-34 所示。

图 6-1-34　预制墙板吊装

f. 预制墙板就位：墙板缓慢下降，待降到距预埋钢筋顶部 2 cm 时，墙两侧挂线坠对准地面上的控制线，预制墙板底部套筒位置与地面预埋钢筋位置对准后，将墙板缓缓下降，使之平稳就位；安装时由专人负责外墙板下口的定位、对线工作，并用靠尺板找直。安装首层外墙板时，应特别注意保证质量，使之成为以上各层的基准。预制墙板就位如图 6-1-35 所示。

图 6-1-35　预制墙板就位

g. 斜支撑安装：外墙板采用可调节斜支撑螺杆进行临时固定。先将支撑托板安装在预制墙板上，吊装完成后将斜支撑螺杆拉接在墙板和楼面的预埋铁件上，长螺杆可调节长度

为 ±100 mm。短螺杆可调节长度为 ±100 mm。斜支撑安装如图 6-1-36 所示。

图 6-1-36　斜支撑安装

h. 预制墙板校正：

垂直墙板方向（Y 方向）校正措施：利用短钢管斜撑调节杆，对墙板根部进行微调来控制 Y 方向的位置。

平行墙板方向（X 方向）校正措施：通过在楼板面上弹出墙板位置线及控制轴线来进行墙板位置校正，墙板按照位置线就位后，若有偏差需要调节，则可利用小型千斤顶在墙板侧面进行微调。

墙板垂直度校正措施：利用长钢管斜撑调节杆，通过长钢管上的可调节装置对墙板顶部的水平位移进行调节来控制其垂直度。外墙垂直度测量如图 6-1-37 所示，内墙垂直度测量如图 6-1-38 所示，墙板垂直度调节如图 6-1-39 所示。

图 6-1-37　外墙垂直度测量

图 6-1-38　内墙垂直度测量　　　　　　图 6-1-39　墙板垂直度调节

③ 套筒灌浆施工工艺。

套筒灌浆施工工艺流程如图 6-1-40 所示。

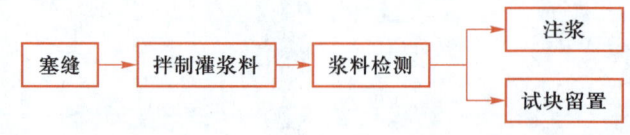

图 6-1-40　套筒灌浆施工工艺流程

a. 套筒灌浆准备：检查套筒的注浆口是否贯通；预制外墙套筒连接灌浆及墙板下坐浆均使用坐浆料进行施工，待预制墙板安装就位并调整完毕后一并进行，外侧采用水泥砂浆封堵成模；

灌浆材料和施工机具检具的准备：选取配套的专用接头灌浆料和清洁水，准备秤、温度计、手提式搅拌机、专用搅拌头、制浆桶、灌浆泵（枪）、水桶、流动度检测截锥试模和玻璃板、钢板尺或卷尺。采用灌浆泵时宜配备停电应急发电机。灌浆泵送机使用如图 6-1-41 所示。

b. 灌浆料拌制：打开专用接头灌浆料包装袋，检查产品外观，粉料、骨料混合均匀，无受潮结块或其他异常后，按需要量用秤称量好，存放在桶或袋中。拌合水也称量好，浆料拌合加水量按该批产品出厂检验报告或包装袋上提供的加水率（加水质量 / 干料质量 ×100%）计算。拌合时先加水后加料，用搅拌机快速搅拌（3～5 分钟）均匀，静置 2～3 分钟排气。灌浆料搅拌如图 6-1-42 所示。

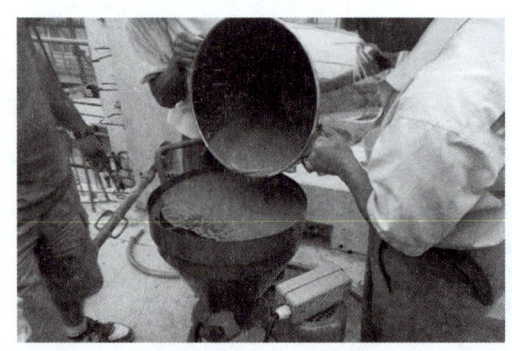

图 6-1-41　灌浆泵送机使用

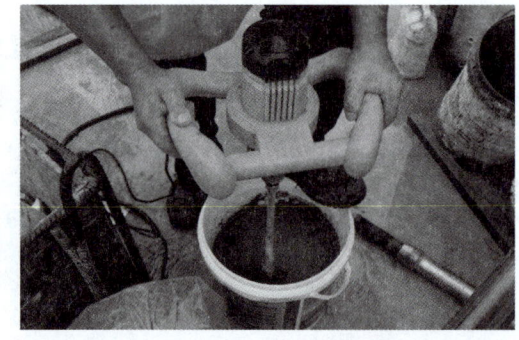

图 6-1-42　灌浆料搅拌

c. 流动性检测：准备一块 500 mm × 500 mm 的多层板，置于地面；将检测灌浆料流动性的专用容器置于多层板上方；将拌制好的灌浆料倒入容器内，灌满为止；取掉容器，检测灌浆料的流动性，初始流动度大于 300 mm 为合格。灌浆料流动性检测如图 6-1-43 所示。

d. 注浆施工：注浆料自加水算起应在 30 分钟内用完。充填采用胶枪注浆（或用漏斗重力注浆），由注浆口（下口）逐渐充填，浆料先由远及近填充至底座（过程中仔细观察是否每个下部的注浆口都流出浆液，防止下部不通畅，随流出浆液堵塞下部的每一个注浆口），再从排浆口（上口）溢出，直至每个排浆口都溢出浆料为止，灌浆料注浆如图 6-1-44 所示。灌浆完毕后，用橡胶塞封堵每个套筒的排浆口及注入口。若灌浆过程中出现漏浆应立即停止注浆，在漏浆处封堵严密后方可继续施工。注浆空洞封堵如图 6-1-45 所示。

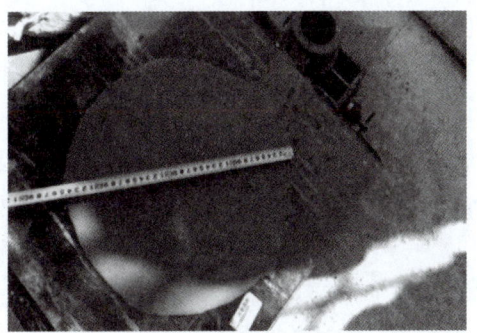

图 6-1-43　灌浆料流动性检测

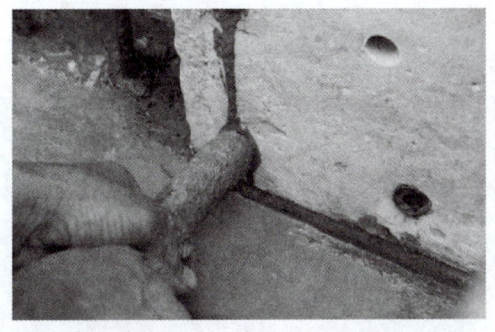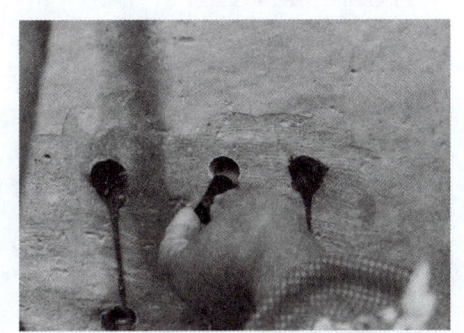

图 6-1-44　灌浆料注浆　　　　　　　图 6-1-45　注浆空洞封堵

灌浆材料充填操作结束后 1 d 内不得施加有害的振动、冲击等影响，对横向构件连接部位混凝土节的浇灌也应在 1 d 后进行。

e. 灌浆检查：接头灌浆料凝固后，检查灌浆口、出浆孔处，凝固的灌浆料上表面应高于套筒外径上缘。若不满足要求应联系注浆料厂家，采取后注浆方式进行补救。

f. 试块留置：注浆操作完成以后，根据试验方案留置灌浆料试块，待到达龄期后进行灌浆料试块强度的检测。

④ 现浇节点施工。

现浇节点施工流程如图 6-1-46 所示。

由于预制墙板有外伸钢筋的影响，因此需等预制墙板完全就位后方能进行现浇暗柱节点的钢筋绑扎，装配式剪力墙结构暗柱节点共有三种形式，分别是一字形、L 形和 T 形。如图 6-1-47 所示。

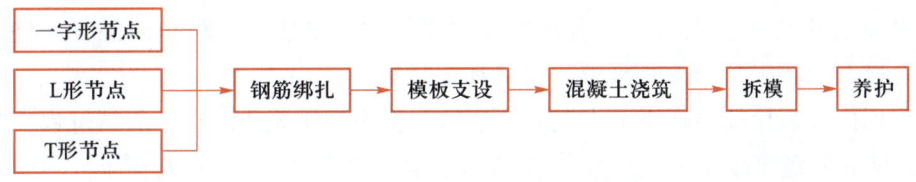

图 6-1-46　现浇节点施工流程

a. 一字形节点：将开口箍筋依次置于两侧外伸钢筋上；连接竖向钢筋；将箍筋与竖向钢

筋按照图纸要求绑扎。

b. L 形节点：将双向封闭箍筋依次置于两侧外伸钢筋上；连接竖向钢筋；将箍筋与竖向钢筋按照图纸要求绑扎。

c. T 形节点：放置平行于外墙方向的开口箍筋；连接纵向钢筋；放置垂直于外墙方向的封闭箍筋；将箍筋与竖向钢筋按照图纸要求绑扎。

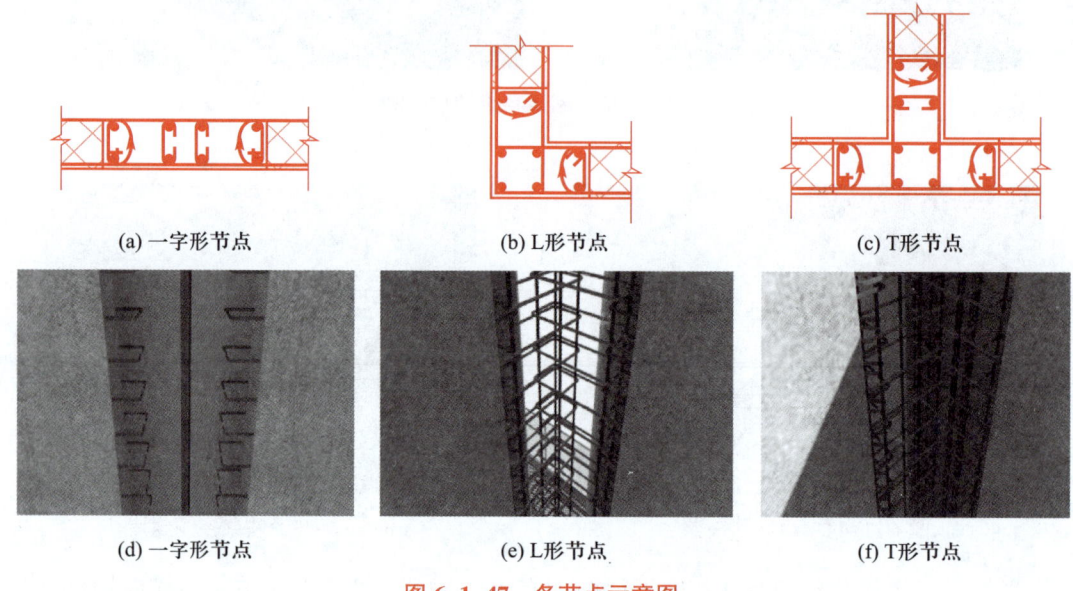

| (a) 一字形节点 | (b) L 形节点 | (c) T 形节点 |

| (d) 一字形节点 | (e) L 形节点 | (f) T 形节点 |

图 6-1-47　各节点示意图

d. 现浇暗柱节点钢筋绑扎：现浇暗柱模板支设按照模板类型可分为大钢模、铝模、铝框木塑模板。按照加固方式可分为预制墙板上预留对拉螺栓孔加固和预制墙板上预留内置螺栓眼加固。为避免预制构件与现浇节点交接处出现胀模、错台等现象，在预制墙板边留置 30 mm × 8 mm 的启口，模板边与启口连接，拆模板后粉刷石膏找平即可。

大钢模的模板支设方式列举如下：

- 将 PCF 板临时固定在外架上，并且与暗柱钢筋绑扎牢固。
- 内侧大钢模就位。
- 对拉螺栓将大钢模与 PCF 板通过外侧三道槽钢背楞连接在一起。
- 调整就位。
- 暗柱节点混凝土浇筑及模板拆除。

对于 PCF 板现浇节点而言，需着重控制混凝土的浇筑速度，防止因混凝土浇筑速度过快，侧压力过大，而造成 PCF 板裂缝、位移甚至开裂。

对于采用内置螺栓孔的现浇节点混凝土浇筑，更应密切关注混凝土浇筑过程中 PCF 板的受力状况，防止质量事故发生。

由于墙体留置了启口，因此在模板拆除时应保证混凝土强度达到拆模条件，同时也不能过晚拆模，以防止造成黏模的情况，并且应注意启口处混凝土节点的成品保护。

⑤ 叠合板吊装安装工艺。

叠合板吊装安装工艺流程如图 6-1-48 所示。

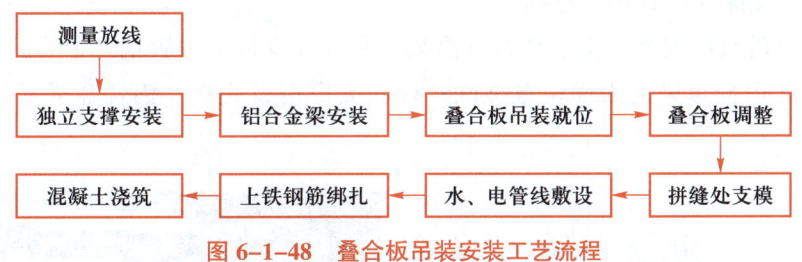

图 6-1-48　叠合板吊装安装工艺流程

a. 测量放线。弹独立支撑位置线：按照施工方案放出独立支撑位置线，在下一层楼板位置弹出叠合板位置线。放墙身标高线及叠合板起止线：抄平放线，在剪力墙面上弹出 +1 米线、墙顶弹出板安放位置线，并做出明显标志，以控制叠合板的安装标高和平面位置，独立支撑支设位置及支设高度控制线放线如图 6-1-49 所示。

图 6-1-49　独立支撑支设位置及支设高度控制线放线

b. 独立支撑支设及铝合金梁搭设。安装叠合板时底部必须做独立支撑，支撑采用可调节钢制预制工具式支撑，间距为 1 800 mm（或 2 200 mm），安装楼板前调整支撑标高与两侧墙预留标高一致。在结构层施工中，要双层设置支撑，待一层叠合楼板结构施工完成后，现浇混凝土强度不低于设计强度的 70% 时，才可以拆除下一支撑。独立支撑支设如图 6-1-50 所示，独立支撑三脚架安装如图 6-1-51 所示。

图 6-1-50　独立支撑支设

图 6-1-51　独立支撑三脚架安装

独立支撑搭设步骤如下:

● 根据放出的独立支撑位置线依次搭设独立支撑。

● 调整独立支撑高度到预定标高。

● 铝合金梁搭设:根据放出的楼板标高线,在独立支撑上放置铝合金梁;再次复核独立支撑标高,保证铝合金梁上表面位置准确;板底支撑搭设完成。铝合金梁安装如图 6-1-52 所示。

图 6-1-52　铝合金梁安装

c.叠合板吊装。吊装步骤如下:

● 起吊准备:叠合板起吊时,要尽可能减小叠合板因自重产生的弯矩,采用钢扁担吊装架进行吊装,4 个吊点均匀受力,保证构件平稳吊装。

● 叠合板就位:就位时叠合板要从上垂直向下安装,在作业层上空 50 cm 处略作停顿,施工人员手扶楼板调整方向,将板的边线与墙上的安放位置线对准,注意避免叠合板上的预留钢筋与墙体钢筋打架,放下时要停稳慢放,严禁快速猛放,以避免冲击力过大造成板面出现裂缝。叠合板吊装就位如图 6-1-53 所示。

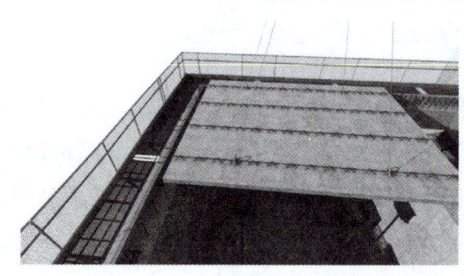

图 6-1-53　叠合板吊装就位

● 校核:调整板位置时,要垫小木块,不要直接使用撬棍,以避免损坏板边角,要保证搁置长度,其偏差不大于 5 mm;楼板安装完后进行标高校核,调节板下的可调支撑。叠合板吊装校核如图 6-1-54 所示。

d. 叠合板缝隙模板施工。在叠合板间拼缝处支模,叠合板与叠合板拼缝处预留长为 100 mm 宽为 5 mm 的高企口,企口底部模板为 18 mm 厚优质维萨板,背楞采用 50 mm × 100 mm 的木方,支撑采用专用的独立支撑或对拉螺栓吊模。叠合板缝隙模板施工如图 6-1-55 所示。

图 6-1-54　叠合板吊装校核

图 6-1-55　叠合板缝隙模板施工

e. 水电线管铺设及钢筋绑扎。叠合板吊装及支撑布置完成后，首先进行机电管线的敷设，敷设机电管线时要严格控制管线叠加处的标高，严禁高出现浇层板顶标高。叠合板顶部放出机电管线位置线；铺设机电管线；管线端头处做好保护。叠合板机电管线铺设如图 6-1-56 所示。

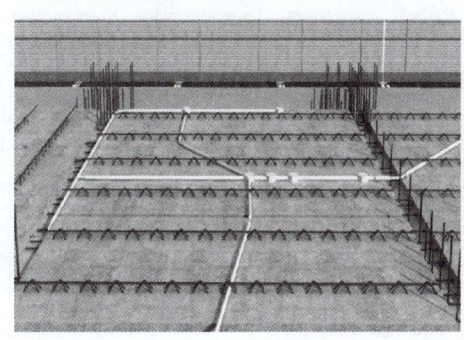

图 6-1-56　叠合板机电管线铺设

叠合层钢筋绑扎步骤如下：

● 叠合层钢筋为双向单层钢筋。

● 绑扎钢筋前清理干净叠合板上杂物，根据钢筋间距道道弹线绑扎，钢筋绑扎时穿入叠合楼板上的桁架，钢筋上铁的弯钩朝向要严格控制，不得平躺。

● 双向板钢筋放置：当双向配筋的直径和间距相同时，短跨钢筋应放置在长跨钢筋之下；当双向配筋直径或间距不同时，配筋大的方向应放置在配筋小的方向之下。叠合板上铁钢筋绑扎如图 6-1-57 所示。

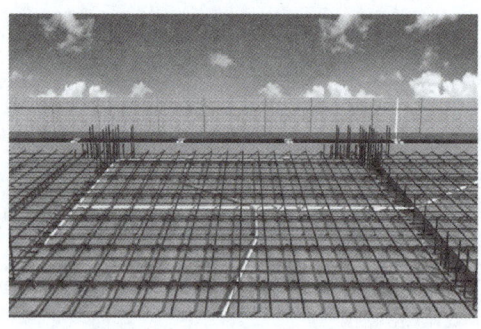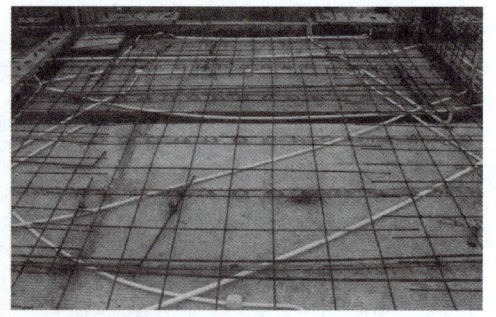

图 6-1-57　叠合板上铁钢筋绑扎

f.叠合板混凝土浇筑。步骤如下：

● 浇筑准备。

● 清理湿润：为使叠合层与叠合板结合牢固，要认真清扫板面，对有油污的部位，应将表面凿去一层（深度约 5 mm）。在浇灌前要用有压力的水管冲洗湿润，注意不要使浮灰集在压痕内。

● 混凝土浇筑：混凝土坍落度控制在 16～18 cm，每一段混凝土要从同一端起，分一个或两个作业组平行浇灌，连续施工，一次完成。使用平板振捣器振捣，要尽量使混凝土中的气泡逸出，以保证振捣密实。

● 收光：工人穿收光鞋用木刮杠在水平线上将混凝土表面刮平，随即用木抹子搓平。

● 养护：浇水养护要求保持混凝土湿润 7 d。叠合板混凝土浇筑如图 6-1-58 所示，叠合板混凝土压光找平如图 6-1-59 所示。

图 6-1-58　叠合板混凝土浇筑

图 6-1-59　叠合板混凝土压光找平

⑥ 楼梯安装。

a. 楼梯间放线施工：对控制线及标高进行复核，控制安装标高。楼梯侧面距结构墙体预留 3 cm 空隙，为保温砂浆抹灰层预留空间。楼梯间休息平台放线如图 6-1-60 所示。

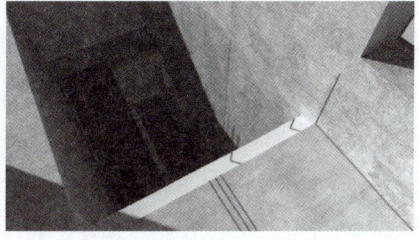

图 6-1-60　楼梯间休息平台放线

b. 楼梯找平层施工：在梯段上、下口梯梁处铺 2 cm 厚 M10 水泥砂浆找平层，找平层标高要控制准确。M10 水泥砂浆采用成品干拌砂浆。楼梯搭接部位砂浆找平如图 6-1-61 所示。

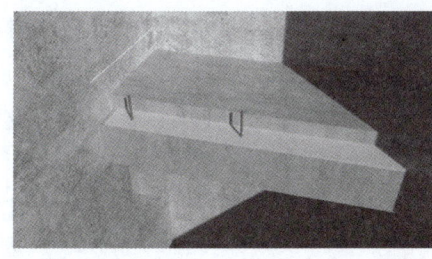

图 6-1-61　楼梯搭接部位砂浆找平

c. 楼梯安装步骤如下：

● 起吊：预制楼梯梯段采用水平吊装，吊装时，应使踏步平面呈水平状态，便于就位。吊环形式同预制飘窗吊装用吊环，将吊装吊环用螺栓与楼梯板预埋的内螺纹连接，以便钢丝绳吊具及倒链连接吊装。楼梯板起吊前，检查吊环，用卡环销紧。

● 就位：就位时楼梯板要从上垂直向下安装，在作业层上空 30 cm 左右处略作停顿，施工人员手扶楼梯板调整方向，将楼梯板的边线与梯梁上的安放位置线对准，放下时要停稳慢放，严禁快速猛放，以避免冲击力过大造成板面震折裂缝。

● 调整：基本就位后再用撬棍微调楼梯板，直到位置正确，搁置平实。安装楼梯板时，应特别注意标高正确，校正后再脱钩。楼梯吊装安装如图 6-1-62 所示。

图 6-1-62　楼梯吊装安装

⊛【任务拓展】

楚雄职教办公楼工程项目施工方案。

⊛【学习自测】

一、单项选择题

1.《建设工程安全管理条例》规定：对达到一定规模的危险性较大的分部（分项）工程编制专项施工方案，并附具安全验算结果，经施工单位技术负责人和（　　）签字后实施。

A. 业主代表　　　　　　　　　　B. 设计主持人

C. 总监理工程师　　　　　　　　D. 有关部门

2. 框架结构主体施工顺序为（　　）。

A. 测量放线→支设柱模→绑扎柱钢筋→浇筑柱混凝土→支设梁、板模板→绑扎梁、板钢筋→浇筑梁、板混凝土

B. 测量放线→绑扎柱钢筋→支设柱模→浇筑柱混凝土→支设梁、板模板→绑扎梁、板钢筋→浇筑梁、板混凝土

C. 测量放线→绑扎柱钢筋→支设柱模→浇筑柱混凝土→绑扎梁、板钢筋→支设梁、板模板→浇筑梁、板混凝土

D. 测量放线→支设梁、板模板→绑扎梁、板钢筋→浇筑梁、板混凝土→绑扎柱钢筋→支设柱模→浇筑柱混凝土

3. 下列关于施工水平流向划分说法错误的是（　　）。

A. 基础阶段少分段或不分段，当结构平面较大时，可结合沉降缝分段

B. 基础阶段不能分段

C. 屋面阶段一般不分段，有错层或伸缩缝时，按界分段

D. 装饰阶段中的内装饰一般按自然楼层、自然单元划分施工段

二、多项选择题

1. 对下列达到一定规模的危险性较大的分部（分项）工程编制施工方案，并附具安全验算结果，经施工单位技术负责人和总监理工程师签字后实施的有（　　）。

A. 基坑支护与降水工程　　　　　B. 模板工程

C. 起重吊装工程　　　　　　　　D. 脚手架工程

E. 土方开挖工程

2. 施工方案的编制内容包括（　　）。

A. 工程概况　　　　　　　　　　B. 施工安排

C. 施工进度计划　　　　　　　　D. 施工准备与资源配置计划

E. 施工方案及工艺要求

3. 确定施工顺序的原则包括（　　）。

A. 符合施工工艺要求　　　　　　B. 与所采用的施工方法无关

C. 考虑成品保护、当地气候条件　　D. 考虑安全施工的要求

E. 施工组织不能决定施工顺序

4. 施工方法选择的基本要求有（　　　　　　）。

A. 以主要分部分项工程（工序）为主　　B. 满足施工组织要求

C. 工艺及技术可行　　　　　　　　　　D. 能够提高工业化、机械化

E. 多方案对，择优选择

5. 施工机械选择的原则有（　　　　　　）。

A. 选择主导工程施工机械　　　　　　　B. 辅助机械与主导机械配套

C. 减少施工机械的种类和型号　　　　　D. 多方案经济分析

三、思考题

1. 简述现浇框架结构和装配式剪力墙结构中主体结构的施工顺序。

2. 高层建筑垂直运输设施常用的配套方案有哪些？

任务 2　BIM 脚手架模板专项施工方案的编制

◈【任务引入】

已知某高层住宅楼剪力墙及结构外墙施工采用双排钢管扣件式脚手架和满堂支撑架。下面基于广联达 BIM 模板脚手架设计软件，完成外脚手架和模板支架计算书的编制及施工图的绘制。

◈【知识链接】

1. 基本概述

在危险性较大的分部（分项）工程施工组织设计中，计算书内容主要是针对施工工艺技术中的技术参数进行验算，设计计算书包含荷载计算、横杆强度与变形计算、立杆稳定计算、连接件计算、悬挑梁验算、边梁局部承压验算等。附图包括工程概况示意图，危险性较大的施工工艺和安全措施的平面图、立面图、剖面图，大样图以及表现施工环境的总平面图及说明，图纸应当符合建筑制图标准和规范。此外，计算内容还应当与图纸内容一一对应，计算书的编写要符合专业设计计算书的要求。

这项内容的编写对施工单位来说难度较大，编制人员需要熟悉相关法规并有一定的理论功底。为避免手工计算错误，通常需要一些专业的计算软件来辅助计算，甚至需要通用或专用软件来辅助计算。若使用计算机软件进行设计验算，要说明软件名称、版本号、有效期等信息，便于核查比对。随着 BIM 技术的发展，一些专业的 BIM 技术软件（例如，广联达 BIM 模板脚手架设计软件）既能进行传统的力学计算，又能发挥 BIM 技术软件的优势，实现以三维形式设计和展示、自动绘制相关图纸、精确统计相关工程量等功能，这些功能可以辅助工程师设计出安全可靠、经济合理的模板脚手架专项方案，极大地提高编制效率，降低工作难度。

2. BIM 技术应用

BIM 模板脚手架设计软件是利用数字图形技术辅助施工企业（项目）技术人员进行模板脚手架方案可视化设计，快速编制施工图、计算书，准确计算材料用量的一款软件。软件的具体功能介绍如下：

（1）结构建模

BIM 模板脚手架设计软件采用建模引擎与 CAD 识别工具，实现了对 Revit、GCL、CAD 模型的高效导入，同时支持 GTJ2018 算量模型的导入，以及参数化主体结构构件的建模功能，能使技术人员轻松开始 BIM 模架设计。

（2）外脚手架

BIM 模板脚手架设计软件支持单排、多排落地架和悬挑架的三维设计；能优化复杂空间变化的异形建筑外脚手架设计；用户可手动编辑悬挑钢梁的排布，并布置下部斜撑；可快速生成计算书，输出施工详图，并统计材料用量。

（3）模板支架

BIM 模板脚手架设计软件能自动识别危大构件，生成汇总表及分布图；支持扣件式、确扣式等架体布置的计算，以及盘扣式架体的计算；支持扣件式、确扣式等果体的布置、出图及材料统计；支持模板及支架的安全提前验算，提高设计效率。

（4）配模设计

BIM 模板脚手架设计软件具备配模出图、编号下料和加工切割的功能；支持对墙、梁、板、柱等构件特殊部位的模板拼接设置，以及构件模板对缝、布置方向的设置。

BIM 模板脚手架设计软件借助 BIM 可视化模型，依据国家和地方规范，为施工企业（项目部）提供了高效的设计工具。该软件不仅可以进行外脚手架和模板支撑架的方案编制，还可以识别计算高支模，输出二维图纸、计算书、专项方案，可视化审核方案、精确计算材料用量。下面介绍如何利用 BIM 技术来解决模板支架设计和外脚手架设计中存在的一系列难题，如安全计算困难、施工详图绘制烦琐、材料成本计算不清、现场交底不理解等。

❀【任务实施】

基于广联达 BIM 模板脚手架设计软件完成外脚手架方案的编制，操作流程如下：

第一步　启动软件

打开"广联达 BIM 模板脚手架设计"软件，进入登录界面，如图 6-2-1 所示。

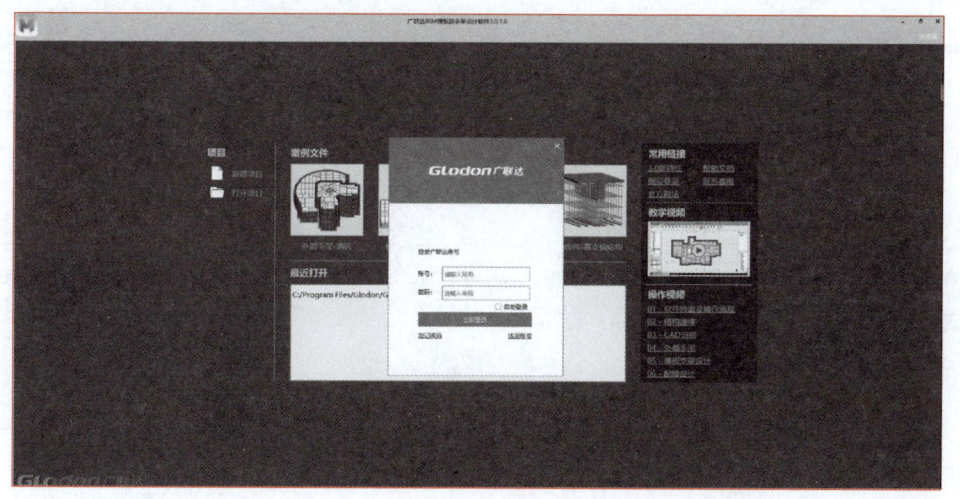

图 6-2-1　广联达 BIM 模板脚手架设计软件登录界面

第二步　工程设置

（1）创建并填写工程项目信息

基于设定的样板文件新建一个项目。单击欢迎页的"新建"，选择"模板支撑架样板"，弹出"新建"对话框，新建项目。

单击"工程设置"选项卡，单击"项目信息"，弹出"项目信息"对话框，根据当前项目的信息填写，如图 6-2-2 所示。

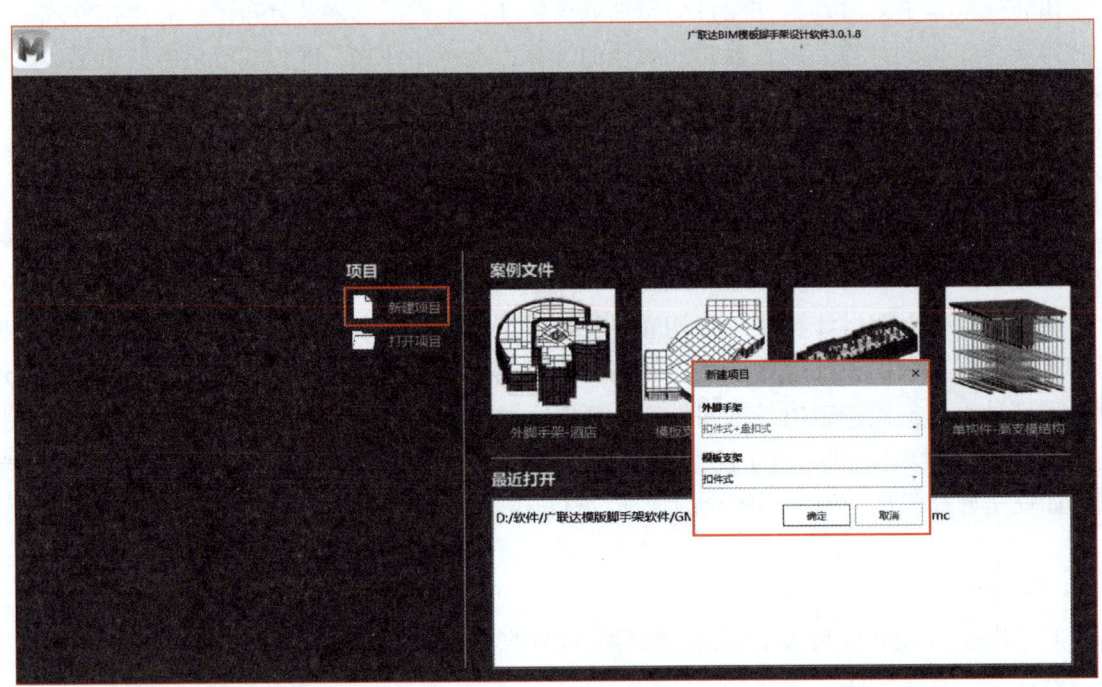

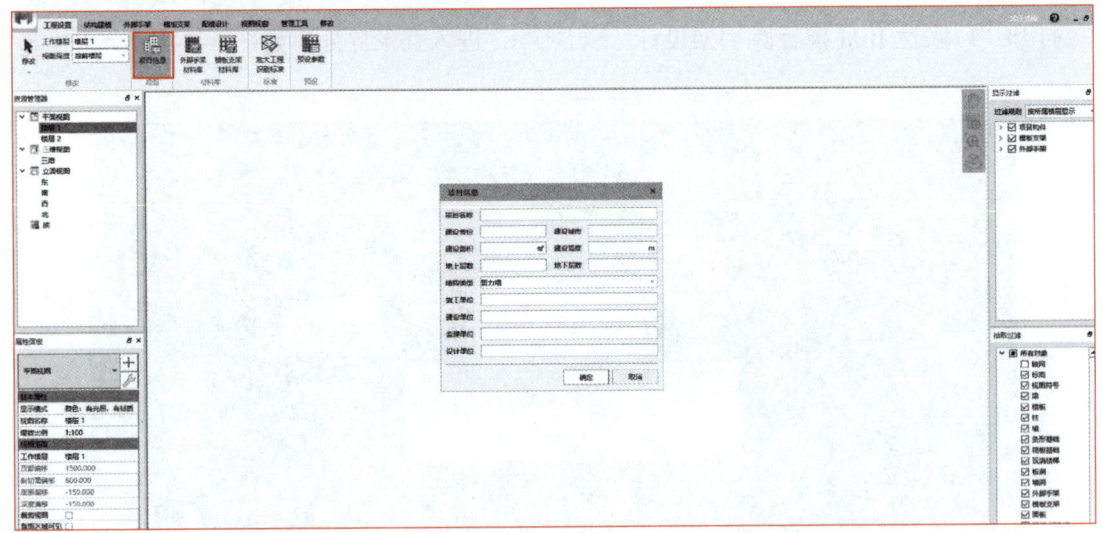

图 6-2-2　新建项目

（2）设置外脚手架信息

单击"工程设置"选项卡，单击"预设参数"，弹出"预设参数"对话框。

单击"外脚手架"选项卡，单击"材料库"，弹出"外脚手架材料库"对话框，如图 6-2-3 所示。

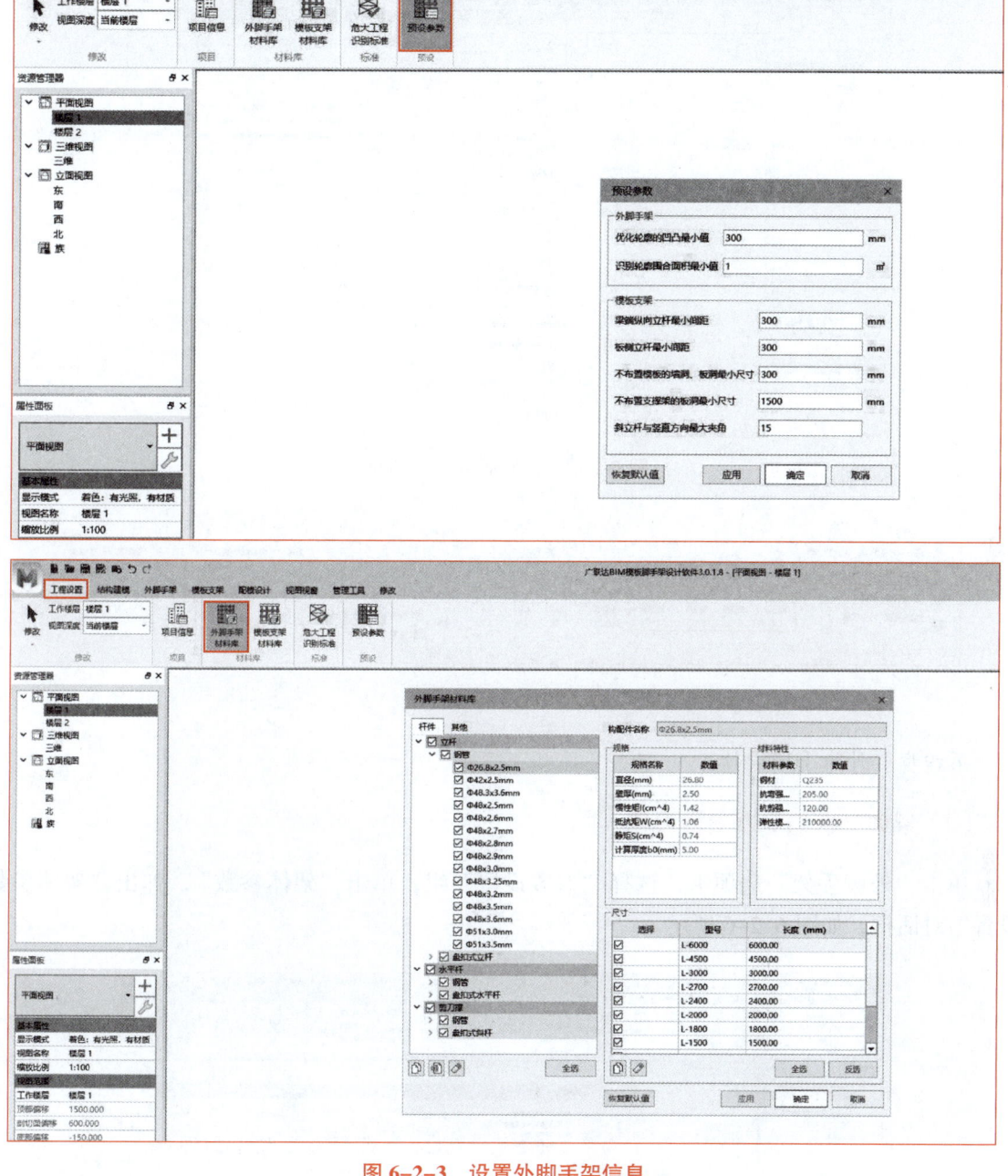

图 6-2-3　设置外脚手架信息

（3）设置模架支架信息

单击"模板支架"选项卡，单击"架体设置"，弹出"架体设置"对话框，如图 6-2-4 所示。

第三步　结构建模

单击"结构建模"选项卡，导入相应模型，如图 6-2-5 所示。

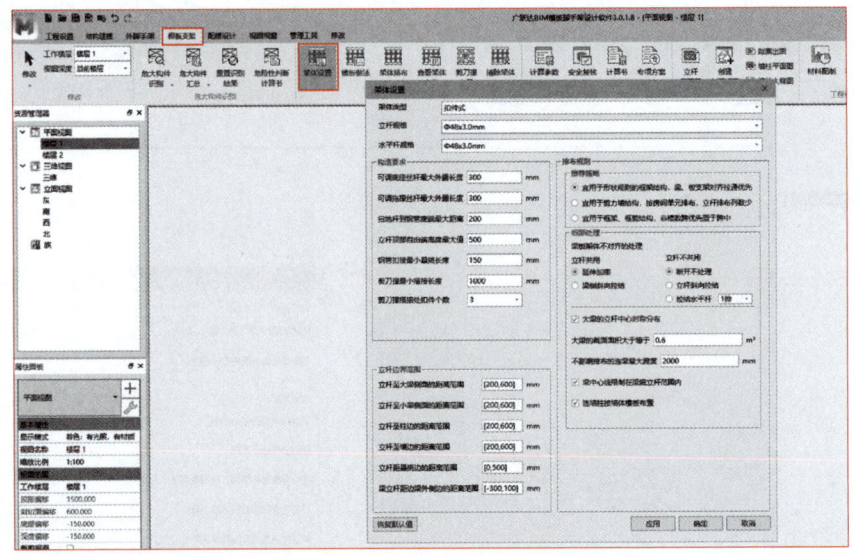

图 6-2-4　设置模架支架信息

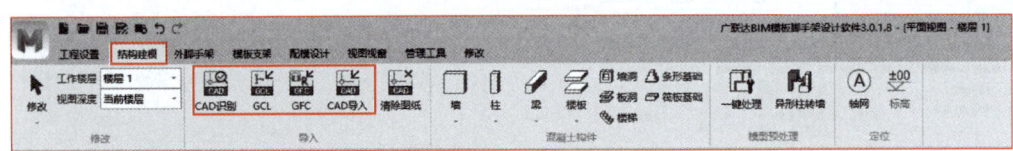

图 6-2-5　结构建模

第四步　外脚手架设计

（1）架体参数与支撑参数设置

单击"外脚手架"选项卡，选择"参数设置"组，单击"架体参数"，弹出"架体参数设置"对话框，如图 6-2-6 所示。

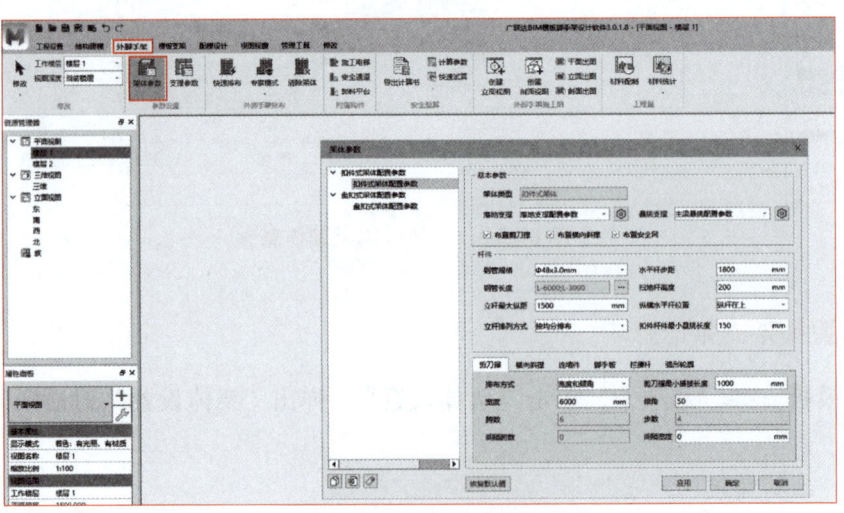

图 6-2-6　架体参数设置

单击"外脚手架"选项卡，选择"参数设置"组，单击"支撑参数"，弹出"支撑参数设置"对话框，如图 6-2-7 所示。

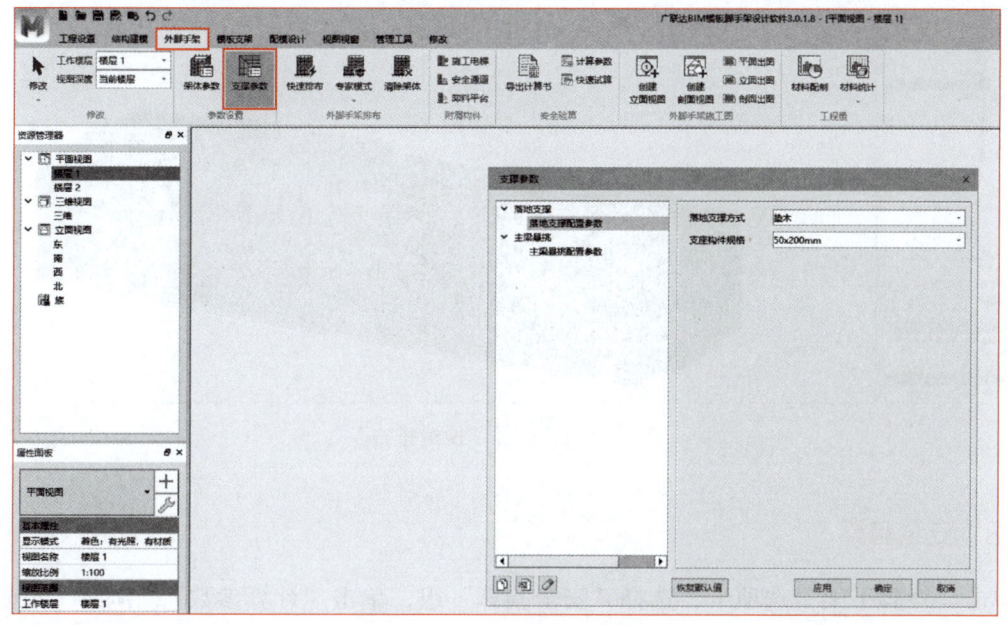

图 6-2-7　支撑参数设置

（2）快速排布架体

单击"外脚手架"选项卡，选择"外脚手架排布"组，单击"快速排布"，弹出"快速排布参数"对话框，单击"确认"后开始排布，如图 6-2-8 所示。

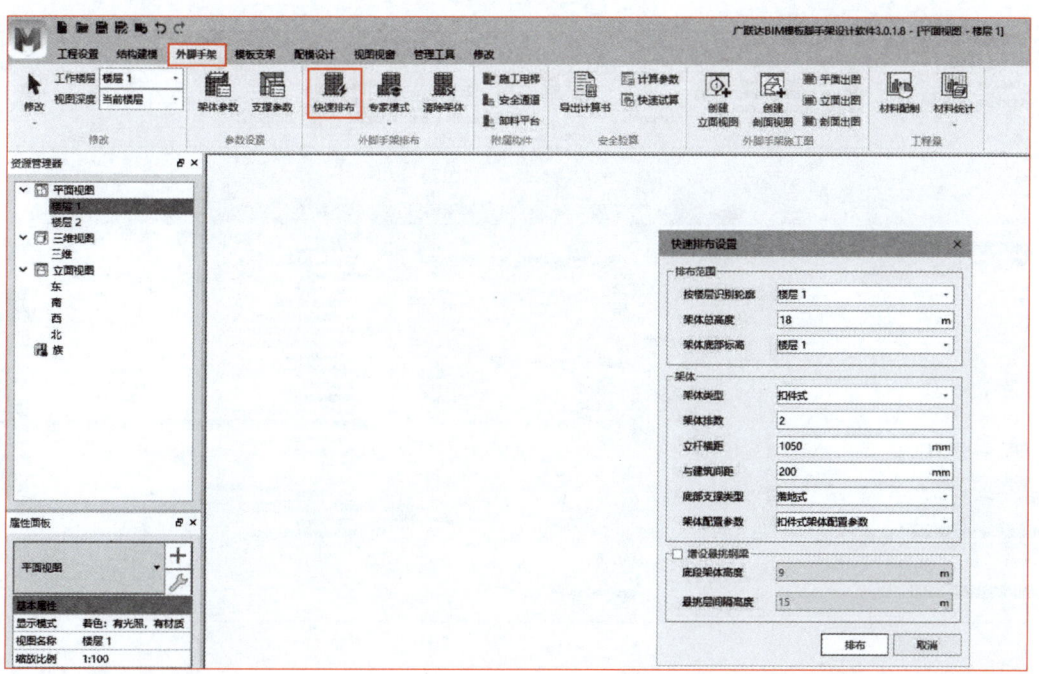

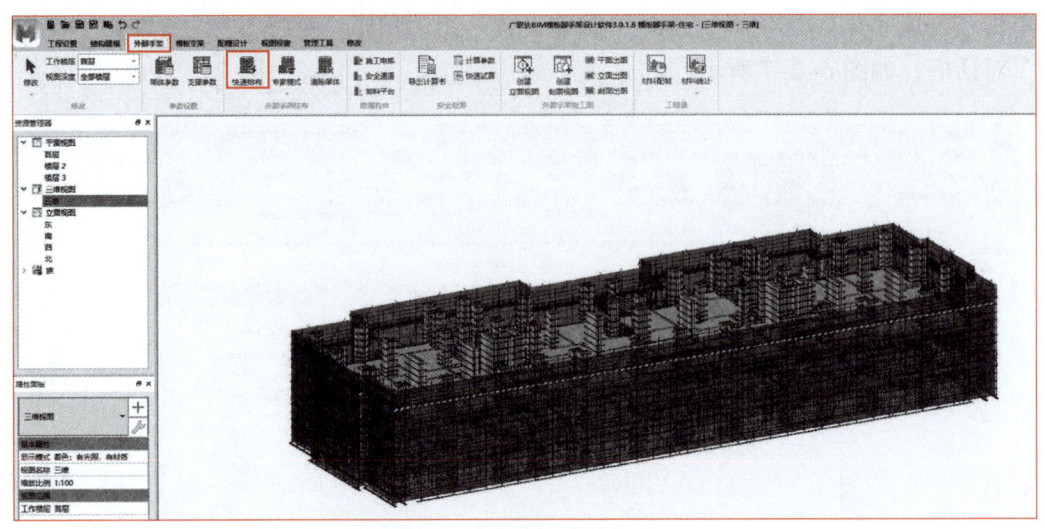

图 6-2-8　设置"快速排布"

（3）安全验算

单击"外脚手架"选项卡，选择"安全验算"组，单击"计算参数"，弹出"安全计算参数"对话框，即可修改参数。

单击"外脚手架"选项卡，选择"安全验算"组，单击"快速试算"，选择要快速试算的架体，显示进度条开始试算，如图 6-2-9 所示。

单击"外脚手架"选项卡，选择"安全验算"组，单击"导出计算书"，选择要导出计算书的架体，显示进度条开始计算，弹出"计算书"文档，单击"输出"进行保存，如图 6-2-10 所示。

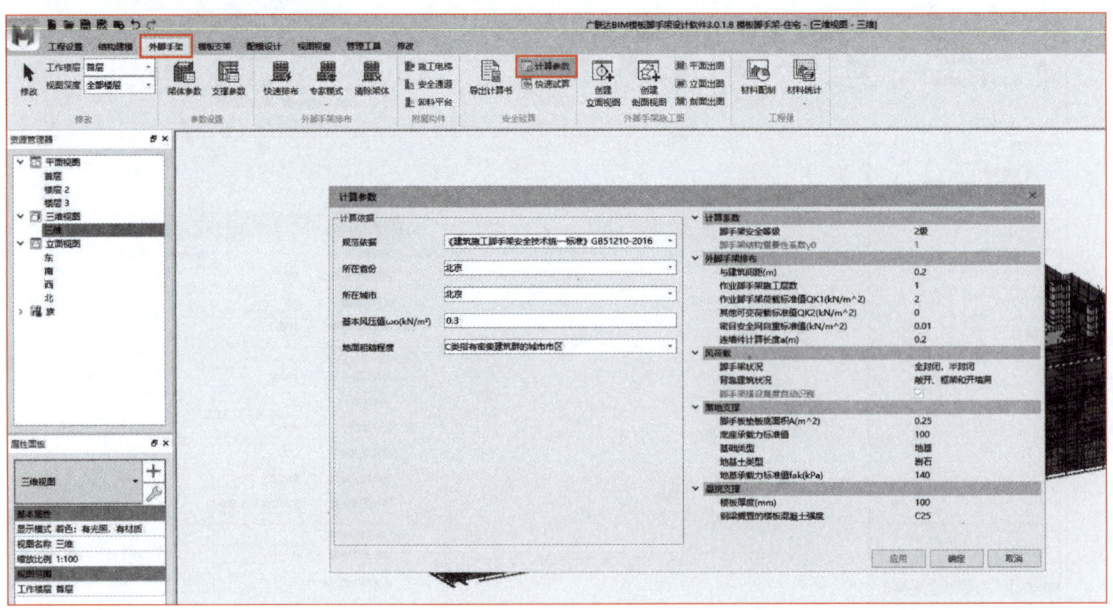

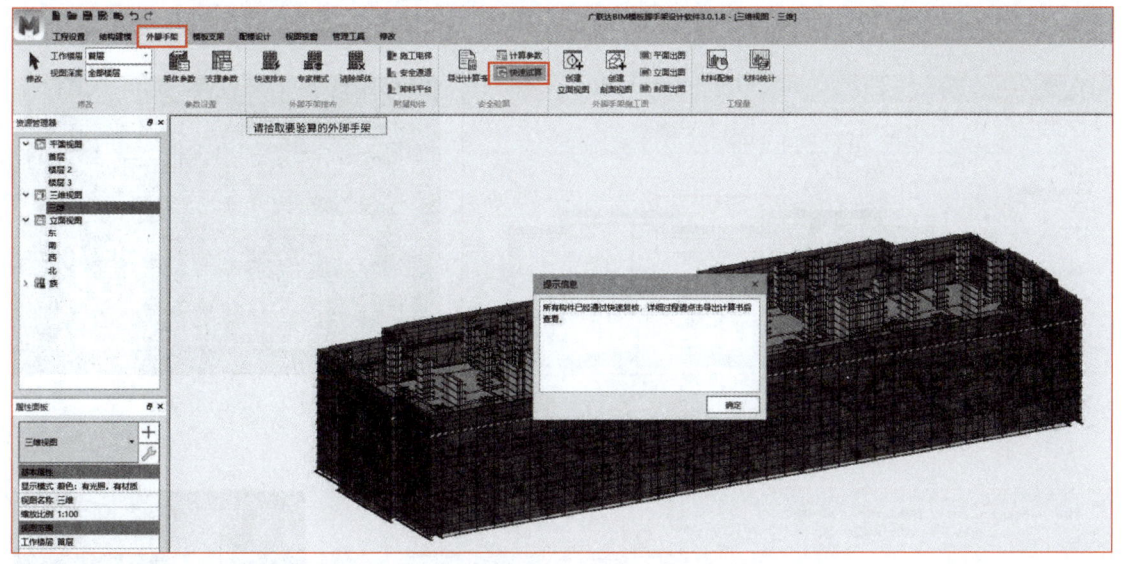

图 6-2-9　快速试算

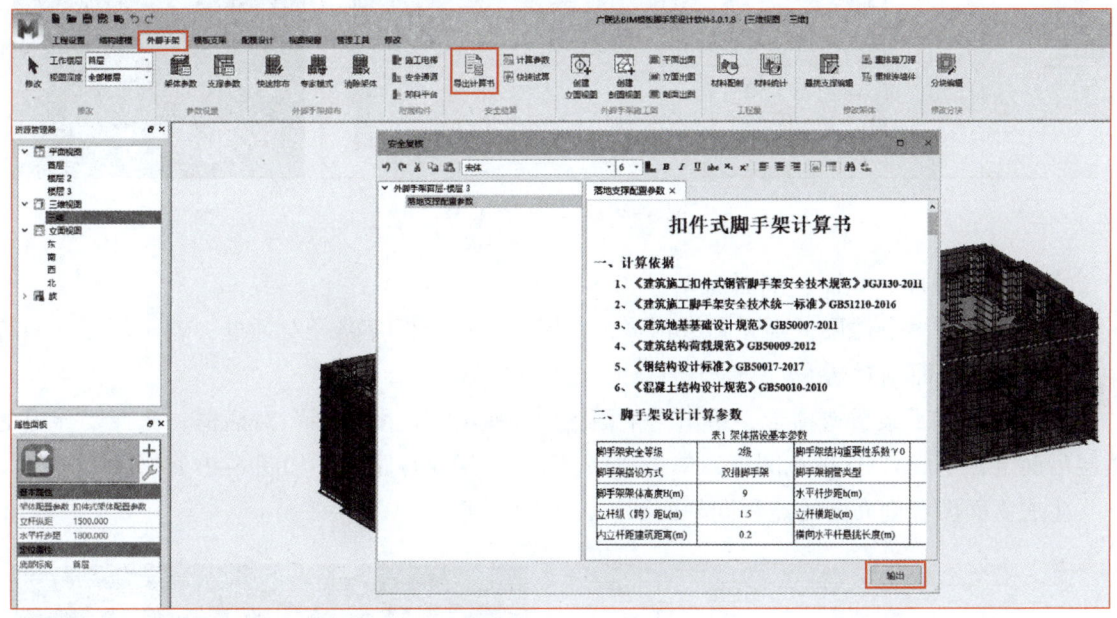

图 6-2-10　导出计算书

（4）创建并生成图纸

① 创建视图。

创建视图须在平面视图下创建。

单击"外脚手架"选项卡，单击"创建立面视图"，在外脚手架架体上单击以生成立面符号，可拖拽四个蓝色小点调整立面宽度和视图深度，如图 6-2-11 所示。

单击"外脚手架"选项卡，单击"创建剖面视图"，在外脚手架架体上单击以生成剖面符号，可拖拽四个蓝色小点调整剖面宽度和视图深度，如图 6-2-12 所示。

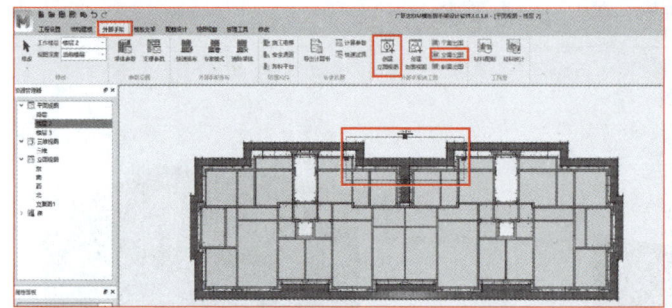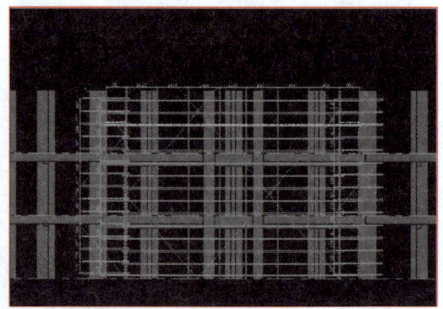

图 6-2-11　生成立面图

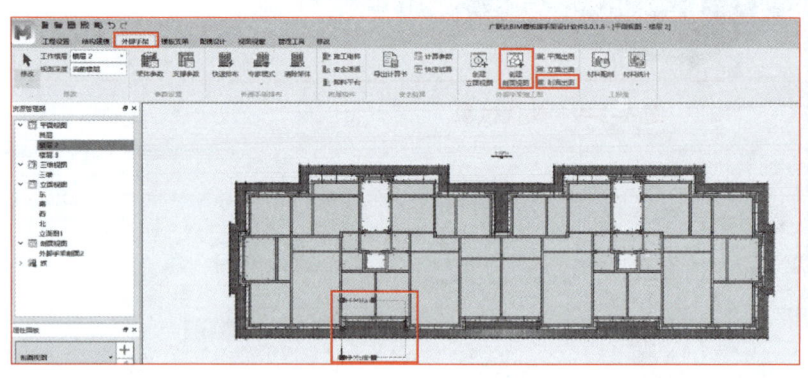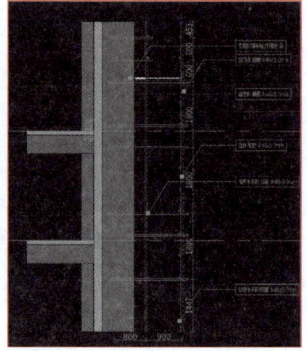

图 6-2-12　生成剖面图

② 出图（平面、立面、剖面）。

若视图选择多个楼层，则无图纸预览，直接进入选择保存路径对话框。若未创建立面符号，则弹出无立面图对话框。

单击"外脚手架"选项卡，单击"平面图"，弹出"视图选择"对话框，选择要导出的楼层后确定，生成 CAD 预览图纸，单击"保存"，选择保存路径，如图 6-2-13 所示。

生成立面图和剖面图的流程同平面图。

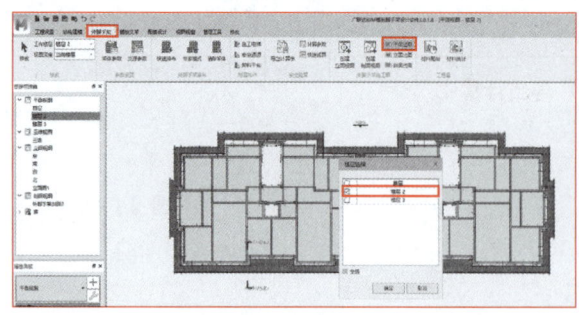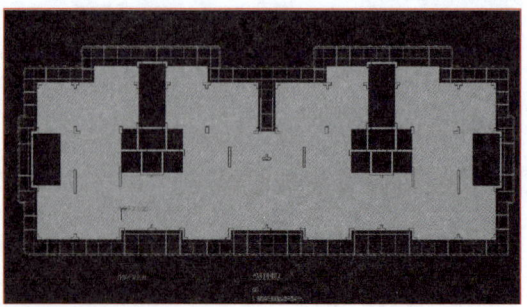

图 6-2-13　生成平面图

（5）材料统计

单击"外脚手架"选项卡，单击"材料统计"在下拉列表选择"整栋统计"，弹出"整栋材料估算"Excel 表格。

在下拉列表选择"选择架体统计"，进入"按范围拾取"状态，选择架体后单击"√"，弹出"选择架体材料估算"Excel 表格，如图 6-2-14 所示。

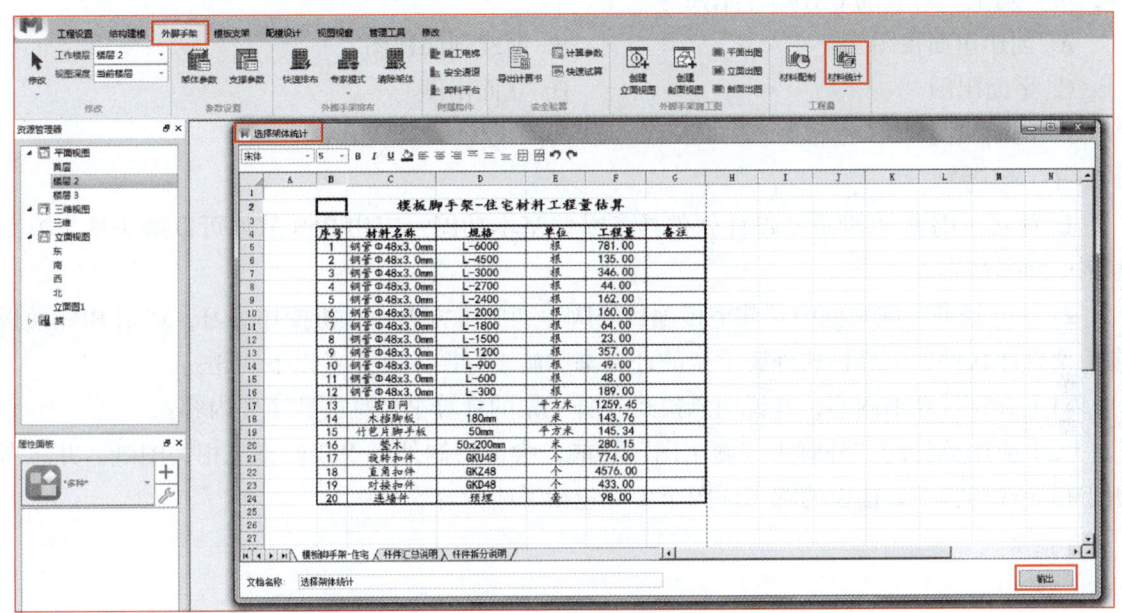

图 6-2-14　生产材料统计表

⚛ 【学习自测】

一、单项选择题

1. "参数设置"分为架体参数和（　　　）。

A. 具体参数 　　　　　　　　　B. 快速参数

C. 支撑参数 　　　　　　　　　D. 脚手架参数

2.（　　　）工程施工组织设计中计算书内容主要是针对施工工艺技术中的技术参数进行验算，设计计算书包含荷载计算、横杆强度变形计算，立杆稳定计算、连接件计算、悬挑梁验算、边梁局部承压验算等。

A. 分部（分项）工程 　　　　　B. 单位工程

C. 单项工程 　　　　　　　　　D. 危险性较大的分部（分项）工程

3. "施工电梯""安全通道"和"卸料平台"布置的命名栏在（　　　）工具栏条目下。

A. 结构建模 　　　　　　　　　B. 外脚手架

C. 模板支架 　　　　　　　　　D. 工程设置

二、多项选择题

1. "外脚手架排布"功能区有三种，依次为（　　　　）。

A. 快速排布　　　　　　　　　　B. 专家模式

C. 架体参数　　　　　　　　　　D. 清楚架体

E. 支撑参数

2. 在"外脚手架施工图"功能区，单击（　　　　）或者（　　　　），再单击图中脚手架的区段，可分别生成对应的 CAD 大样图纸。

A. 创建里面视图　　　　　　　　B. 创建剖面视图

C. 平面出图　　　　　　　　　　D. 立面出图

E. 剖面出图

三、思考题

1. 简述 BIM 模板脚手架设计软件具备哪些基本功能？应用 BIM 软件可以解决施工方案编制中的哪些难点？

2. 结合任务实施案例中某住宅楼项目外脚手架施工方案，上机操作练习，运用 BIM 模板脚手架设计软件生成悬挑式外脚手架的计算书和施工详图，并思考以下问题：

（1）查看计算书内容，并说明悬挑式外脚手架的计算书包括哪些主要内容？

（2）应用软件的"外脚手架施工图"功能，尝试绘制外脚手架的施工相关图纸。并思考用于指导现场脚手架搭设的施工详图至少应包括哪些内容？

模块七
编制施工现场平面布置图

【学习目标】

知识目标：

1. 了解施工现场平面布置图的设计依据。
2. 掌握施工现场平面布置图的设计原则。
3. 熟悉施工现场平面布置图的设计内容。

能力目标：

1. 能根据所给的条件对施工现场平面布置图进行设计。
2. 能运用 BIM 施工现场布置软件进行不同阶段的施工现场平面布置。

素养目标：

1. 培养刻苦钻研、精益求精的工匠精神。
2. 培养不怕困难、敢于争先的思想理念。
3. 具有统筹兼顾、把控全局的大局意识。

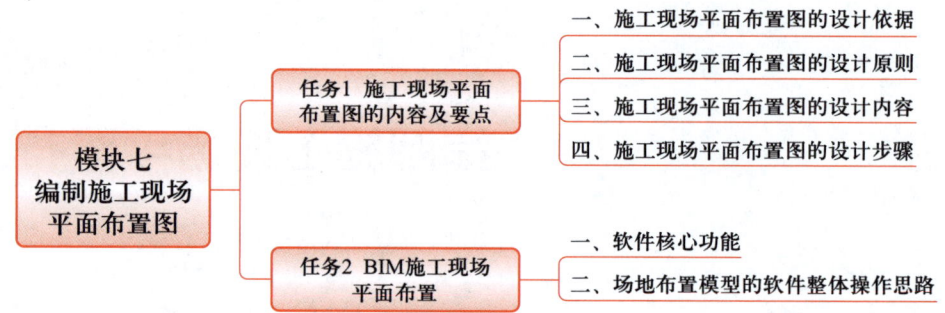

【思维导图】

模块七
编制施工现场
平面布置图

任务1 施工现场平面
布置图的内容及要点

一、施工现场平面布置图的设计依据
二、施工现场平面布置图的设计原则
三、施工现场平面布置图的设计内容
四、施工现场平面布置图的设计步骤

任务2 BIM施工现场
平面布置

一、软件核心功能
二、场地布置模型的软件整体操作思路

任务1 施工现场平面布置图的内容及要点

【任务引入】

根据给定的楚雄职教办公楼工程项目的相关资料，完成施工现场平面布置图的设计。

【知识链接】

1. 施工现场平面布置图的设计依据

在进行施工现场平面布置图的设计之前，首先要认真研究施工部署和施工方案，并深入现场进行实地的调查研究，然后对施工现场平面布置图设计所需的前期资料认真进行收集、整合、分析，使后期设计的施工现场平面布置图与施工现场的实际情况相符，更加贴合实际，从而发挥平面布置图在施工现场空间布置中的指导作用。工程施工现场平面布置图的设计依据如下。

施工现场
平面布置
概论

（1）拟建工程设计与施工的原始资料

① 自然条件资料，如气象、地形、水文及工程地质资料。主要用于确定临时设施的位置，布置施工排水系统，确定易燃、易爆及妨碍人体健康设施的位置。

② 技术经济条件资料，如交通运输、水源、电源、物资资源、生活和生产基地情况。主要用于确定材料仓库、构件和半成品堆场、道路及可以利用的生产和生活临时设施情况。

③ 社会调查资料，如社会劳动力、生活设施、参加施工各单位的情况，建设单位可为施工提供的房屋和其他生活设施。主要用于确定可利用的房屋和设施情况，对布置临时设施有重要作用。

（2）建筑结构设计资料

① 建筑总平面图包括一切地上、地下拟建和已建的房屋和构筑物，据此可以正确确定临时房屋和其他设施的设置，以及布置工地交通运输道路和排水等临时设施。同时需考虑地上和地下管线位置，对于已有或拟建的管线，应考虑是利用还是提前拆除或迁移，并需注意不得在拟建的管道位置上修建临时建筑物或者构筑物。

② 建筑区域的竖向设计和土方调配图是布置水、电管线，安排土方挖填，以及确定取土或者弃土地点的依据，它影响到施工现场的平面关系。

（3）施工组织设计资料

① 单位工程施工方案，据此确定起重机械的行走路线、其他施工机具的位置，以及吊装方案与构件预制、堆场的布置等，以便进行施工现场的整体规划。

② 施工进度计划，从中详细了解各个施工阶段的划分情况，以便分阶段布置施工现场。

③ 劳动力和各种材料、构件、半成品等需要量计划，据此进行宿舍、食堂的面积、位

置，以及仓库和堆场的面积、形式和位置的确定。

2. 施工现场平面布置图的设计原则

① 施工现场平面布置要紧凑、合理，尽量减少施工用地。这样不但对于缓解城市场地拥挤和减少农田占用方面具有重要的意义，而且对于土木工程施工而言也减少了场内运输工作量和临时水电管网需求，既便于管理，又减少了施工成本。此外，一些常见的施工技术措施也可以缩减施工用地的面积，如办公区临时办公用房采用集装箱式板房或多层装配式板房，预制构件采用平卧叠浇法进行施工等。

② 尽量利用原有建筑物或构筑物，减少临时设施的用量及费用。对于必须建造的临时设施，应尽量采用装拆式或临时固定式结构。临时水电系统的搭建应尽量使管网线路的总长度最短，临时道路的选择方案应尽量使填方、挖方量合理等。

③ 保证现场运输道路畅通，合理地组织运输，尽可能减少场内二次搬运。为了缩短运距，各种材料必须按计划分期分批地进场，充分利用场地的同时也能减少材料运转消耗的时间成本与经济费用。同时，应合理安排生产流程与运输道路的铺设，施工机械的位置、材料、半成品等的堆场应尽量布置在使用地点附近，以保证各种建筑材料和其他资源的运距及转运次数最少。

④ 各项施工设施的布置都要满足方便生产、劳动保护、环境保护、文明施工、安全施工、消防、市容、卫生防疫等要求，为了保证施工的顺利进行，要求场内道路畅通，施工设备所需的缆绳、电线、供水管的布设不得妨碍场内交通。易燃设施和有碍人体健康的设施应满足消防、安全要求，并布置在空旷且下风处，如石油沥青卷材堆放区、现浇石灰池、沥青锅等应远离员工生活区及办公区，主要的消防设施应布置在易燃场所的显眼位置，并设有必要的标志。

3. 施工现场平面布置图的设计内容

施工现场平面布置图的设计是指对建筑物或构筑物施工现场的平面规划和空间布置，是施工组织设计的主要组成部分。合理的施工现场平面布置对于顺利执行施工进度计划是非常重要的；反之，如果施工平面图设计不周或管理不当，将导致施工现场的混乱，直接影响施工进度、劳动生产率和工程成本。因此，在单位工程施工组织设计中，对施工现场平面布置图的设计应予以极大重视。单位工程施工现场平面布置图的内容主要包括：

① 施工区域范围内一切已建和拟建的地上、地下建筑物、构筑物和各种管线及其他设施的位置和尺寸。

② 垂直运输机械，如塔式起重机、施工电梯、混凝土泵车、吊车等的布设位置、开行路线，机械的最大与最小起重量、起吊高度、回转半径等性能参数，机械与建筑物之间的距离、安装高度等。

③ 临时设施，如围墙、大门、门卫室、临时道路、临时水电管网、洗车台、沉淀池、施工标牌等。

④ 项目部办公区，如办公室、会议室、停车场、旗台、运动场、活动室、卫生间等。

⑤ 职工生活区，如职工宿舍、食堂、卫生间、淋浴间、开水房、运动场、小卖部、活动室、阅览室等。

⑥ 生产区的各种生产设施，如钢筋加工厂、木工房、工具房、机修间、混凝土标准养护室、材料仓库、构件堆放场地等。

⑦ 测量轴线及定位线标志，永久性水准点位置和土方取弃场地位置。

⑧ 必要的图例、比例、方向及风向标记，如指北针、玫瑰图等。

⑨ 安全和消防设施的位置，如消防通道、消防栓及其他消防设施的布置位置。

4. 施工现场平面布置图的设计步骤

一般情况下，单位工程施工现场平面布置图的设计步骤如图 7-1-1 所示。

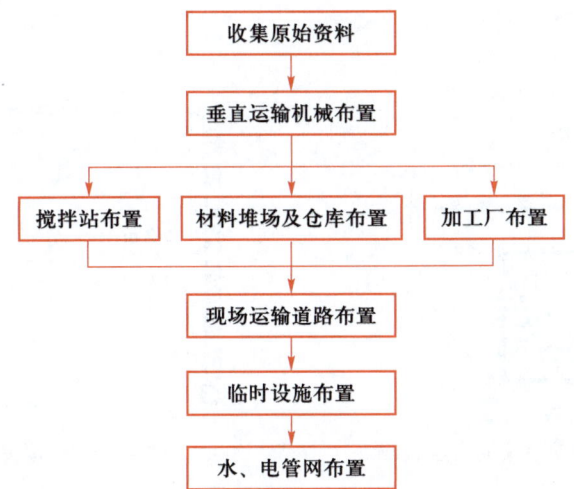

图 7-1-1　单位工程施工现场平面布置图的设计步骤

施工围墙的布置

（1）起重运输机械的布置

起重运输机械的位置直接影响搅拌站、加工厂及各种材料、构件的堆场或仓库等的位置和道路，以及临时设施及水、电管线的布置等，因此，它是施工现场全局布置的中心环节，应首先确定。

施工大型机械的布置

1）确定起重运输机械的数量

起重运输机械的数量按式（7-1-1）确定：

$$N=\sum Q/S \tag{7-1-1}$$

式中：N——起重机台数；

$\sum Q$——垂直运输高峰期每班要求运输总次数；

S——每台起重机每班运输次数。

2）确定起重运输机械的类型及布置方式

建筑施工现场常用的起重运输机械类型有下列 3 种。

① 塔式起重机。

塔式起重机是集起重、垂直提升和水平输送三种功能为一身的机械设备，按其在工地上使用架设的要求不同，可分为固定式、轨行式、附着式和内爬式四种。

塔式起重机的布置方式主要取决于建筑物的平面几何特性，如形状、尺寸以及施工现场四周的条件。要使塔式起重机的覆盖半径最大化，能够将材料和构件直接运至任何施工地点，充分发挥其起重、垂直提升和水平输送的功能，尽量避免出现"死角"。

当采用两台及多台塔式起重机在施工现场进行交叉作业时，应根据实际工作情况编制专项方案，方案中应包含起重机防碰撞安全措施。塔机尾部与外围脚手架的安全距离如图7-1-2所示，群塔施工的安全距离如图7-1-3所示，根据《施工现场临时用电安全技术规范》（JGJ 46—2018）中的规定，塔吊与架空线边线的最小安全距离见表7-1-1。

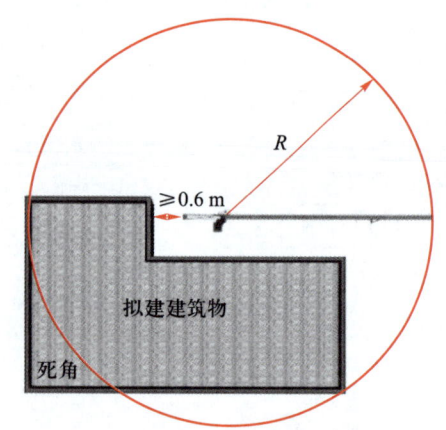

图 7-1-2　塔机尾部与外围脚手架的安全距离

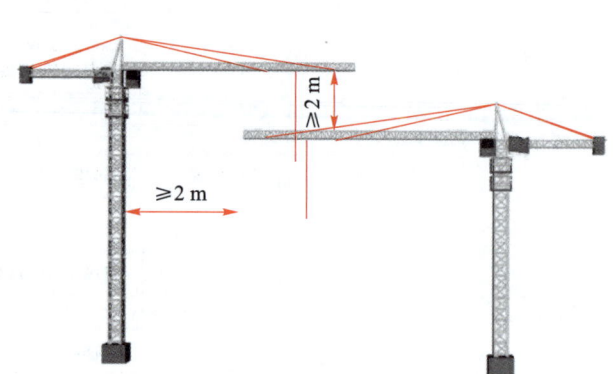

图 7-1-3　群塔施工的安全距离

表 7-1-1　塔吊与架空线边线的最小安全距离

电压 /kV	<1	10	35	110	220	330	500
沿垂直方向	1.5	3.0	4.0	5.0	6.0	7.0	8.5
沿水平方向	1.5	2.0	3.5	1.0	6.0	7.0	8.5

在编制塔式起重机安装专项方案时，也应编制对应的拆除专项方案。为了保证安拆方便，塔式起重机的位置应留有较大空间，以便容纳塔式起重机安拆时所需的工作空间，同时根据四周场地条件、场地内施工道路情况，考虑安拆的可行性和便利性。除非建筑物特点及工艺需要，尽可能避免塔式起重机二次或多次移位，以节省施工时的时间成本与经济成本。

塔式起重机的高度可按式（7-1-2）计算，计算简图如图7-1-4所示。

$$H = h_1 + h_2 + h_3 + h_4 \tag{7-1-2}$$

式中：H——起重机的起重高度，m；

h_1——建筑物高度，m；

h_2——安全生产高度，m；

h_3——构件最大高度，m；

h_4——索具高度，m。

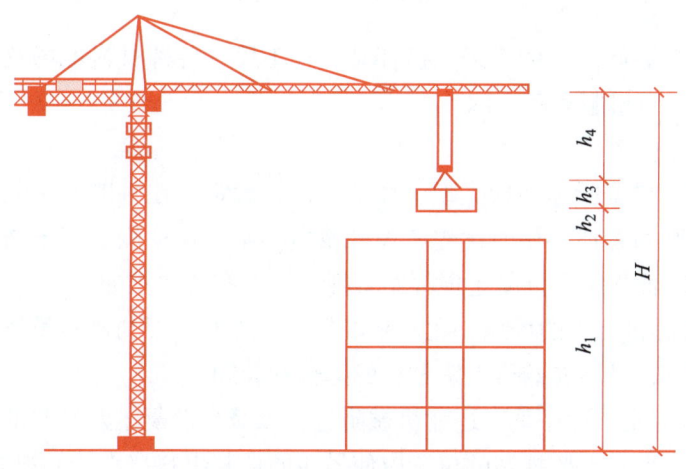

图 7-1-4　塔式起重机高度计算简图

② 自行无轨式起重机械。

自行无轨式起重机械可分为履带式、轮胎式和汽车式三种。其一般不做垂直提升和水平运输用，而更适用于装配式单层工业厂房主体结构的吊装，也可用于混合结构如大梁等较重构件的吊装方案等。

③ 井架、龙门架。

井架、龙门架的布置应符合下列要求：

a. 当房屋呈长条形，层数、高度相同时，井架、龙门架的布置位置应处于与房屋两端的水平运输距离大致相等的适中地点，以减小在房屋上面的单程水平运距；也可以布置在施工段分界处，靠现场较宽的一面，以便在井架、龙门架附近堆放材料或构件，达到缩短运距的目的。

b. 当房屋有高、低层分隔时，如果只设置一副井架、龙门架，则应将井架、龙门架布置在分界处附近的高层部分，以满足高、低层的需要，减少井架、龙门架的拆装工作。

c. 井架、龙门架的地面进口要求道路畅通，使运输不受干扰。井架、龙门架的出口应尽量布置在留有门窗洞口的开间，避免砌墙留搓和拆除后的墙体修补工作。同时应考虑井架、龙门架的揽风绳对交通、吊装的影响。

d. 井架、龙门架的数量要根据施工进度、提升的材料和构件数量、台班工作效率等因素计算确定，其服务范围一般为 50～60 m。

e. 井架、龙门架的卷扬机应设置安全作业棚，其位置不应距起重机械太近，以便操作人员的视线能看到整个升降过程。一般要求此距离大于建筑物的高度，且水平方向距外脚手架 3 m 以上。

f. 井架应立在外脚手架之外，并保持一定距离，一般为 5～6 m。

g. 缆风绳的设置，当高度在 15 m 以下时设一道，15 m 以上时每增高 10 m 增设一道，缆风绳宜用钢丝绳，并与地面成 45° 夹角，当附着于建筑物时可不设缆风绳。

（2）搅拌站、加工厂、各种材料堆场及仓库的布置

施工生产性临时设施的布置

出于运输与材料装卸方面的考虑，搅拌站、加工厂、各种材料堆场及仓库的布置应尽量靠近使用地点或在起重机服务范围内。

1）搅拌站的布置

搅拌站的布置要根据所建结构类型、场地条件来确定。在一般的砖混结构中，混凝土用量小于砂浆用量，则布置搅拌站时优先考虑砂浆搅拌站。在现浇混凝土结构中，混凝土用量大，故布置搅拌站时优先考虑混凝土搅拌站。搅拌站的布置要求如下：

① 搅拌站应有后台上料的场地，尤其是混凝土搅拌站，要与砂石堆场、水泥库一起考虑布置，既要互相靠近，又不能妨碍大宗材料的运输和装卸。

② 搅拌站应尽可能布置在垂直运输机械附近，以减少混凝土及砂浆的水平运距。当采用塔式起重机方案时，混凝土搅拌站的位置应使吊斗能从其出料口直接卸料并挂钩起吊。

③ 搅拌站应设置在施工道路近旁，使小车、翻斗车运输方便。

④ 搅拌站场地四周应设置排水沟，以利于清洗机械和排除污水，避免造成现场积水。

⑤ 混凝土搅拌站所需面积约为 25 m²，砂浆搅拌站所需面积约为 15 m²，冬期施工时考虑保温与供热设施等需相应地增加面积，冬期施工混凝土搅拌站所需面积增为 50 m² 左右，冬期施工砂浆搅拌站所需面积增为 30 m² 左右。

2）加工厂的布置

钢筋混凝土预制加工厂、木材加工厂、钢筋加工厂、金属结构构件加工厂和机械修理加工厂等，各种加工厂的结构形式应根据使用期限长短和建设地区的条件而定。一般使用期限较短者，宜采用简易结构，如油毡、薄钢板屋面的竹木结构；使用期限较长者，宜采用瓦屋面的砖木结构，砖石或装拆式活动房屋等。

木材加工厂、钢筋加工厂、水电加工厂等宜设置在建筑物四周稍远位置，并配备相应的材料及成品堆场。石灰及淋灰池可根据情况布置在砂浆搅拌机附近。沥青灶的选址应选择较空旷的场地，远离易燃品仓库和堆场，并布置在下风向。加工厂的布置要求如下：

① 钢筋加工厂的布置，应尽量采用集中加工布置方式。

② 混凝土搅拌站的布置，可采用集中、分散、集中与分散相结合三种方式。集中布置时，通常采用二阶式搅拌站。当要求供应的混凝土有多种标号时，可配置适当的小型搅拌机，采用集中与分散相结合的方式。当在城市内施工，采用商品混凝土时，现场只需布置泵车及输送管道的位置。

③ 木材加工厂的布置，在大型工程中，根据木料的情况，一般要设置原木、锯材、成材、粗细木等集中联合加工厂，并布置在铁路、公路或水路沿线。对于城市内的工程项目，木材加工宜在现场外进行或购入成材，现场的木材加工厂布置只需考虑门窗、模板的制作。木材加工厂的布置还应考虑远离火源及残料锯屑的处理问题。

④ 金属结构、锻工、机修等车间，由于相互密切联系，应尽可能布置在一起。

⑤ 产生有害气体和污染环境的加工厂，如熬制沥青，石灰熟化等，应位于场地下风向且远离办公区、生活区。

3）仓库及堆场的布置

通常，单位工程施工组织设计仅考虑现场仓库的布置；而施工组织总设计需对中心仓库和转运仓库做出设计布置。现场仓库按其储存材料的性质和重要程度，可采用露天堆场、半封闭式（棚）或封闭式（仓库）三种形式。露天堆场，用于储存不受自然气候影响而损坏质量的材料，如砂、石、砖、混凝土构件；半封闭式（棚），用于储存需防止雨、雪、阳光直接侵蚀的材料，如油毡、沥青、钢材等；封闭式（仓库），用于储存受气候影响易变质的制品、材料等，如水泥、五金零件、器具等。

仓库及堆场的面积应由计算确定，然后再根据各个阶段的施工需要及材料使用的先后顺序进行布置。同一场地可供多种材料或构件使用。仓库及堆场的布置要求如下：

① 仓库的布置。水泥仓库应选择地势较高、排水方便、靠近搅拌机的地方。各种易燃易爆品仓库的布置应符合防火、防爆安全距离的要求。木材、钢筋、水电器材等仓库，应与加工棚结合布置，以便就地取材。

② 材料堆场的布置。对于各种主要材料，应根据其用量的大小、使用时间的长短、供应及运输情况等研究确定堆场位置。凡用量较大、使用时间较长、供应及运输较方便的材料，在保证施工进度与连续施工的情况下，均应考虑分期分批进场，以减少堆场或仓库所需面积，达到降低耗损、节约施工费用的目的。应考虑先用先堆、后用后堆，有时在同一地方，可以先后堆放不同的材料。

对于钢模板、脚手架等周转材料的堆场，应选择在装卸、取用、整理方便和靠近拟建工程的地方布置。对于基础及底层用砖的堆场，可根据现场情况，沿拟建工程四周分堆布置，并距离基坑、槽边不小于 0.5 m，以防止塌方。底层以上用砖的堆场，采用塔式起重机运输时可布置在其服务范围内。砂石的堆场应尽可能布置在搅拌机后台附近，其中石子的堆场应更靠近搅拌机，并按石子的不同粒径分别放置。

4）单位工程材料储备量的确定

单位工程材料储备量应保证工程连续施工的需要，同时应与全工地材料储备量综合考虑，单位工程材料储备量按式（7-1-3）计算：

$$Q = \frac{nq}{T}K \qquad (7-1-3)$$

式中：Q——单位工程材料储备量，t；

$\quad n$——储备天数，按表 7-1-2 取用；

$\quad q$——计划期内需用的材料数量，t；

$\quad T$——需用该项材料的施工天数，且不大于 n；

$\quad K$——材料消耗量不均匀系数（日最大消耗量 / 平均消耗量）。

【案例 7-1-1】某建筑工地单位工程按月计划需用水泥 5 500 t，试求其月需要水泥储备量。

【解】取 $n=30$ d，$T=22$ d，$K=1.05$，则由式（7-1-3）得到的需要水泥储备量为

$$Q = \frac{nq}{T}K = \frac{30 \times 5\ 500}{22} \times 1.05\ \text{t} = 7\ 875\ \text{t}$$

故月需要水泥储备量为 7 875 t。

① 仓库及堆场所需面积的确定。

仓库及堆场所需面积，可根据施工进度、材料供应情况等，确定分批分期进场，并根据式（7-1-4）进行计算：

$$F = \frac{Q}{PK'} \tag{7-1-4}$$

式中：F——材料堆场或仓库需要面积，m^2；

　　　Q——单位工程材料储备量，t；

　　　P——每平方米储备量，按表 7-1-2 取用；

　　　K'——仓库面积利用系数，按表 7-1-2 取用。

【案例 7-1-2】某工地拟修建一座可堆放 900 t 水泥的仓库，试求仓库需用面积。

【解】根据题意，查表 7-1-2 得 P=1.5，K'=0.6

由式（7-1-4）得到水泥仓库需用面积：

$$F = \frac{Q}{PK'} = \frac{900}{1.5 \times 0.6} m^2 = 1\ 000\ m^2$$

故水泥仓库需用面积为 1 000 m^2。

表 7-1-2　常用材料仓库或堆场面积计算所需数据参考指标

序号	材料名称	储备天数 n/d	每平方米储备量 P/t	堆置高度 /m	仓库面积利用系数 K'	仓库类型
1	槽钢、工字钢	40 ~ 50	0.8 ~ 0.9	0.5	0.32 ~ 0.54	露天、堆垛
2	扁钢、角钢	40 ~ 50	1.2 ~ 1.8	1.2	0.45	露天、堆垛
3	钢筋（直筋）	40 ~ 50	1.8 ~ 2.4	1.2	0.11	露天、堆垛
4	钢筋（盘筋）	40 ~ 50	0.8 ~ 1.2	1.0	0.11	仓库或棚约占 20%
5	水泥	30 ~ 40	1.3 ~ 1.5	1.5	0.45 ~ 0.60	库
6	砂、石子（人工堆置）	10 ~ 30	1.2	1.5	0.8	露天、堆放
7	砂、石子（机械堆置）	10 ~ 30	2.4	3.0	0.8	露天、堆放
8	块石	10 ~ 20	1.0	1.2	0.7	露天、堆放
9	红砖	10 ~ 30	0.5	1.5	0.8	露天、堆放
10	卷材	20 ~ 30	15 ~ 24	2.0	0.35 ~ 0.45	仓库
11	木模板	3 ~ 7	4 ~ 6	—	0.7	露天

② 作业棚所需面积的确定。

木材作业棚、钢筋作业棚、水电作业棚等宜设置在建筑物四周稍远位置，并配相应的材料及成品堆场。现场作业棚所需面积参考指标见表7-1-3。

表 7-1-3　现场作业棚所需面积参考指标

序号	名称	单位	面积	备注
1	木工作业棚	m²/人	2	占地为建筑面积的2~3倍
2	电锯房	m²	80	863~914 mm 圆锯1台
			40	小圆锯1台
3	钢筋作业棚	m²/人	3	占地为建筑面积的3~4倍
4	搅拌棚	m²/台	10~18	
5	卷扬机棚	m²/台	6~12	
6	烘炉棚	m²	30~40	
7	焊工房	m²	20~40	
8	电工房	m²	15	
9	白铁工房	m²	20	
10	油漆工房	m²	20	
11	机、钳工修理房	m²	20	
12	立式锅炉房	m²/台	5~10	
13	发电机房	m²/kW	0.2~0.3	
14	水泵房	m²/台	3~8	
15	空压机房（移动式）	m²/台	18~30	
	空压机房（固定式）	m²/台	9~15	

（3）现场运输道路的布置

施工运输道路的布置主要解决运输和消防两方面问题，布置原则如下：

①尽可能利用永久性道路的路面或基础。

②应尽可能围绕建筑物布置环形道路，并设置两个以上的出入口。

③当道路无法设置环形道路时，应在道路的末端设置回车场。

④道路主线路位置的选择应方便材料及构件的运输及卸料，当不能到达时，应尽可能设置支线路。

⑤道路的宽度应根据现场条件及运输对象、运输流量确定，并满足消防要求；其中主干道应设计为双车道，宽度不小于6 m，次要车道应设计为单车道，宽度不小于4 m。道路两侧应设有排水沟，以利于雨期排水，排水沟深度不小于0.4 m，底宽不小于0.3 m。

⑥施工道路应避开拟建工程和地下管道等区域。

⑦施工现场入口应设置绿色施工制度图牌。

施工运输道路及出入口的布置

⑧ 施工现场出入口应设置大门、门卫室、企业形象标志、车辆冲洗设施等。

现场内临时道路的技术要求见表 7-1-4，各类车辆要求路面最小允许曲线半径见表 7-1-5，临时道路路面的种类和厚度见表 7-1-6。

表 7-1-4　临时道路的技术要求

指标名称	单位	技术标准
设计车速	km/h	≤ 20
路基宽度	m	双车道 6～6.5；单车道 4.4～5；困难地段 3.5
路面宽度	m	双车道 5～5.5；单车道 3～3.5
平面曲线最小半径	m	平原、丘陵地区 20；山区 15；回头弯道 12
最大纵坡	%	平原地区 6；丘陵地区 8；山区 11
纵坡最短长度	m	平原地区 100；山区 50
桥面宽度	m	木桥 4.5
桥涵载重等级	t	木桥涵 7.8～10.4

表 7-1-5　各类车辆要求路面最小允许曲线半径

车辆类型		路面内侧最小曲线半径 /m		
		无拖车	有 1 辆拖车	有 2 辆拖车
小客车、三轮汽车		6	—	—
一般二轴载重汽车	单车道	9	12	15
	双车道	7	—	—
三轴载重汽车、重型重载汽车、公共汽车		12	15	18
超重型载重汽车		15	18	21

表 7-1-6　临时道路路面的种类和厚度

路面种类	特点及其使用条件	路基土	路面厚度 /cm	材料配合比
级配砾石路面	雨天照常通车，可通行较多车辆，但材料级配要求严格	砂质土	10～15	体积比为 黏土：砂：石子 =1：0.7：3.5 质量分数比为 1）面层：黏土 13%～15%，砂石料 85%～87%； 2）底层：黏土 10%，砂石混合料 90%
		黏质土或黄土	14～18	
碎（砾）石路面	雨天照常通车，碎（砾）石本身含土较多，不加砂	砂质土	10～18	碎（砾）石 >65%，当地土含量 ≤35%
		砂质土或黄土	15～20	

路面种类	特点及其使用条件	路基土	路面厚度/cm	材料配合比
碎砖路面	可维持雨天通行，通行车辆较少	砂质土	13～15	1）垫层：砂或炉渣 4～5 mm； 2）底层：7～10 mm 碎砖； 3）面层：2～5 mm 碎砖
		黏质土或黄土	15～18	
炉渣或矿渣路面	可维持雨天通行，通行车辆较少，当附近有此项材料可利用	一般土	10～15	炉渣或矿渣75%，当地土含量25%
		较松软时	15～30	
砂土路面	雨天停车，通行车辆较少，附近不产石料而只有砂时	砂质土	15～20	粗砂50%，细砂、粉砂和黏质土50%
		黏质土	15～30	
风化石屑路面	雨天停车，通行车辆较少，附近有石屑可利用	一般土	10～15	石屑90%，当地土10%
石灰土路面	雨天停车，通行车辆较少，附近产石灰时	一般土	10～13	石灰10%，当地土90%

（4）临时建筑的布置

临时建筑的布置既要考虑施工的需要，又要靠近交通线路，方便运输和生活，还应考虑到节能环保的要求，做到文明施工、绿色施工。

办公生活区临时设施的布置

1）临时建筑的分类

① 办公用房，如办公室、会议室、门卫等。

② 生活用房，如宿舍、食堂、厕所、盥洗室、浴室、文体活动室、医务室等。

2）临时建筑的设计规定

① 临时建筑不应超过两层，会议室、餐厅、仓库等人员较密集、荷载较大的用房应设在临时建筑的底层。

② 临时建筑的办公用房、宿舍宜采用活动房，临时围挡用材宜选用彩钢板。

③ 办公用房室内净高不应低于 2.5 m。普通办公室每人使用面积不应小于 4 m^2，会议室使用面积不宜小于 30 m^2。

④ 宿舍内应保证必要的生活空间，室内净高不应低于 2.5 m，通道宽度不应小于 0.9 m。每间宿舍居住人数不应超过 16 人；宿舍内应设置单人铺，床铺的搭设不应超过 2 层。

⑤ 食堂与厕所、垃圾站等污染源的距离不宜小于 15 m，且不应设在污染源的下风侧。

⑥ 施工现场应设置自动水冲式或移动式厕所。

3）临时房屋的布置原则

① 施工区域与生活区域应分开设置，避免相互干扰。

② 各种临时房屋均不能布置在拟建工程（或后续开工工程）、拟建地下管沟、取弃土地点。

③各种临时房屋应尽可能采用活动式、装拆式结构或就地取材。

④施工场地富余时，各种临时设施及材料堆场的设置应遵循紧凑、节约的原则；施工场地狭小时，应先布置主导工程的临时设施及材料堆场。

行政生活福利临时房屋包括办公室、宿舍、食堂、活动室等，其搭设面积参考指标见表7-1-7。

表7-1-7　临时建筑搭设面积参考指标

临时房屋名称		指标使用方法	参考指标 / (m²/人)
办公室		按使用人数	3 ~ 4
宿舍	单层通铺	按高峰年（季）平均人数扣除不在工地居住人数	2.5 ~ 3.0
	双层床	按高峰年（季）平均人数扣除不在工地居住人数	2.0 ~ 2.5
	单层床	按高峰年（季）平均人数扣除不在工地居住人数	3.5 ~ 4.0
食堂		按高峰年平均人数	0.5 ~ 0.8
食堂兼礼堂		按高峰年平均人数	0.6 ~ 0.9
浴室		按高峰年平均人数	0.07 ~ 0.1
医务室		按工地平均人数	0.05 ~ 0.07
文体活动室		按工地平均人数	0.1
小型	按工地平均人数	按工地平均人数	10 ~ 40
	厕所	按工地平均人数	0.02 ~ 0.07
	工人休息室	按工地平均人数	0.15

（5）临时供水管网的布置

1）施工给水管网的布置

施工临时供水的布置

① 施工给水管网首先要经过设计计算，然后进行布置，其中包括水源选择、用水量计算（包括生产用水、机械用水、生活用水、消防用水等）、取水设施与储水设施的设置、配水管道的布置与管径确定等。

② 施工用的临时给水管网，一般由建设单位的干管或自行布置的干管接到用水地点（如搅拌站、食堂等），布置时应力求管网总长度最短，管径的大小和水龙头数目需视工程规模大小经计算确定。管线可暗铺，也可明铺，视当时的气温条件和使用期限的长短而定。其布置形式有环形、枝形、混合式三种。

③ 给水管网应按消防要求布置消防栓，消防水管线的直径一般不小于 100 mm，消防栓应沿道路布置，消防栓的间距不应超过 120 m，距建筑物外墙不大于 25 m 且不小于 5 m，距路边不大于 2 m，且应设有明显的标志，周围 3 m 以内不准堆放建筑材料。

④ 高层建筑施工给水系统应设置蓄水池和加压泵，以满足高空用水的需求。

2）施工排水管网布置

① 当单位工程属于群体工程之一时，现场排水系统将在施工组织总设计中考虑；若是单独一个工程时，应单独考虑。

② 为排除地面水和地下水，应及时修通永久性下水道，并结合现场地形在建筑物周围设置排泄地面水和地下水的沟渠。

③ 在坡地施工时，应设有拦截山水下泄的沟渠和排泄通道，防止冲毁在建工程和各种设施。

（6）临时供电管网的布置

根据现行规范《施工现场临时用电安全技术规范》的规定，临时供电管网的布置应遵循以下规定：

施工临时供电的布置

① 施工现场临时用电设备在 5 台及以上或设备总容量在 50 kW 及以上者，应编制用电组织设计。

② 施工现场临时用电组织设计应包括以下内容：

a. 现场勘测。

b. 确定电源进线、变电所或配电室、配电装置、用电设备位置及线路走向。

c. 进行负荷计算。

d. 选择变压器。

e. 设计配电系统：设计配电线路，选择导线或电缆；设计配电装置，选择电器；设计接地装置；绘制临时用电工程图纸，主要包括用电工程总平面图、配电装置布置图、配电系统接线图、接地装置设计图。

f. 设计防雷装置。

g. 确定防护措施。

h. 制定安全用电措施和电气防火措施。

③ 塔式起重机、外用电梯、滑升模板的金属操作平台及需要设置避雷装置的物料提升机，除应连接 PE 线外，还应做重复接地。设备的金属结构构件之间应保证电气连接。

（7）绘制施工平面图

单位工程施工平面图的绘制步骤、要求和方法基本同施工总平面图，在此仅作补充说明。绘制单位工程施工平面图，应把拟建单位工程放在图的中心位置。图幅一般采用 A2 或 A3 图纸，比例为 1∶200 ～ 1∶500，常用的是 1∶200。

必须指出，建筑施工是一个复杂多变的生产过程，各种施工机械、材料、构件等是随着工程的进展而逐渐进场的，而且又随着工程的进展而逐渐变动、消耗。因此，在整个施工过程中，它们在工地上的实际布置情况随时在改变。

为此，对于大型建筑工程、施工期限较长或施工场地较为狭小的工程，就需要按不同施工阶段分别设计几张施工平面图，以便把不同施工阶段工地上的合理布置生动、具体地反映出来。在布置各阶段的施工平面图时，对整个施工时期使用的主要道路、水电管线和临时房屋等，不要轻易变动，以节省费用。对较小的建筑物，一般按主要施工阶段的要求来布置施工平面图，同时考虑其他施工阶段如何周转使用施工场地。在布置重型工业厂房的施工平面图时，还应该考虑一般土建工程同其他专业工程的配合问题，以一般土建施工单位为主，会同各专业施工单位，通过协商编制综合施工平面图。

在综合施工平面图中，根据各专业工程在各个施工阶段中的要求，将现场平面合理划分，使各专业工程都具备良好的施工条件，以便各单位根据综合施工平面图布置现场。

✿【任务实施】

第一步 确定各阶段主要施工运输机械

施工现场平面布置遵循施工现场平面布置动态管理的原则，分为基坑支护及土方开挖施工阶段、地下室结构施工阶段、主体结构施工阶段及装饰装修施工阶段等不同时期进行管理，根据每个时期的材料和设备的不同，合理调整堆场位置，同时兼顾不宜移动的设施，如围墙和出入口位置、办公和生活用房、材料堆场和仓库、大型机械设备、临时水电管线、道路等。

依据工程特点和各施工阶段的管理要求，对施工平面实行分阶段布置，在不同施工阶段对施工总平面布置作动态调整，各阶段主要施工机械布置如表 7-1-8 所示。

表 7-1-8 各阶段主要施工机械布置

序号	施工阶段	主要施工内容	选用机械情况
1	基坑支护及土方开挖施工阶段	桩基施工、土方开挖	① 拟投入 6 台 PC300 挖机、2 台 PC60-7 挖机、40 辆渣土车进行土方开挖施工。 ② 拟投入 3 台 TS25 型旋挖钻机、2 套喷射混凝土设备进行锚杆施工
2	地下室结构施工阶段	底板施工、地下结构施工	① 布置 1 台 TC5610 塔吊（R=56 m）、1 台 TC5610 塔吊（R=44 m）。塔吊基础设置在底板下。 ② 布置 3 台混凝土地泵负责混凝土底板浇筑。施工时还需布置 1 台汽车泵辅助（临时性）
3	主体结构施工阶段	地上结构施工（土建）、砌筑、屋面、幕墙、装修插入施工	① 布置 1 台 TC5610 塔吊（R=56 m），1 台 TC5610 塔吊（R=44 m）。塔吊基础设置在底板下。 ② 布置 2 台车载泵负责地上混凝土浇筑。 ③ 钢结构安装完成后，砌筑施工前，两个训练馆区域各设置 1 台施工提升架用于砌筑以及装修材料运输
4	装饰装修施工阶段	幕墙、精装修施工	① 1#、2# 塔吊自降后利用汽车吊拆除。 ② 布置 1 台 ST200 双笼施工电梯用于装修材料运输。 ③ 消防梯投入使用后，拆除剩余施工提升井字架

第二步 确定现场临时设施

依据各施工阶段的特点确定现场临时设施，以便更充分利用场区，最终实现场区布置合理、材料堆放整齐，并能够发挥施工机械的最大效能。各施工阶段生产区临时设施布置见表 7-1-9、表 7-1-10、表 7-1-11，办公区临时设施布置见表 7-1-12。该工程在办公区东侧设置工人生活区，见结构施工阶段现场平面布置图。

表 7-1-9　基坑支护及土方开挖施工阶段生产区临时设施布置

序号	布置内容	数量	单位	详细说明	备注
1	现场大门	2	个	1# 大门位于场区东北角 2# 大门位于场区东南角	
2	岗亭	2	个	每个大门处设置一个	
3	洗车池	1	个	2# 大门内侧设置一个	
4	原材料及加工场地	1	个	详见平面布置图	钢筋加工、原材料场地详见平面布置图
5	消防架体	4	个	办公区设置一个，生活区设置一个，施工现场设置两个	
6	库房	2	间	详见平面布置图	
7	临时道路	2 500	m²	利用现有永久道路混凝土基层作为施工期间场内运输道路，消防车道兼运输通道，包括铺设 20 mm 厚的钢板道路 600 m²	

表 7-1-10　地下室结构和地上结构施工阶段生产区临时设施布置

序号	布置内容	数量	单位	详细说明	备注
1	现场大门	2	个	沿用上一阶段设置	
2	岗亭	2	个	沿用上一阶段设置	
3	洗车池	1	个	沿用上一阶段设置	
4	塔吊	2	个	型号均为 TC7015（R=70 m）	
5	地泵	2	个	详见平面布置图	
6	原材料及加工场地			沿用上一阶段设置	
7	消防架体	4	个	办公区设置一个，生活区设置一个，施工现场设置两个	
8	库房	2	间	详见平面布置图	
9	试验室	2	间	详见平面布置图	
10	茶烟亭	1	个	详见平面布置图	
11	垃圾池	1	个	材料加工场附近	
12	临时道路	2 500	m²	消防车道兼运输通道，包括铺设 20 mm 厚的钢板道路 600 m²	沿用

表 7-1-11 装饰装修施工阶段生产区临时设施布置

序号	布置内容	数量	单位	详细说明	备注
1	现场大门	2	个	沿用上一阶段设置	
2	岗亭	2	个	沿用上一阶段设置	
3	洗车池	1	个	沿用上一阶段设置	
4	原材料及加工场地			沿用上一阶段设置	沿用
5	消防架体	4	个	办公区设置一个，生活区设置一个，施工现场设置两个	
6	库房	2	间	详见平面布置图	
7	试验室	2	间	详见平面布置图	
8	茶烟亭	1	个	详见平面布置图	
9	垃圾池	1	个	材料加工场附近	
10	临时道路	2 500	m²	消防车道兼运输通道，包括铺设 20 mm 厚的钢板道路 600 m²	沿用

表 7-1-12 办公区临时设施布置

序号	项目	数量	单位	备注说明
1	办公区占地面积	1 300	m²	
2	总包办公室	650	m²	
3	分包办公室	150	m²	
4	停车场区域	450	m²	
5	卫生间	50	m²	
6	旗杆	3	根	
7	企业 CI 形象宣传墙	2	个	1#、2# 大门两侧处，设企业 CI 形象宣传墙
8	施工图牌	11	个	"九牌二图"

第三步 现场运输道路布置

现场设置 150 mm 厚的混凝土道路，大门口外侧设置钢板道路，以增加地面承载能力。

第四步 临时用水的布置

楚雄职教办公楼工程项目建筑高度为 20.40 m，包含地上 5 层与地下 1 层，总建筑面积为 7 895.70 m²。结合现场条件，临水方案如下：沿项目周圈布置消防环管，施工用水与临时消防系统共用管道，采用市政用水直供方式，该工程用水主要为混凝土养护、模板胶水湿润、砂浆搅拌及机械清洗用水，其余用水量很少。

（1）水源

现场西北侧预留有 DN100 的市政水源点。

（2）临时用水量计算

① 施工用水量 q_1 的计算式为

$$q_1 = K_1 \times \sum(Q_1 N_1) \times \frac{K_2}{8 \times 3\,600} \qquad (7\text{-}1\text{-}5)$$

式中：K_1——未预计的施工用水系数（1.05～1.15）；

Q_1——日工程量（以实物计量单位表示）；

N_1——施工用水定额；

K_2——施工现场用水不均衡系数。

经过计算得出：$q_1 = 1.15 \times（5 \times 30 \times 400 + 20 \times 20 \times 100 + 100 \times 200）\times 1.5/（8 \times 3\,600）=$ 7.19 L/s。

② 施工机械用水量 q_2 的计算式为

$$q_2 = K_1 \times \sum(Q_2 N_2) \times \frac{K_3}{8 \times 3\,600} \qquad (7\text{-}1\text{-}6)$$

式中：Q_2——同一种机械数量；

N_2——施工机械用水定额；

K_3——施工机械用水不均衡系数。

经过计算得出：$q_2 = 1.15 \times（20 \times 150 \times 2）\times 1.10/（8 \times 3\,600）= 0.26$ L/s。

③ 施工现场生活用水量 q_3 的计算式为

$$q_3 = \frac{P_1 \times N_3 \times K_4}{t \times 8 \times 3\,600} \qquad (7\text{-}1\text{-}7)$$

式中：P_1——施工高峰期施工人员总数；

N_3——施工现场生活用水定额；

K_4——施工现场生活用水不均衡系数；

t——每天工作班数。

经过计算得出：$q_3 = 200 \times 50 \times 1.4/（8 \times 3\,600）= 0.5$ L/s。

④ 消防用水量 q_4 的计算。根据《建设工程施工现场消防安全技术规范》（GB 50720—2011），确定在建工程的临时室内消防用水量为 10 L/s，临时室外消防用水量为 20 L/s，消防用水总量 $q_4 = 30$ L/s。

⑤ 施工现场总用水量 Q 的计算式为

$$Q = q_1 + q_2 + q_3 < q_4 = 30 \text{ L/s}$$

所以，总用水量为 30 L/s。

（3）配水管径的计算

施工现场总用水量 $Q=30$ L/s，则环网管径为

$$d = \sqrt{\frac{4Q}{1\,000\pi\nu}} \qquad\qquad (7-1-8)$$

计算得出，施工现场应配置 DN100 的主管道。

（4）室外消防环网布置

根据《建设工程施工现场消防安全技术规范》（GB 50720—2011）的要求，沿基坑周围设置临时消火栓，消火栓间距不大于 120 m。消火栓规格采用地上式消火栓 SY65 型，栓头为 DN65，安装方法详见图集 01S201，由环网引出支管供地上消防用水。

（5）室内临时消防系统布置

根据《建设工程施工现场消防安全技术规范》的要求，每层设 3 根消防立管，每栋建筑的每层室内消火栓间距不大于 50 m。每个消火栓处应配备 1 个消防箱，箱内应有 2 个水带和 2 个消防水枪。应在消火栓上设置软管接口，并配备消防软管。同时，应按照要求配备灭火器。

（6）临时生产用水设计

该项目施工现场生产给水管与消防管合并设置。

现场生产给水一部分根据需要由现场的临时用水主管预留甩口，另一部分在消火栓栓头处均预留一个 DN25 接头。

第五步　临时用电的布置

（1）施工现场电源及其布置

施工现场电源由业主提供的 2 台 1 250 kVA 的变压器取用，施工现场设置 3 台一级配电柜，生活及办公区各设置 1 台一级配电柜，临时电缆主要采用沿场地四周埋地及架空敷设相结合的方式。

现场采用 TN-S 三相五线制接零保护系统供电。该工程应达到"三级配电，逐级保护"的要求，其中三级配电指的是施工现场临时配电系统应设置配电柜或总配电箱（俗称一级配电箱）、分配电箱（俗称二级配电箱）、开关箱（俗称三级配电箱），实行三级配电。

（2）施工现场平面布置原则

根据该工程的现场条件、施工环境，在进行现场平面布置时充分考虑其合理性，保证工程施工的需要，布置时应遵循如下原则：

临时用电采用 TN-S 三相五线制保护系统供电，实行三级配电，逐级设置漏电保护的方式；一级配电柜、二级配电箱进线电缆采用埋地敷设方式；三级配电箱进线电缆主要采用架

空敷设方式。一级配电柜、二级配电箱做重复接地,其接地电阻不大于10 Ω,防雷装置的冲击接地电阻值不得大于30 Ω。一级配电柜搭设防护棚和防砸板,临时用电配电箱柜按照该企业标准执行。

(3)施工现场高峰期用电负荷计算

施工现场用电负荷计算如下:

$$S_{j总} = \sqrt{P_{j总} \cdot P_{j总} + Q_{j总} \cdot Q_{j总}} = 1\ 161\ \text{kVA}$$

式中:$P_{j总}$——用电设备组总有用功计算负荷;

$Q_{j总}$——用电设备组总无用功计算负荷。

考虑到变压器的经济运行容量,实际需要变压器容量应比计算容量增加5%为宜,施工现场需要的电源容量为:$S_{j实} = 1\ 161 \times 105\% = 1\ 219\ \text{kVA}$。

现场应合理安排工序,严格控制各机械施工作业,实行用电申请制度,以保证用电安全。

(4)电缆选型敷设及配电箱柜布置

① 经过现场临时用电负荷的核算,现场配备情况如下:一级配电柜3台,选用电缆型号为VV22–3×185+2×95 mm²;二级配电箱进线电缆型号为VV–3×70+2×35 mm²,塔吊及电梯的电源电缆型号为VV–3×50+2×25 mm²。

临时用电电缆采用埋地结合架空的方式进行敷设。直埋敷设电缆的深度为0.8 m,同时需穿套管保护,埋设电缆的上方应设置电缆标识,同时应增加盖板或者敷设沙子。橡皮电缆架空敷设时,应沿墙壁或电杆设置,用绝缘子固定,严禁使用金属裸线做捆绑。橡皮电缆的最大弧垂距地不得小于2.5 m。电线过路穿管时只允许一根管穿一路电源,管内及地下不允许有接头,设备电源管口要封闭,并加装防水弯头,以避免机械损伤和介质腐蚀。埋地电缆尽量沿道路或场地周边敷设,与现场埋地临水管道保持不小于1 m的间距,并在埋地电缆部位做出明显标识。

② 配电箱柜的布置

根据现场实际情况及供电安全的要求,一级配电柜及二级配电箱均采用落地安装方式。另外,考虑到现场在施工过程中不可预见的因素,现场可根据用电设备的实际需要,进行配电箱的调整及电缆的布置。

(5)电气装置的配置

① 总配电柜内剩余电流断路器的动作电流、动作时间与分配电箱、开关箱中剩余电流断路器相适应,且符合规范要求。

② 二级配电箱内装设总隔离开关、总断路器和分路隔离开关、分路断路器。

③ 开关箱严格执行"一机、一闸、一漏、一箱"制。严禁用同一开关直接控制两台及两台以上用电设备(含插座),严禁线路两端用插头连接电源与用电设备或电源与下一级供电线路;开关箱内必须装设剩余电流断路器,执行三级配电,两级保护。

④ 开关箱应由末级分配电箱配电，分配电箱与开关箱的距离不得超过 30 m，开关箱与其控制的固定式用电设备的水平距离不宜超过 3 m。

⑤ 开关箱内的开关必须能在任何情况下对用电设备实行电源隔离，开关箱内设置的剩余电流断路器必须在设备负荷侧，其型号、额定动作电流及动作时间应与总配电柜处剩余电流断路器的动作电流及动作时间合理配合，使之具有分级、分段保护的功能。一般来说，剩余电流断路器的额定动作电流不大于 30 mA，动作时间不大于 0.1 s。在潮湿场所，剩余电流断路器应为防溅型，其额定动作电流不大于 15 mA，动作时间不大于 0.1 s。

（6）现场临时照明布置

① 地下施工阶段，沿场地四周设置 4 组 3 kW 镝灯进行照明，每组 2 台，并设置镝灯专用控制箱进行控制，控制电缆采用 5×6 规格的橡胶软电缆，并穿阻燃塑料管进行敷设；镝灯、灯罩及支架要做好接地。地上施工阶段时，镝灯可改装在塔吊上，根据使用情况布置即可。

② 楼内临时照明采用 36 V 低压照明（在潮湿和易触及带电体的场所供电电压不大于 24 V），在首层及地下室各层设行灯变压器（变压器容量为 5 000 VA/ 台，并可根据需要增设变压器箱），在首层、地下室各层及中间层均设置此变压器箱，并由中间层的变压器箱负责楼梯间低压照明。低压照明配线采用 BLV-2×16 型号导线架空敷设，地下室沿顶板水平架空，地上沿楼梯垂直架空敷设，低压灯头采用防水灯头，并采用防爆措施。同时配备应急照明，照度不应低于正常照度的 90%，且疏散通道的照度值不应小于 0.5 lx。

③ 现场加工照明采用 36 V 低压照明。

第六步　绘制各阶段平面布置图

各阶段施工平面布置图见二维码。

各阶段施工平面布置图

智慧工地场景的布置

❀【任务拓展】

智慧工地场景的布置。

❀【学习自测】

一、单项选择题

1. 下列关于施工运输道路布置不正确的是（　　　）。

A. 主干道应设计为双车道，宽度不小于 6 m

B. 次要车道为单车道，宽度不小于 4 m

C. 路两侧要设有排水沟，以利于雨期排水，排水沟深度不小于 0.4 m，底宽不小于 0.3 m

D. 施工道路可以不考虑避开拟建工程和地下管道等区域

2. 以下关于办公用房的建筑设计规定中，叙述正确的是（　　　）。

A. 办公用房室内净高不应低于 3.0 m

B. 办公室人均使用面积不宜小于 6 m²

C. 会议室使用面积不宜小于 30 m²

D. 会议室使用面积不宜小于 50 m²

3. 以下关于宿舍的建筑设计规范中，叙述不正确的是（　　　）。

A. 宿舍室内净高不低于 2.5 m　　　　B. 宿舍通道宽度不应小于 0.9 m

C. 每间宿舍居住人数不超过 16 人　　D. 宿舍的楼层不得超过 3 层

4. 以下关于生活用房的建筑设计规定中，叙述正确的是（　　　）。

A. 宿舍内严禁设置双层铺

B. 食堂宜采用单层结构，顶棚设吊顶

C. 食堂与厕所、垃圾站等污染源的距离不宜小于 20 m

D. 食堂可以设置在污染源的下风侧

二、多项选择题

以下关于临时设施中属于生活用房的是（　　　　　）。

A. 办公室　　　　　　　　　　　B. 食堂

C. 宿舍　　　　　　　　　　　　D. 门卫

E. 文体活动室

三、技能实训

1. 背景资料（一）

某建筑施工场地东西长为 110 m，南北宽为 70 m，拟建建筑物首层平面为 80 m×40 m，地下 2 层，地上 6/20 层，檐口高为 26/88 m，建筑面积约为 48 000 m²。施工场地部分临时设施平面布置示意图见图 7-1-5。图中布置的施工临时设施有：现场办公室、木工加工及堆场、油漆库房、塔式起重机、施工电梯、物料提升机、混凝土地泵、大门及围墙、车辆冲洗池（图中未显示的设施均视为符合要求）。

问题：写出图 7-1-5 中临时设施编号所处位置最宜布置的临时设施名称（如⑨大门与围墙），简单说明布置理由。

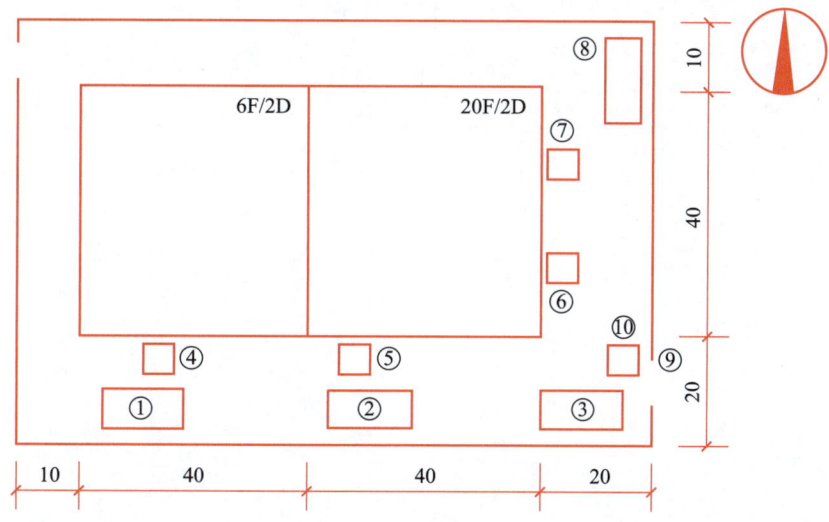

图 7-1-5　部分临时设施平面布置示意图（单位：m）

2. 背景资料（二）

某住宅小区东西长 400 m，南北宽 200 m。其中，有一栋高层宿舍为 25 层大模板全现浇钢筋混凝土塔楼结构，使用两台塔式起重机施工。设环行道路，沿路布置临时用水和临时用电，不设生活区，不设搅拌站，不熬制沥青。

问题：

① 施工平面图设计的原则是什么？

② 进行塔楼施工平面图设计时，以上设施布置的先后顺序是什么？

③ 如果布置供水，需要考虑哪些用水？如果按消防用水的低限（10 L/s）作为总用水量，流速为 1.5 m/s，管径选多少？

④ 应如何布设道路宽度？

⑤ 如何设置施工现场临时室外消防给水系统？

任务 2　BIM 施工现场平面布置

◎【任务引入】

根据给定的楚雄职教办公楼工程项目，基于广联达 BIMMAKE 软件完成各施工阶段平面布置图三维模型的构建。

◎【知识链接】

BIMMAKE 软件是我国自主研发的 BIM 软件，也是 GZ090 建筑信息模型建模与应用国赛的支持软件。它不仅具有建模、翻模、场地布置建模以及施工深化功能，同时支持多种格式 BIM 模型的接入，还可导出到其他软件中做更多的扩展应用。

1. 软件核心功能

（1）快速建模

① 导模：一键导入广联达 GTJ 算量模型，同时兼容其他格式导入，如 GCL、GQI、REVIT、CAD、SKP 等。

② 翻模：CAD 智能快速识别，准确率可达 95%。

③ 建模：支持创建场地、基础、主体、二次结构、临建、防护等构件。

（2）多元数据接口

① 上传模型至云端 BIMFACE，支持模型轻量化应用。

② 导出模型至项目管理平台 BIM5D，实现进度模拟、成本质量管控。

③ 连接广联达渲染引擎 FalconV，实现真实感渲染，导出模型至 Revit、3DS、BIMVR、CAD。

（3）施工深化集成应用

① 场地布置：用于投标展示、场布方案策划、现场资源调配交底。

② 砌体深化：快速完成二次结构及砌体排砖，出图出量，指导现场施工。

③ 钢筋深化：提供工艺、加工、安装的算法，优化钢筋技术方案，实现钢筋工程总控量的管理。

④ 施工算量：输出工程量报表，用于施工现场的计划管理。

⑤ 木模板配模：实现模板的设计加工及预算结算管理。

⑥ 可视化渲染：内置 FalconV 渲染引擎，快速输出效果图和漫游动画。

⑦ 轻量化交底：模型一键上传 BIMFACE，手机即可浏览轻量化模型。

2. 场地布置模型的软件整体操作思路

施工场地布置模型的软件整体操作思路如图7-2-1所示。

✸【任务实施】

运用广联达 BIMMAKE 软件进行楚雄职业教育学院办公楼工程项目主体施工阶段平面布置图模型的构建，具体操作流程如下：

第一步　启动软件

启动广联达 BIMMAKE 软件。

第二步　新建工程

登录软件后新建工程，首先单击"新建项目"，选择"施工场地布置"，界面如图7-2-2所示。

软件项目编辑器界面主要包括菜单功能区、显示区、通用工具栏、视图管理器、属性面板等，如图7-2-3所示。

第三步　导入 CAD 文件

① 单击"导入导出"选择"导入"，单击"CAD"。

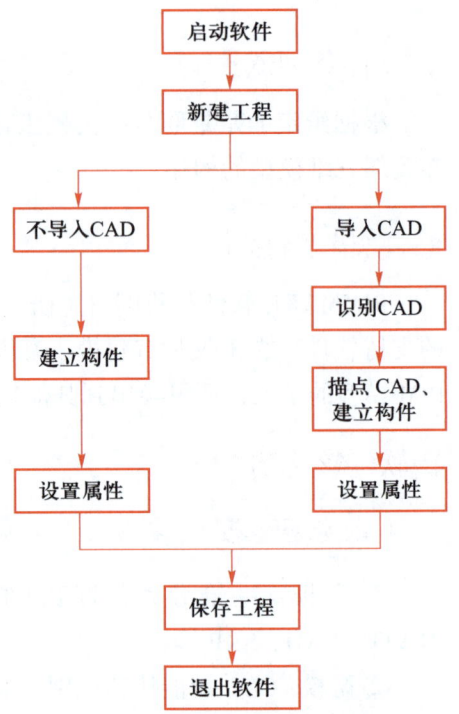

图 7-2-1　软件整体操作思路

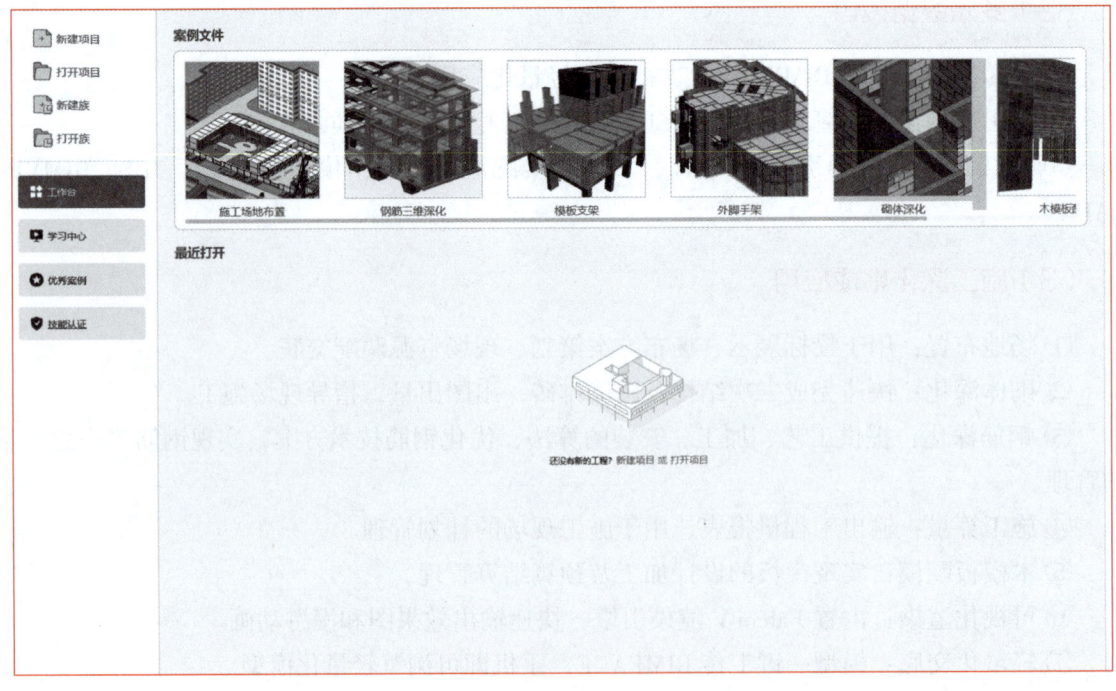

图 7-2-2　新建工程

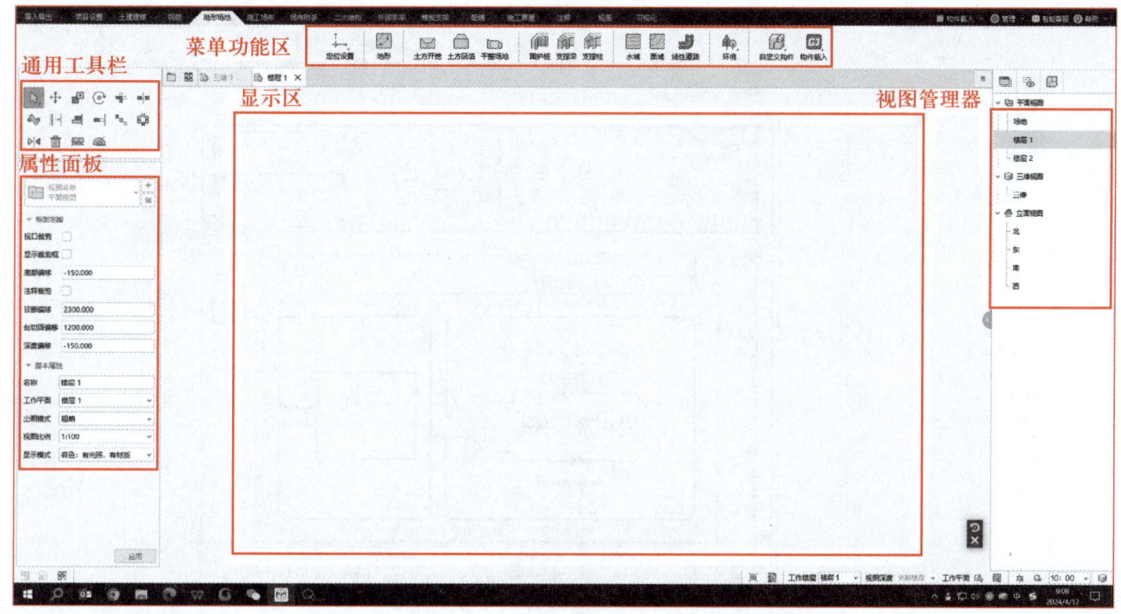

图 7-2-3　项目编辑器界面

② 弹出选择文件对话框，选择 CAD 文件，可选择"*.dwg""*.dxf"格式的文件，选好文件后单击"确定"。

③ 在导入 CAD 文件对话框，可设置是否保留原 CAD 图层颜色、是否只导入可见图层、放置的楼层是否缩放单位比例、插入项目时的定位方式，以及是否保留几何对象 Z 值（Z 值一般用于生成地形高程点）。完成设置后单击"确定"，CAD 图纸将按设置的参数创建实例。

④ 导入成功后，选中 CAD 图纸，可在属性面板中设置该图纸的所属楼层、定位标高，以及是否永远置于平面视图的最前显示。

导入 CAD 文件如图 7-2-4 所示。

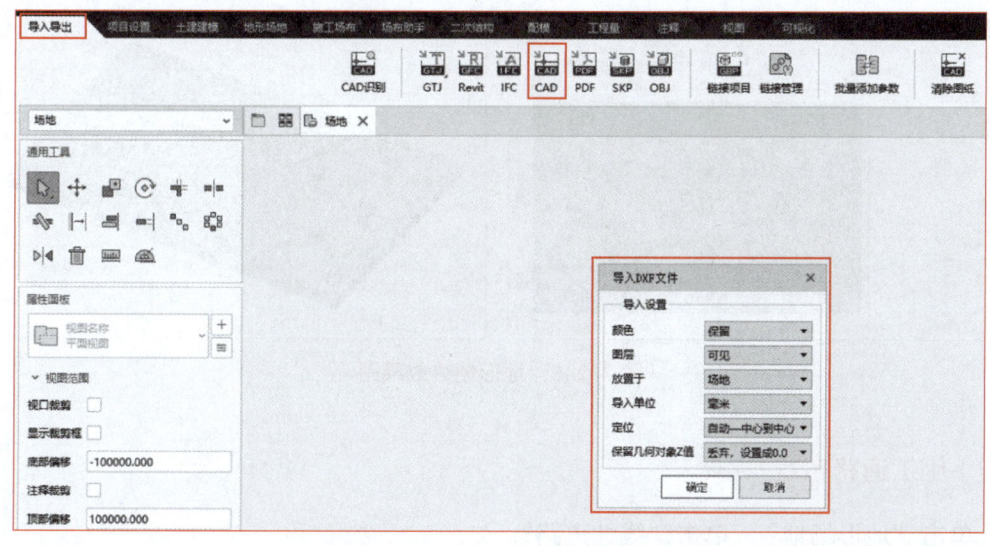

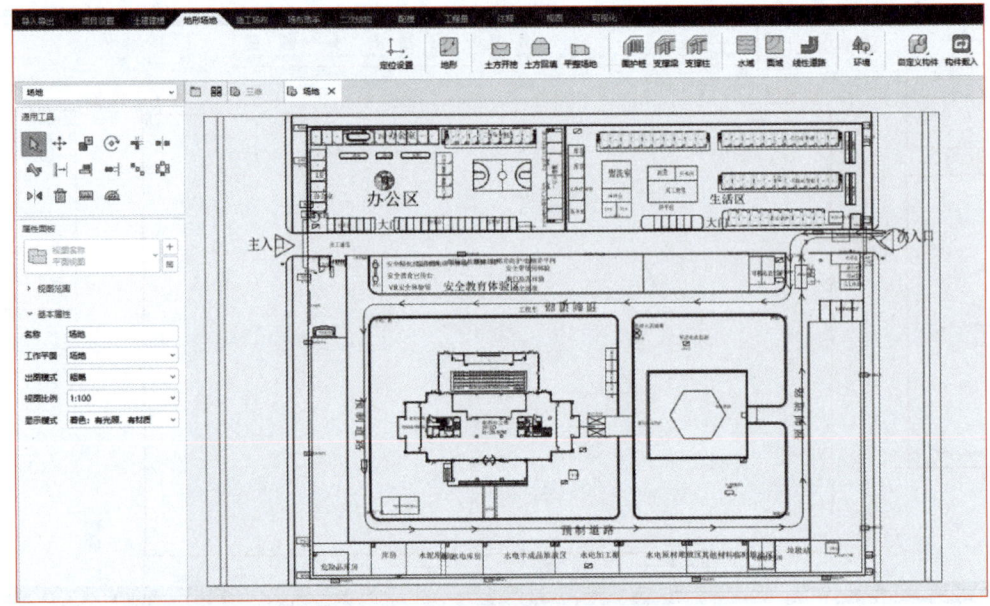

图 7-2-4 导入 CAD 文件

第四步 地形创建

（1）地形参数设置

楚雄职教办公楼工程项目最深基础处标高为 −5.65 m，故地形地貌深度必须超过 5.65 m，此处取 6 m。选择"地形场地"，单击"地形"，将地形深度修改为 6 m，然后绘制地形边界，采取直线或矩形的绘制方式，地形创建效果图如图 7-2-5 所示。

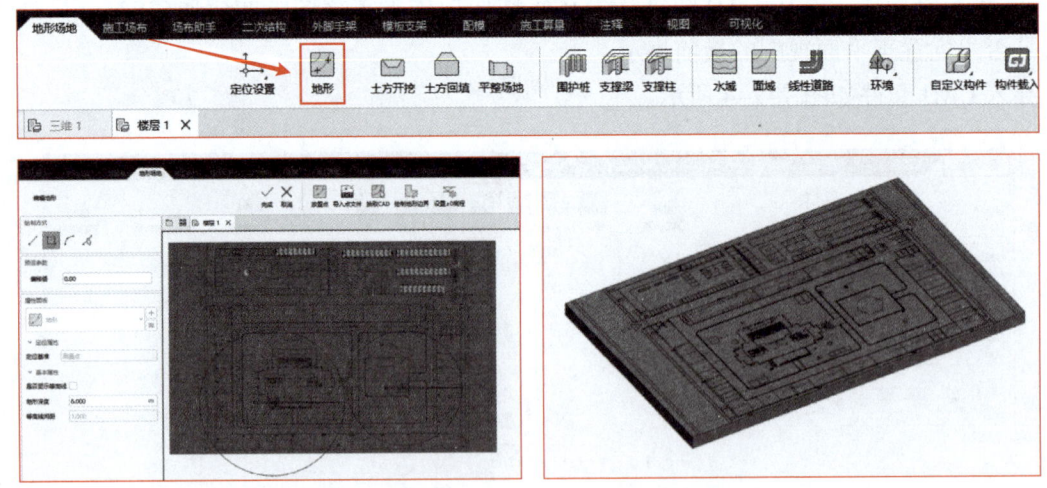

图 7-2-5 地形创建效果图

（2）施工道路布置

① 单击"地形场地"，单击"线性道路"。

② 在左侧工具栏中调整绘制方式。

③ 在左侧工具栏预设参数中修改偏移值及道路倒角。

④ 属性面板中可修改"路面材质""宽度""厚度""是否显示中心线"属性。

⑤ 绘制线性道路。线性道路支持路口转弯半径自动处理。

⑥ 选中道路或路口，在属性面板中改变其属性。选中路口后，属性面板中可修改"路面材质""厚度""转弯半径"属性。

⑦ 对道路进行修角或延伸操作。施工道路绘制效果图如图 7-2-6 所示。

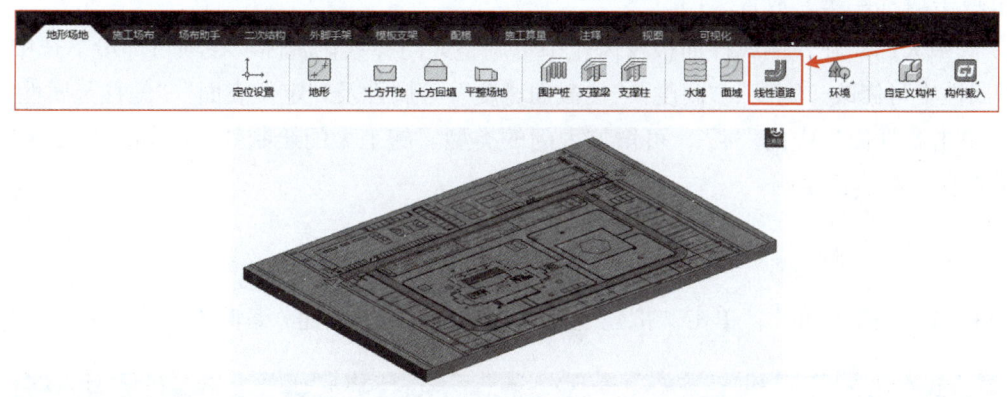

图 7-2-6　施工道路绘制效果图

第五步　建筑外围绘制

（1）围墙

① 单击"施工场布"，单击"围墙"。

② 进入"围墙创建"对话框，在左侧可改变绘制围墙迹线的编辑方式。

③ 单击"围墙创建"右侧的"√"。

④ 选中围墙，在左侧属性面板中，可调整围墙属性。围墙绘制效果图如图 7-2-7 所示。

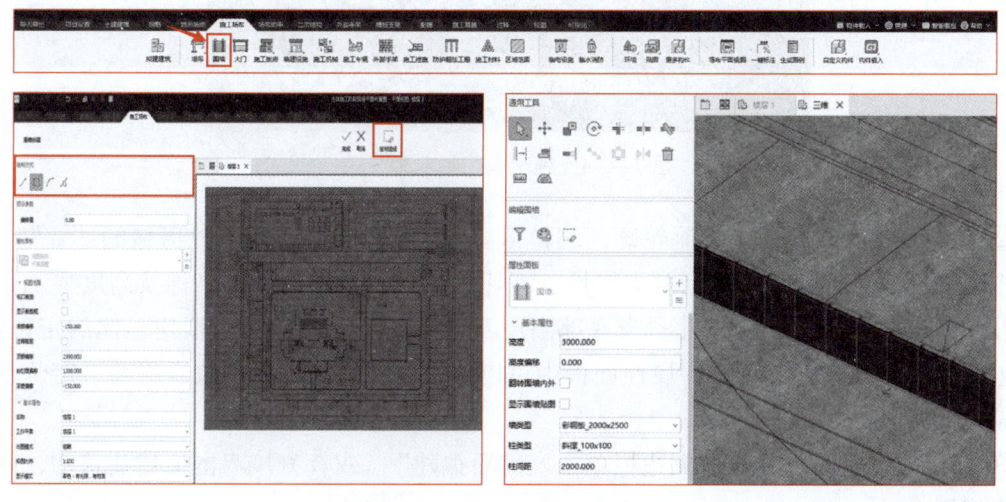

图 7-2-7　围墙绘制效果图

可按照同样的操作完成施工场地内部围墙的绘制。

（2）施工大门

①单击"施工场布"，单击"大门"。

②在属性面板中调整大门类型及其属性。

③在"大门创建设置"对话框中，可让构件在放置后旋转，调整其面向。

④放置过程中，单击空格键切换大门的方向。

⑤单击鼠标左键，放置大门。

⑥选中大门，在左侧属性面板及齿轮中可调整大门参数化属性。在项目环境下选中大门，在类型属性中可修改"宽度""高度""柱截面宽度"等属性及"定位表面""偏移"属性。

⑦单击属性面板中的"+"，可增加大门的类型。施工大门绘制效果图如图7-2-8所示。

第六步　施工区绘制

（1）拟建建筑物

①单击"施工场布"，单击"拟建建筑"，进入"编辑拟建/编辑体块"界面。

图7-2-8　施工大门绘制效果图

②在编辑轮廓线界面中绘制轮廓，调整拟建属性，单击上方工具栏区域的"√"，即可完成拟建的创建。拟建属性包括基本属性、拟建平面视图及出图中的名称及高度显示、拟建材质及女儿墙的有无、当前拟建自身底部高度及顶部高度定位信息、拟建整体的定位标高。选中创建完成的拟建建筑物，在属性面板中可以修改其总体高度、层数、层高、定位基准及基准偏移等参数。

③选择拟建建筑物，在左侧边栏单击"编辑拟建"，或者直接双击拟建建筑物，即可进入编辑流程。

拟建建筑物绘制效果图如图 7-2-9 所示。

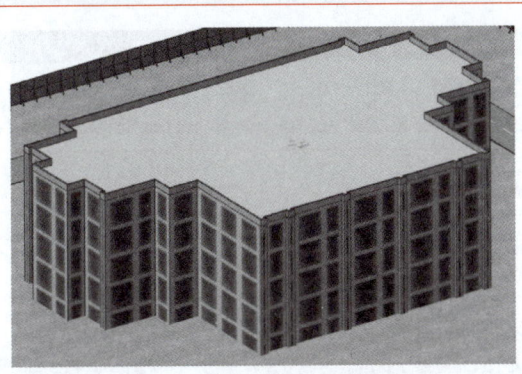

图 7-2-9　拟建建筑物绘制效果图

（2）外脚手架

支持自动生成和手动绘制外脚手架。支持创建扣件式、爬架式、盘扣式三种架体。

支持直线、弧线脚手架的绘制。自动生成脚手架的步骤如下：

① 单击"施工场布"，单击"外脚手架"，单击"自动生成"。

② 选择拟建体（当存在多个拟建时，支持框选）。

③ 出现"自动生成脚手架"的设置面板，调整相关参数。其中，"排布范围"用来确定架体排布方式（落地式、悬挑式）、底部标高及总高度，"架体"用来确定架体的类型、排距和与建筑的间距。

④ 单击排布后，即可自动生成外脚手架。

外脚手架绘制效果图如图 7-2-10 所示。

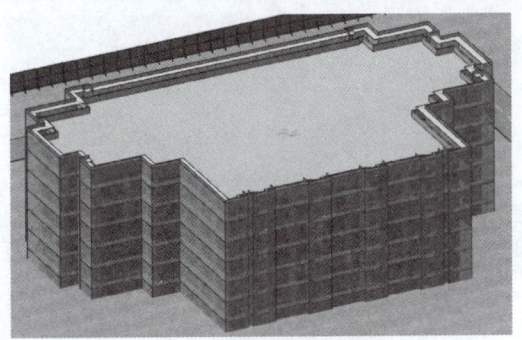

图 7-2-10　外脚手架绘制效果图

（3）塔吊

通过点式族放置的方式将塔吊放置在项目中。单击"施工场布"，单击"塔吊"，单击"绘制"。塔吊绘制效果图如图 7-2-11 所示。

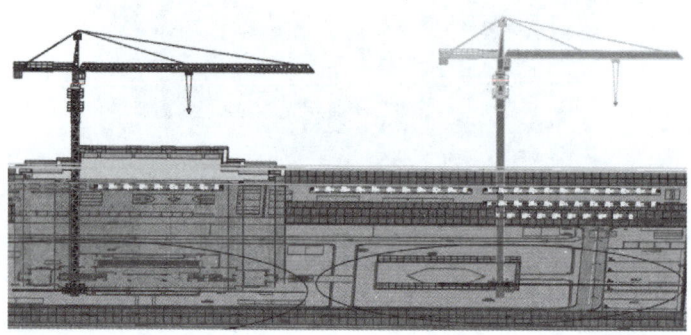

图 7-2-11　塔吊绘制效果图

（4）堆场及加工场

堆场及加工场绘制效果图如图 7-2-12 所示。

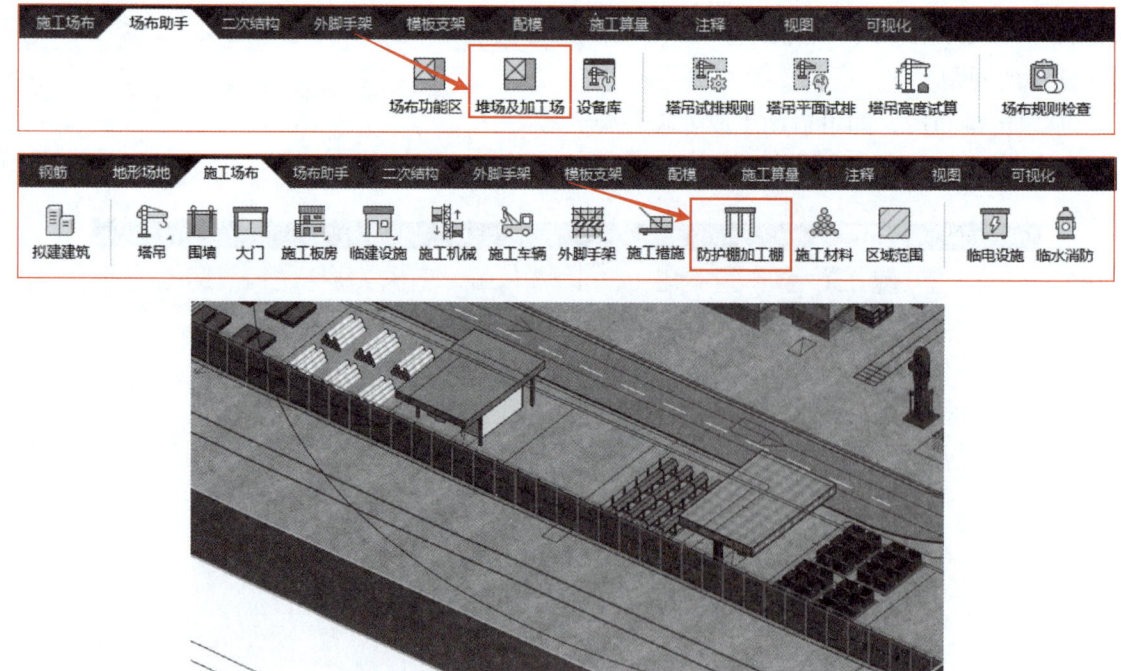

图 7-2-12　堆场及加工场绘制效果图

（5）施工板房

① 单击"施工场布"，单击"施工板房"。

② 在平面视图中，2个定位点确定一字型板房的定位方向，在属性面板预设参数，修改板房的开间个数、层数等信息。

③ 在放置第2个定位点前，按空格键改变活动板房的房间朝向（显示的蓝色箭头表示板房的朝向）。

④ 选中施工板房整体，在属性面板继续调整施工板房的参数，在项目环境下选中施工板房，在属性中可修改底层板房、顶层板房、楼梯、走廊的类型，施工板房的"开间""进深""层数""层高""开间个数"属性及"定位表面""偏移"属性。

⑤ 按 tab 键可以切换到施工板房的子构件并对其进行修改，可以删除子构件，也可以修改子构件属性，形成更丰富的造型。

施工库房绘制效果图如图 7-2-13 所示。

（6）施工机械

以"施工电梯"为例，其绘制步骤如下：

① 单击"施工场布"，单击"施工机械"，在属性面板中，构件类别选择为"施工电梯"。

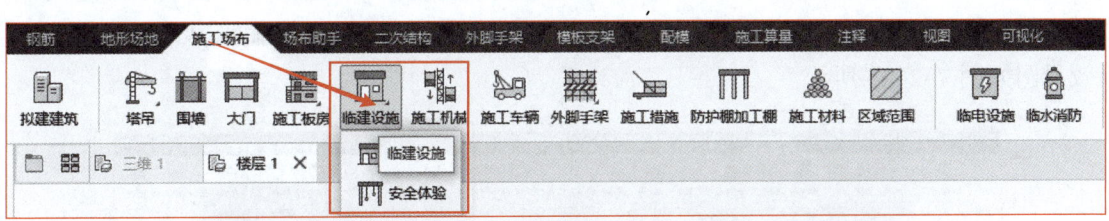

图 7-2-13　施工库房绘制效果图

② 在左侧设置中调整放置信息，在预设参数中调整放置方式，然后放置构件。

③ 选中施工电梯，在左侧属性面板中可调整该构件参数化属性。

④ 单击属性面板中的"+"，可增加施工电梯类型。施工电梯绘制效果图如图 7-2-14 所示。

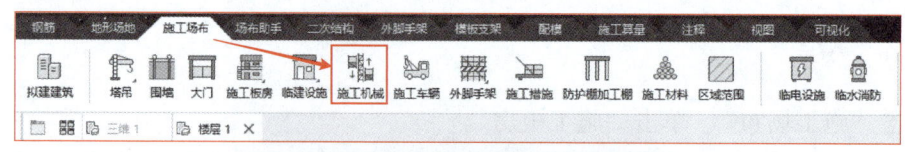

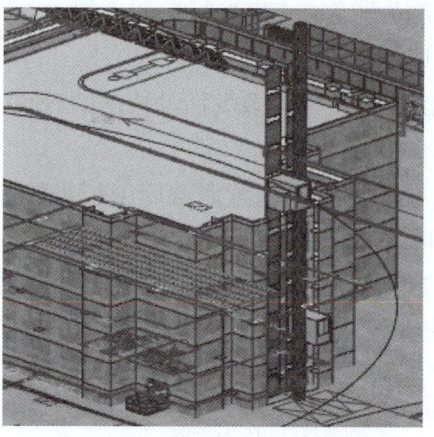

图 7-2-14　施工电梯绘制效果图

（7）临边防护

通过临边防护中的绘制功能，可根据结构轮廓自由绘制临边防护，具体操作步骤如下：单击"施工场布"，单击"更多构件"，选择"绘制临边防护"，进入草图模式绘制迹线，完成编辑，生成临边防护，也可以通过双击临边防护进入临边防护迹线编辑模式。临边防护绘制效果图如图 7-2-15 所示。

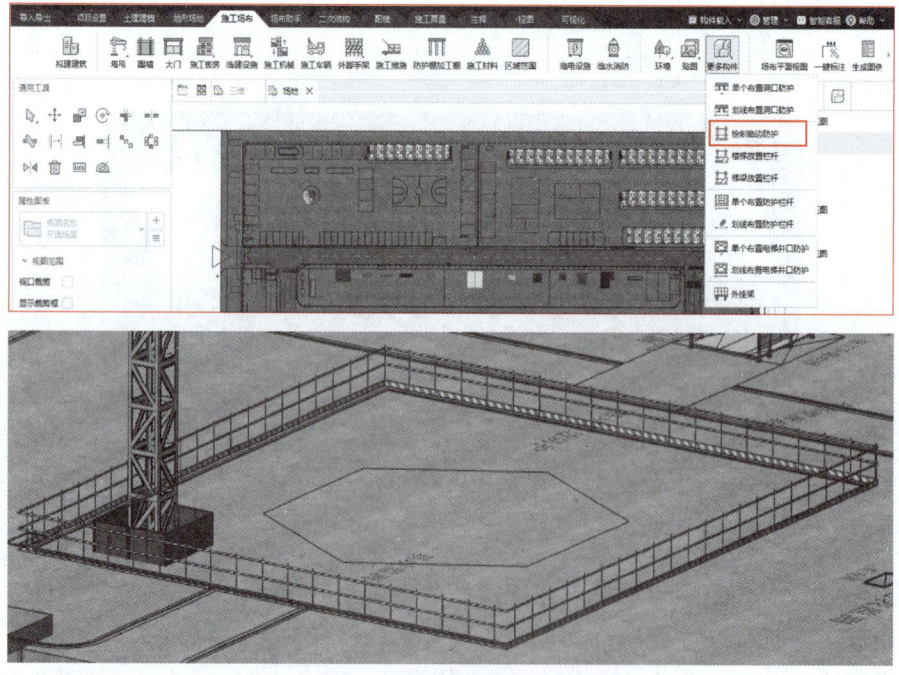

图 7-2-15　临边防护绘制效果图

（1）活动板房

活动板房的绘制步骤同施工区的施工板房。活动板房绘制效果图如图 7-2-16 所示。

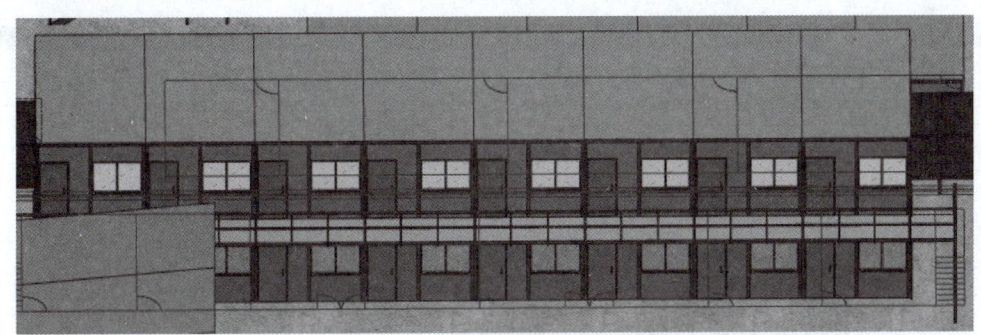

图 7-2-16　活动板房绘制效果图

（2）旗台

单击"临建设施"，单击左侧菜单中的旗台，根据参数要求编辑。旗台绘制效果图如图 7-2-17 所示。

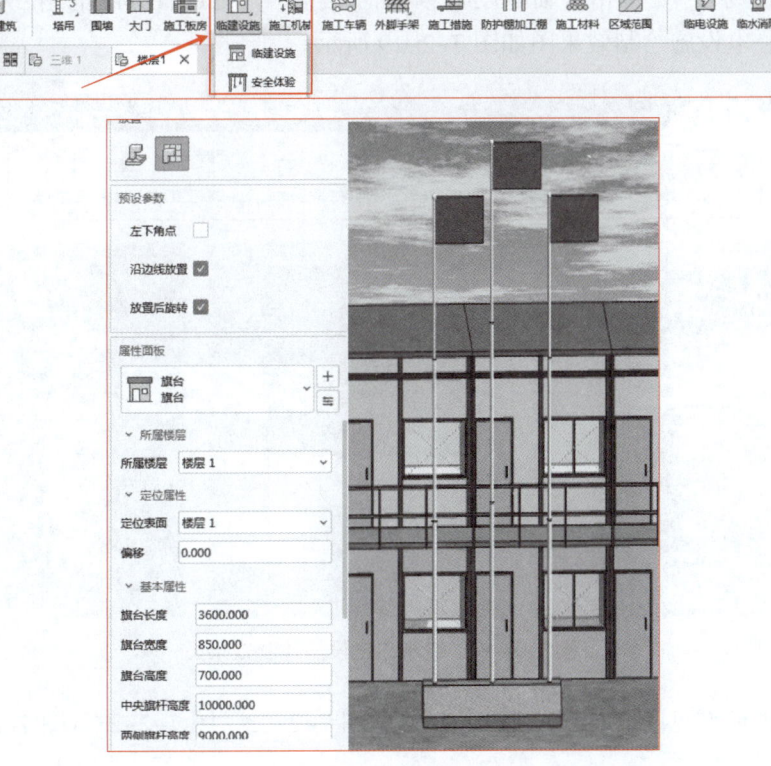

图 7-2-17　旗台绘制效果图

（3）环境设施

单击"施工场布"，单击"环境"，可放置花坛、树木、花草、人物等构件。环境设施绘制效果图如图 7-2-18 所示。

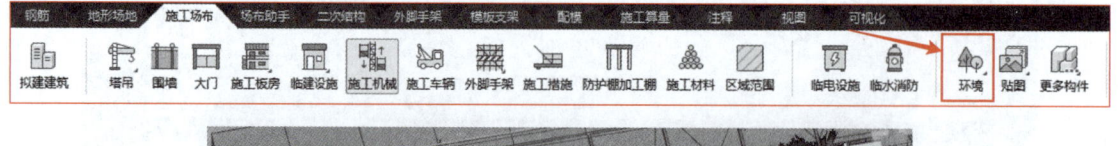

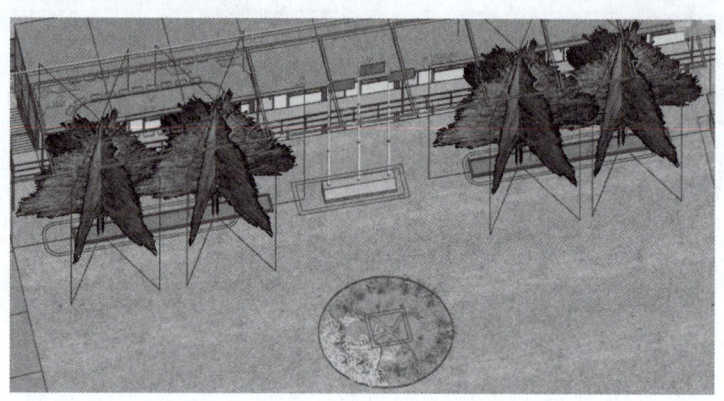

图 7-2-18　环境设施绘制效果图

第八步　临水临电设施

单击"施工场布"，单击"临电设施""临水消防"，可放置分配电箱、配电室、抽水泵等构件。临水临电设施绘制效果图如图 7-2-19 所示。

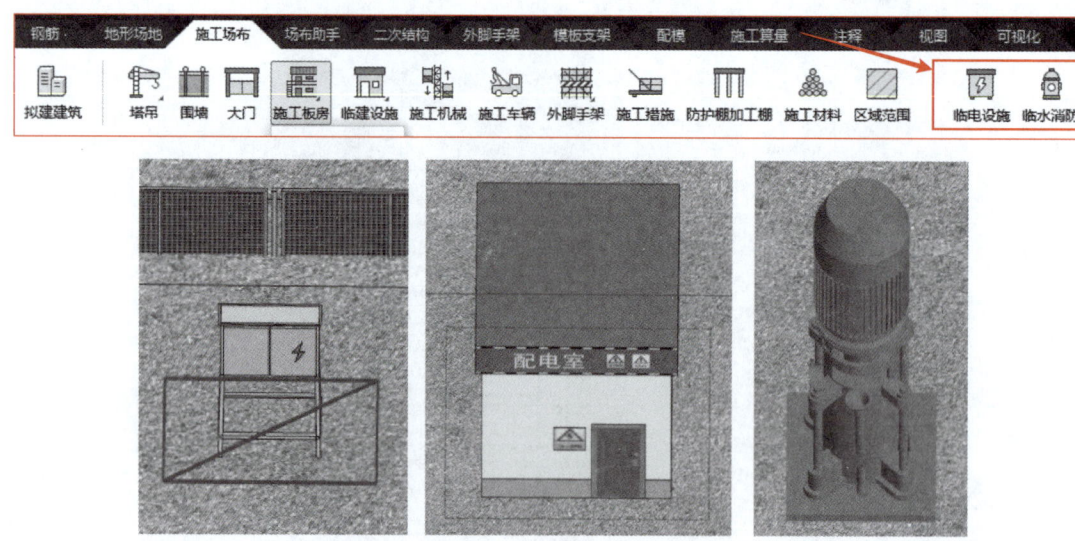

图 7-2-19　临水临电设施绘制效果图

各阶段场地模型见图 7-2-20、图 7-2-21、图 7-2-22、图 7-2-23、图 7-2-24。

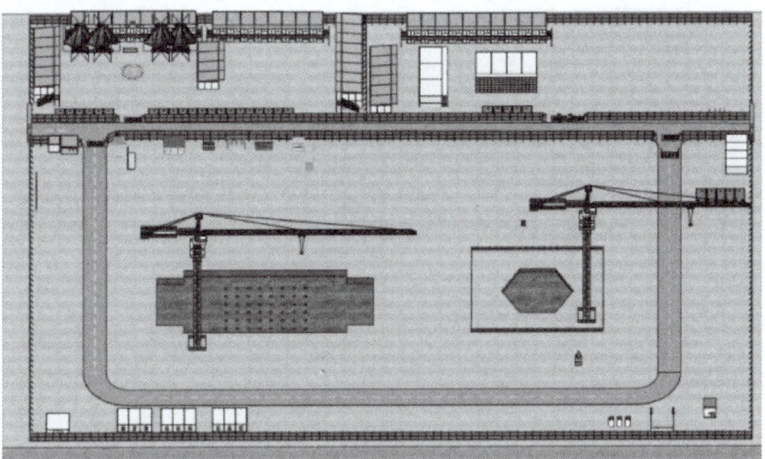

图 7-2-20

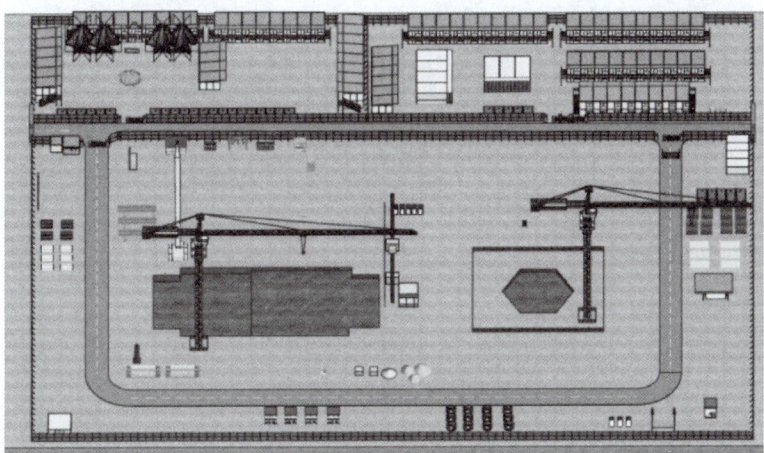

图 7-2-21

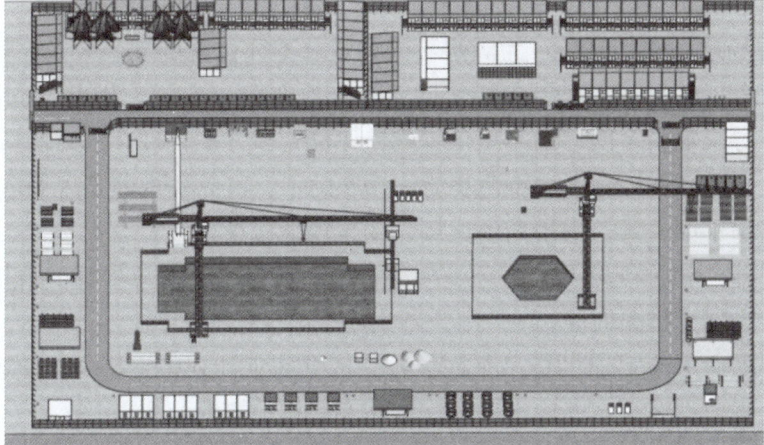

图 7-2-22

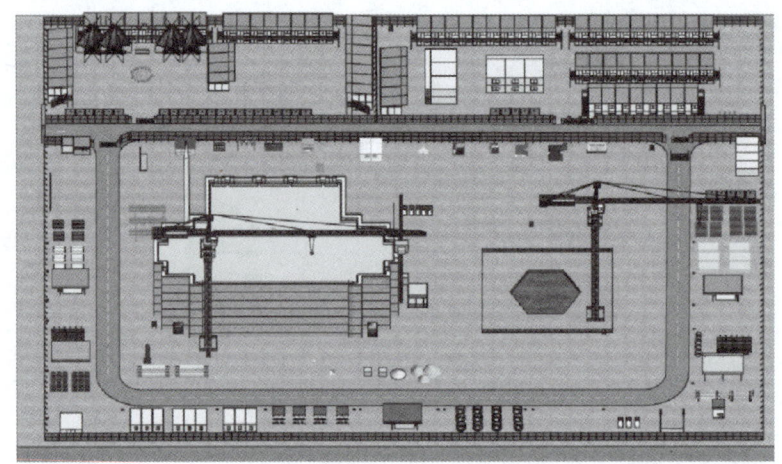

图 7-2-23

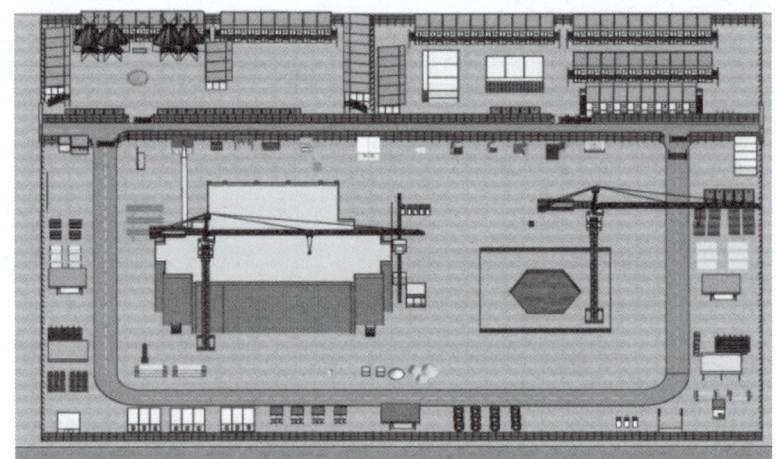

图 7-2-24

3. 软件特色功能

由于施工现场通常较为复杂，为满足不同材料、不同位置的起吊要求，经常需要多台塔式起重机协同工作，为此还需编制多塔协同工作专项方案。在方案设计过程中，在满足施工需求的情况下，寻求最少台次、最小死角等成为评价专项方案合理性的硬性指标。

通过广联达 BIMMAKE 软件的特色功能—场布助手，可以实现施工现场塔吊的快速排布，其主要流程为塔吊平面试排、塔吊高度试算、场布规则检查。

塔吊平面试排：根据规则及施工环境模型，快速获得符合设计参数的群塔布置全局最优方案，节约初步方案的推敲时间。

塔吊高度试算：基于已有的塔吊平面位置，依据施工计划中安排的拟建建设高度，对群塔的高度进行一键自动试算，并输出群塔安装高度等技术参数。

场布规则检查：快速检查项目的合规性和合理性，定位有问题的模型对象及技术参数，帮助用户快速修改方案。

技能实训：

根据图 7-2-25 所示的某工程施工现场平面布置图，完成 BIM 施工现场平面布置的建模。

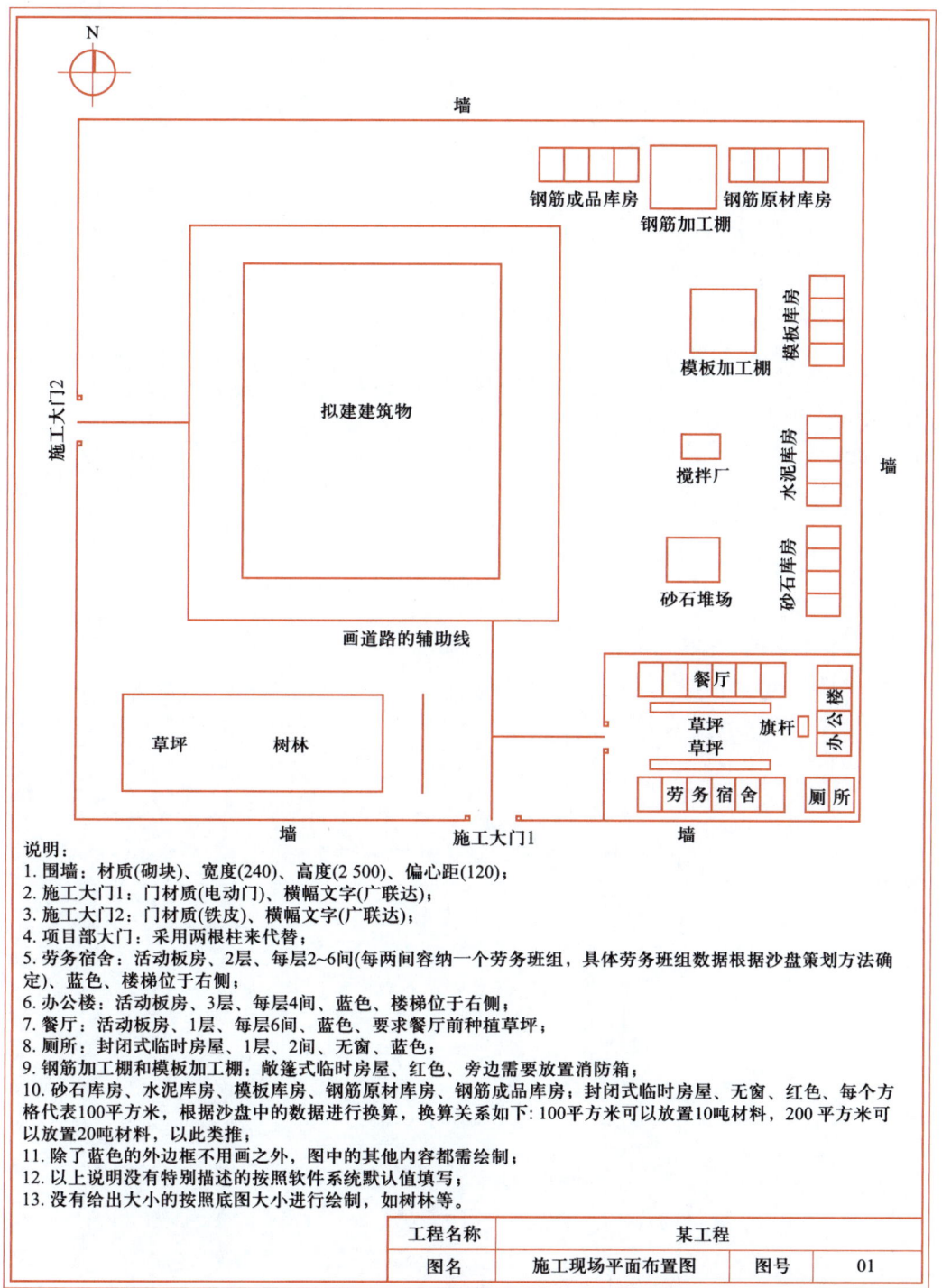

说明：

1. 围墙：材质(砌块)、宽度(240)、高度(2 500)、偏心距(120)；
2. 施工大门1：门材质(电动门)、横幅文字(广联达)；
3. 施工大门2：门材质(铁皮)、横幅文字(广联达)；
4. 项目部大门：采用两根柱来代替；
5. 劳务宿舍：活动板房、2层、每层2~6间(每两间容纳一个劳务班组，具体劳务班组数据根据沙盘策划方法确定)、蓝色、楼梯位于右侧；
6. 办公楼：活动板房、3层、每层4间、蓝色、楼梯位于右侧；
7. 餐厅：活动板房、1层、每层6间、蓝色、要求餐厅前种植草坪；
8. 厕所：封闭式临时房屋、1层、2间、无窗、蓝色；
9. 钢筋加工棚和模板加工棚：敞篷式临时房屋、红色、旁边需要放置消防箱；
10. 砂石库房、水泥库房、模板库房、钢筋原材库房、钢筋成品库房：封闭式临时房屋、无窗、红色、每个方格代表100平方米，根据沙盘中的数据进行换算，换算关系如下：100平方米可以放置10吨材料，200平方米可以放置20吨材料，以此类推；
11. 除了蓝色的外边框不用画之外，图中的其他内容都需绘制；
12. 以上说明没有特别描述的按照软件系统默认值填写；
13. 没有给出大小的按照底图大小进行绘制，如树林等。

工程名称		某工程		
图名		施工现场平面布置图	图号	01

图 7-2-25　某工程施工现场平面布置图

模块八
编制施工管理计划

【学习目标】

知识目标：

1. 掌握进度管理计划、质量管理计划、安全管理计划、环境管理计划、成本管理计划的编制内容。

2. 了解其他管理计划的编制内容。

能力目标：

能编制进度管理计划、质量管理计划、安全管理计划、环境管理计划、成本管理计划。

素养目标：

1. 培养工程系统观和工程社会观。

2. 具有工程质量、安全生产、生态保护意识。

【思维导图】

```
模块八                          任务 施工管理              进度管理计划
编制施工管理计划    ————    计划的编制      ————    质量管理计划
                                                    安全管理计划
                                                    环境管理计划
                                                    成本管理计划
```

任务 施工管理计划的编制

◎【任务引入】

　　施工管理计划目前大多作为管理和技术措施编制在施工组织设计中，这是施工组织设计中必不可少的内容。施工管理计划包括进度管理计划、质量管理计划、安全管理计划、环境管理计划、成本管理计划及其他管理计划内容。各项管理计划的编制，可根据工程的具体情况加以取舍。在编制施工组织设计文件时，各项管理计划可单独成章，也可穿插在施工组织设计的相应章节中。

　　根据给定的楚雄职教办公楼工程项目的相关资料，下面编制主要施工管理计划。

◎【知识链接】

1. 进度管理计划

　　进度管理计划是保证实现项目施工进度目标的管理计划，包括对进度及其偏差进行检查、分析、采取必要措施和计划变更等。施工进度计划的实现离不开管理上和技术上的具体措施。另外，在工程施工进度计划的执行过程中，各方面条件的变化经常使实际进度脱离原计划，这就需要施工管理者随时掌握施工进度，检查和分析进度计划的实施情况，及时进行必要的调整，以保障施工进度目标的实现。

施工进度
保证措施

（1）进度管理计划的编制要求

　　不同工程项目的施工技术规律和施工顺序不同。即使是同一类工程项目，其施工顺序也难以做到完全相同。因此，进度管理计划需要根据工程特点，按照施工的技术规律和合理的组织关系，解决各工序在时间上和空间上的先后顺序和搭接问题，以达到保证质量、安全施工、充分利用空间、争取时间、实现经济合理安排进度的目的。

（2）进度管理计划的内容

　　进度管理计划应包括下列内容：

　　① 对项目施工进度计划进行逐级分解，通过阶段性目标的实现保证最终工期目标的完成。

　　在施工活动中，通常通过对最基础的分部（分项）工程的施工进度控制，来保证各个单项（单位）工程或阶段工程进度控制目标的完成，进而实现项目施工进度控制的总体目标；因而需要将总体进度计划进行从总体到细部、从高层次到基础层次的层层分解，一直分解到在施工现场可以直接调度的分部（分项）工程或施工作业过程为止。

　　② 建立施工进度管理的组织机构并明确职责，制定相应管理制度。

　　施工进度管理的组织机构是实现进度计划的组织保证，它既是施工进度计划的实施组织，又是施工进度计划的控制组织；既要承担进度技术实施赋予的生产管理和施工任务，又要负责进度目标控制，因此需要严格落实有关管理制度和职责。

③ 针对不同施工阶段的特点，制定进度管理的相应措施，包括施工组织措施、技术措施和合同措施等。

④ 建立施工进度动态管理机制，及时纠正施工过程中的进度偏差，并制定特殊情况下的赶工措施。面对不断变化的客观条件，施工进度往往会产生偏差；当实际进度比计划进度超前或落后时，控制系统就要作出应有的反应：分析偏差产生的原因，采取相应的措施，调整原来的计划，使施工活动在新的起点上按调整后的计划继续运行，直至实现预期计划目标。

⑤ 根据项目周边环境特点，制定相应的协调措施，减少外部因素对施工进度的影响。项目周边环境是影响施工进度的重要因素之一，其不可控性大，因此，必须重视诸如环境扰民、交通组织和偶发意外等因素，并采取相应的协调措施。

2. 质量管理计划

施工质量
保证措施

质量管理计划是保证实现项目施工质量目标的管理计划，包括组织机构设置、职责划分、程序制定以及采取的措施和资源配置等。工程质量目标的实现需要具体的管理和技术措施，根据工程质量形成的时间阶段，工程质量管理可分为事前管理、事中管理和事后管理，质量管理的重点应放在事前管理。

（1）质量管理计划的编制依据

质量管理计划可参照《质量管理体系要求》（GB/T 19001—2016），在施工单位质量管理体系的框架内编制。施工单位应按照《质量管理体系要求》建立本单位的质量标准管理体系文件，既可以独立编制质量计划，也可以在施工组织设计中合并编制质量计划的内容。质量管理应按照 PDCA 循环模式，加强过程控制，通过持续改进不断提高工程质量。

（2）质量管理计划的内容

质量管理计划应包括下列内容：

① 按照项目具体要求确定质量目标并进行目标分解，质量指标应具有可测量性。应制定具体的项目质量目标，质量目标不低于工程合同明示的要求，质量目标应尽可能量化，并层层分解到最基层，建立阶段性目标。

② 建立项目质量管理的组织机构并明确职责。应明确质量管理组织机构中各重要岗位的职责，特别是与质量有关的岗位的职责，与质量有关的各岗位人员应具备与职责要求匹配的相应知识、能力和经验。

③ 确定质量控制点，分析质量管理的重点和难点，确定关键过程和特殊过程。

④ 制定符合项目特点的技术保障和资源保障措施，通过可靠的预防控制措施，保证质量目标的实现。

应采取各种有效措施，确保项目质量目标的实现。这些措施包含但不局限于：原材料、构配件、机具的质量要求和检验；主要的施工工艺、质量标准和检验方法；夏期、冬期和雨期施工的技术措施；关键过程、特殊过程、重点工序的质量保证措施；成品、半成品的保护措施；工作场所环境以及劳动力和资金保障措施等。

⑤ 制定现场质量管理制度。现场质量管理制度包括培训上岗制度；质量否决制度；成品保护制度；质量文件记录制度；工程质量事故报告及调查制度；工程质量检查及验收制度；样板引路制度；自检、互检和专业检查的"三检"制度；单位（子单位）工程竣工检查验收；原材料及构件试验、检验制度；分包工程（劳务）管理制度等。

⑥ 建立质量过程检查制度，并对质量事故的处理做出相应规定。

按质量管理八项原则中的过程方法要求，将各项活动和相关资源作为过程进行管理，建立质量过程检查、验收以及质量责任制等相关制度，对质量检查和验收标准做出规定，采取有效的纠正和预防措施，保障各工序和过程的质量。

3. 安全管理计划

安全管理计划是保证实现项目施工职业健康安全目标的管理计划，包括组织机构设置、职责划分、程序制定以及采取的措施和资源配置等。

建筑工程施工安全管理应贯彻"安全第一、预防为主"的方针。施工现场的大部分伤亡事故是由于没有安全技术措施、缺乏安全技术知识、不做安全技术交底、安全生产责任不落实，以及违章指挥、违章作业造成的。因此，必须建立完善的施工现场安全生产保证体系。

施工安全
保证措施

（1）安全管理计划的编制依据

安全管理计划可参照《职业健康安全管理体系要求及使用指南》（GB/T 45001—2020），在施工单位安全管理体系的框架内编制。

目前，大多数施工单位已基于该规范通过了职业健康安全管理体系认证，建立了企业内部安全管理体系。安全管理计划应在企业安全管理体系的框架内，针对项目的实际情况编制。

（2）安全管理计划的内容

安全管理计划应包括下列内容：

① 确定项目重要危险源，制定项目职业健康安全管理目标。

② 建立有管理层次的项目安全管理组织机构并明确各岗位职责。

③ 根据项目特点，进行职业健康安全方面的资源配置。

④ 建立具有针对性的安全生产管理制度和职工安全教育培训制度。施工现场安全生产管理制度包含：安全检查制度、安全教育培训制度、设备设施验收制度、班前安全活动制度、安全值班制度、特种作业人员管理制度、安全生产责任制、安全生产责任制考核制度、安全生产责任目标考核制度、事故报告制度、安全防护费用与准用管理制度、安全技术交底制度等。

⑤ 针对项目重要危险源，制定相应的安全技术措施；对达到一定规模的危险性较大的

分部（分项）工程和特殊工种的作业，应制定专项安全技术措施的编制计划。安全技术措施包括：防火、防毒、防爆、防洪、防尘、防雷击、防触电、防坍塌、防物体打击、防机械伤害、防高空坠落和防交通事故，以及防寒、防暑、防疫等措施。

⑥ 根据季节、气候的变化，制定相应的季节性安全施工措施。

⑦ 建立现场安全检查制度，并对安全事故的处理做出相应规定。建筑施工安全事故（危害）通常分为七大类：高处坠落、机械伤害、物体打击、坍塌倒塌、火灾爆炸、触电、窒息中毒。

安全管理计划应针对项目具体情况，建立安全管理组织，制定相应的管理目标、管理制度、管理控制措施和应急预案等。同时，现场安全管理应符合国家和地方政府部门的要求。

4. 环境管理计划

施工环境保证措施

建设工程项目环境管理的目的是保护生态环境，使社会的经济发展与人类的生存环境相协调。应控制作业现场的各种粉尘、废水、废气、固体废弃物以及噪声、振动对环境的污染和危害，考虑能源节约和避免资源浪费。

环境管理计划是保证实现项目施工环境目标的管理计划，包括组织机构设置、职责划分、程序制定以及采取的措施和资源配置等。建筑工程施工过程中不可避免地会产生施工垃圾、粉尘、污水以及噪声等环境污染，制定环境管理计划就是要通过可行的管理和技术措施，使环境污染降到最低水平。

（1）环境管理计划的编制依据

环境管理计划可参照《环境管理体系要求及使用指南》（GB/T 24001—2016），在施工单位环境管理体系的框架内编制。

施工现场环境管理越来越受到建设单位和社会各界的重视，同时各地方政府也不断出台新的环境监管措施，环境管理计划已成为施工组织设计的重要组成部分。对于已通过环境管理体系认证的施工单位，环境管理计划应在企业环境管理体系的框架内，针对项目的实际情况编制。

（2）环境管理计划的内容

环境管理计划应包括下列内容：

① 确定项目重要环境因素，制定项目环境管理目标。

② 建立项目环境管理的组织机构并明确职责。

③ 根据项目特点，进行环境保护方面的资源配置。

④ 制定现场环境保护的控制措施和保障措施，包括：现场泥浆、污水和排水的处理；现场爆破危害防止；现场打桩振害防止；现场防尘和防噪声；现场地下旧有管线或文物保护；现场熔化沥青及其防护；现场及周边交通环境保护；以及现场卫生防疫和绿化工作。

⑤ 建立现场环境检查制度，并对环境事故的处理做出相应规定。

5. 成本管理计划

成本管理计划是保证实现项目施工成本目标的管理计划，包括成本预测、实施、分析，以及采取的必要措施和计划变更等。

由于建筑产品的生产周期长，施工成本控制的难度较大。成本管理的基本原理是把计划成本作为施工成本的目标值，在施工过程中定期地进行实际值与目标值的比较，通过比较找出实际成本与计划成本之间的差距，分析产生偏差的原因，并采取有效的措施加以控制，以保证目标值的实现或减小差距。

（1）成本管理计划的编制依据

成本管理计划以项目施工预算和施工进度计划为依据进行编制。

（2）成本管理计划的内容

成本管理和其他施工目标管理类似，开始于目标的确定，继而进行目标分解，组织人员配备，落实相关管理制度和措施，并在实施过程中进行纠偏，以实现预定的目标。成本管理计划应包括下列内容：

① 根据项目施工预算，制定项目施工成本目标。

② 根据施工进度计划，对项目施工成本目标进行阶段分解。

③ 建立施工成本管理的组织机构并明确职责，制定相应管理制度。

④ 采取合理的技术、组织和合同等措施，控制施工成本。

⑤ 确定科学的成本分析方法，制定必要的纠偏措施和风险控制措施。

（3）成本与进度、质量、安全、环境之间的关系

成本管理是与进度管理、质量管理、安全管理和环境管理等同时进行的，是整体施工目标系统管理活动的重要组成部分。在成本管理中，要协调好与进度管理、质量管理、安全管理和环境管理等的关系，不能片面强调成本节约。

❁【任务实施】

楚雄职教办公楼工程项目主要施工管理计划如下：

第一步　进度管理计划

① 建立完善的生产计划保证体系，明确职责与分工。

② 制定分级控制保证计划：根据总控计划编制月控制计划，根据月控制计划编制周控制计划，实行日保周、周保月、月保总控计划的管理方式。

③ 各级生产计划的落实方式：根据进度计划、工程量和流水段划分合理安排劳动力和投入生产设备，保证按照进度计划的要求完成任务。

④ 缩短工期的技术措施：加强对操作人员质量意识的培养，提高施工质量和一次成活率。一次成活率达到质量标准，将加快施工速度，从而可以保证施工进度。

⑤ 组织与协调的方式：加强例会制度，及时解决矛盾、协调关系，保证按照施工进度计划进行。

在该工程中，将采用三级施工计划立体管理模式，建立完善的计划体系是掌握施工管理主动权、控制施工生产局面、保证工程进度的关键一环。该项目的计划体系由总进度控制计划、分阶段进度控制计划和月、周、天进度控制计划组成。总进度控制计划把控整体框架，必须保证按时完成，分阶段进度控制计划按照总进度控制计划排定，只可提前不可延后，在安排施工生产时，按照分阶段进度控制计划制定月、周、天进度控制计划及总进度控制计划。立体计划管理体系如图 8-1-1 所示。

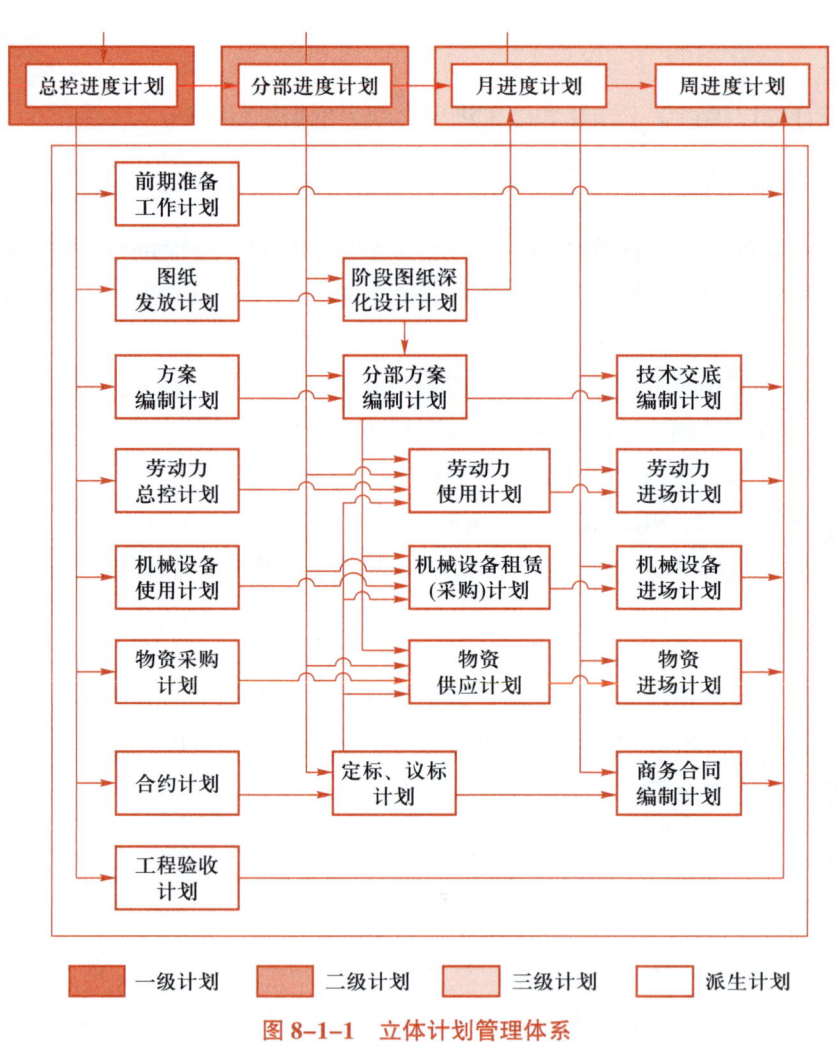

图 8-1-1　立体计划管理体系

第二步　质量管理计划

（1）建立质量管理保证体系

认真组织学习并执行有关规章制度，进行质量意识教育，牢固树立"质量是企业的生命"和"为用户服务"的思想。

按照相关要求建立质量保证体系，设立专职质检员岗位，建立岗位责任制，并建立相应的台账，经常检查质量保证体系的运转情况。

要根据专业特点制定该工程的质量管理重点，并成立 QC 小组，经常开展质量分析活动和劳动竞赛活动，做好记录。

（2）建立质量管理保证制度

建立各种制度以保证工程质量。如工程项目样板制、工程项目质量三检制、工程项目实测实量制、工程项目质量例会制、工程项目质量奖罚制等制度。

（3）落实质量管理保证制度

落实物资检验规定，严把材料进场关、加工订货关，对不合格产品坚决退掉。

落实过程检验及报验规定，加强三检制，做好验收工作。

落实不合格分项（工序）处理规定，坚持质量否决制度及质量分析例会，并认真对待实施的结果。

落实工程质量检验评定规定。对施工过程中及成品发现的质量问题应及时检查纠正，并逐级认真实施解决，对反复出现的质量问题应采取有效对策。

第三步　安全管理计划

（1）建立安全管理保障体系

以项目经理为第一责任人，项目安全主任主管项目安全管理体系，由于安全管理是项目管理的重中之重，公司安全生产监察管理部将对项目安全管理提供全程支持。

在总承包项目经理部下，设安全生产监察管理部，全面负责该工程的安全生产、文明施工与环境保护管理工作。安全主任在接受项目经理直接领导的同时，还受公司总部安全监督部的垂直管理。

作为总承包方，将要求各分包单位成立相应的安全与文明施工管理机构，以协助总承包项目经理部做好该分包单位的安全与文明施工管理等工作。

在安全机构的设置上，除安全生产监察管理部与安全总监专门负责安全外，其余工程管理人员也肩负着安全管理的重任，需积极配合项目安全管理工作，提供技术支持、机械管理、安全用品管理、施工过程监控等各项职责。

（2）建立安全管理保障制度

建立安全教育和持证上岗制度、安全活动制度、安全生产协议书制度、重大危险源识别制度、安全技术交底制度、安全检查和隐患整改制度、安全验收制度、安全生产奖罚制度、劳动保护管理制度、安全物资审核制度、安全资金专款专用制度、天气预报制度、特殊工种证书年审制度、危急情况停工制度、责任领导值班制度、重要过程旁站制度、防护变更批准制度、交通安全管理制度、安全管理智能化制度等。

（3）落实安全管理保障措施

落实临边、洞口安全防护措施，脚手架作业防护措施，模板堆放、吊运、装拆安全防护措施，个人防护措施，临时用电安全防护措施，通道安全防护措施，施工机械安全防护措施，大型设备吊装施工安全防护措施等。

第四步　环境管理计划

（1）大气环境保护

① 施工现场扬尘管理应严格遵守《中华人民共和国大气污染防治法》和地方有关法律、法规的规定。施工现场采取有效的防尘和降尘等保护措施。

② 水泥和其他易产生扬尘的细颗粒建筑材料应密闭存放保管，使用过程中要有防护措施。

③ 施工现场裸露地面要派专人负责洒水降尘。对大面积的裸露地面、坡面、集中堆放的土方应采用覆盖或固化的降尘措施，如：绿化、隔尘布遮盖、地面硬化或混凝土封盖等。

④ 施工现场设立垃圾站，对垃圾实行分类管理，及时分拣、回收和清运现场垃圾。垃圾清运应按照批准路线和时间到指定的消纳场所倾倒。

⑤ 遇有四级风以上天气不得进行土方回填、转运以及其他可能产生扬尘污染的作业施工。

⑥ 为了减少现场堆放的回填土产生粉尘，除采取覆盖措施外，还应派专人定时洒水。

⑦ 清理模板内已绑扎好的钢筋中残留的灰尘和垃圾时要尽量使用吸尘器，不得使用吹风机等易产生扬尘的设备。

⑧ 在采用机械剔凿作业时，可采用局部遮挡、掩盖或水淋等防护措施。作业人员必须按规定配备防护用品。

⑨ 施工现场建立洒水清扫制度，配备洒水设备，由专人负责。

⑩ 施工现场周围的围挡要保持清洁、严密。

（2）施工材料、垃圾的运输

① 运输车辆严禁超量装载。运输土方、渣土、垃圾等物质的车辆必须采用密封运输，必须持有市政管理部门批准的证件。

② 施工现场门口处铺垫防尘网，设置洗车池，对于粘有泥土的车辆用清水冲洗。车辆外部不准挂有拉运的物质，车轮不准带有泥土上路。

③ 运输水泥和其他易飞扬物及细颗粒散体材料时，车辆要覆盖严密或使用封闭车厢，防止遗洒和飞扬。

④ 对预拌混凝土的运输要加强防遗洒的管理，所有运输车卸料溜槽处必须装设防止遗撒的活动挡板。混凝土浇筑完后必须在现场清洗干净车辆方可离开。

⑤ 施工现场有毒、有害废弃物的运输应确保不遗洒、不混放，应送到政府批准的单位或场所进行处理、消纳。对可回收的废弃物做到回收利用。

（3）废气排放

① 施工车辆、机械、设备的尾气排放，应符合国家或地方规定的车辆排气污染物的排放标准。

② 施工车辆、机械、设备应定期维护，保持良好运作状态。

（4）噪声影响

① 施工现场应严格按照国家标准《建筑施工场界环境噪声排放标准》（GB 12523—2011）的要求，将噪声大的机具合理布局，闹静分开。合理安排噪声作业时间，减轻噪声扰民。

② 对施工机具设备进行良好维护，从声源上降低噪声。施工过程中设专人定期对搅拌机进行检查、维护、保养，如发现有松动、磨损，及时紧固或更换，降低噪音的同时保证处于良好的运行状态。

③ 对搅拌机、空气压缩机、木工机具等噪声大的机械，尽可能安排远离周围居民区一侧，从空间布置上减少噪声影响。

④ 施工现场应选用能耗低、性能好、技术含量高、噪声小的电动工具。

⑤ 对人为的施工噪声应有管理制度和降噪措施，如：施工时严禁敲打料斗、钢筋，夜间运输材料的车辆进入施工现场严禁鸣笛，装卸材料应做到轻拿轻放等，最大限度地减少噪声扰民。

⑥ 对混凝土输送泵、振捣棒、木工棚、电锯、钢筋加工场等强噪音设备及地点，要采取隔音、减震等降噪措施。

（5）降噪防护措施

① 施工中混凝土振捣棒、手动电锤、电锯等机具，应通过合理时间安排以减少噪声影响。

② 现场混凝土输送泵应设置隔音棚遮挡，实行封闭式隔音处理。

③ 现场混凝土振捣采用低噪音振捣棒，振捣混凝土时，不得振捣钢筋和模板，并做到快插慢拔，减少噪音的排放。

④ 模板加工的木工棚采用全封闭房间，门口挂降噪屏（工作时放下，起到隔音的作用），窗户用降噪屏封闭。

⑤ 现场进行钢筋加工及成型时，将钢筋加工机械安放在平整度较高的平台上，下垫木板，并定期检查各种零部件，如发现零部件有松动、磨损，及时紧固或更换。

⑥ 进行夜间施工作业的模板、脚手架的支搭、拆除、搬运必须轻拿轻放。

⑦ 根据噪音防治需要，将外脚手架满挂密目安全网，并在结构施工楼层设置降噪围挡。

⑧ 施工现场界内应设置噪音监控点，监测方法执行《建筑施工场界噪声测量方法》，噪声值不应超过国家或地方噪声排放标准。一旦施工噪音超标，要及时采取措施加以控制。

建筑施工场界噪声限制标准见表 8-1-1。

表 8-1-1　建筑施工场界噪声限制标准

施工阶段	主要噪声源	噪声限值 /dB	
		白天	夜间
土石方	推土机、挖掘机、装载机等	75	55
打桩	各种打桩机等	75	禁止施工
结构	混凝土搅拌机、振捣棒、电锯等	70	55
装修	吊车、升降机等	65	55

⑨ 必须进行夜间施工作业的，建设单位应当会同施工单位做好周边居民工作，并公布施工期限。

⑩ 在高考期间和高考前半个月内，除需按国家有关环境噪声标准的要求对施工现场的噪声进行严格控制外，还应夜间严禁施工。

（6）水污染

施工现场污水排放标准应符合国家标准《污水综合排放标准》（GB 8978—1996）的要求。对暴雨径流、生活污水、工程污水等不同来源的工地污水，采取去除泥沙、去除油污、分解有机物、沉淀过滤、酸碱中和等有针对性的处理方式。

① 生活污水排放处理措施。

施工现场食堂、餐厅应设隔油池，生活污水经隔油池沉淀后排入污水管网。隔油池应及时清理，清理后的废弃物需送到指定的地方进行消纳。生活垃圾运出现场前必须覆盖严实，不得出现遗洒。

② 生产污水排放处理措施。

混凝土输送泵及运输车辆清洗处应设置沉淀池（沉淀池的大小根据工程排污量设置），污水需经二次沉淀后方可循环使用或用于施工现场的洒水降尘。

（7）光污染

① 对施工场地直射光线和电焊眩光进行有效控制或遮挡，避免对周围区域产生不利干扰。

② 电焊作业应采取遮挡措施，避免电焊眩光外泄。

③ 施工现场大型照明灯安装要有俯射角度，要设置挡光板以控制照明光的照射角度，应无直射光线射入非施工区。

④ 夜间施工使用的照明灯，要采取遮光措施，限制夜间照明光线溢出施工场地范围，确保不对周围住户造成影响。

（8）施工周边区域的安全保护

① 在工程开工前，必须会同建设单位、监理单位对施工现场的周边交通状况、行人、集

贸市场和学校等人流密集区域，以及毗邻的高压线、建筑物、构筑物的安全状况，周边水体、地下管线等进行安全评估，制定相应的防范措施。

② 合理布置大型机械，实施科学的施工方案，确保施工不影响周边建筑物、构筑物的安全，避免对周围建筑、居民区产生有害干扰。

③ 施工过程中应对周边建筑物、构筑物及人员的安全做好防护、保护工作。

④ 施工期间对周边建筑物进行监测，在重点部位设立防护监测点，如：建筑物的沉降观测，临街道路的行人、车辆安全防护监测，高压线的防护监测等，对不利情况提出预警，及时制定应急预警方案。

第五步　成本管理计划

① 编制优化施工方案。在保证满足使用要求和设计意图的前提下，对施工方案的技术经济指标进行优化，达到节省造价的目的。

② 均衡流水施工工艺。运用均衡流水施工工艺划分流水段，施工过程中特别是装修阶段，合理科学地安排工序，以样板引路，确保一次成优。结合施工进度计划，合理安排材料设备进场时间，减少对大型机械、周转材料、资金的占用，同时降低保管费用。

③ 综合管理。减少临时设施的投入量，充分利用原有设施，提前工期，减少周转材料、机械设备等的使用周期，以降低成本。

⚛ 【任务拓展】

其他管理计划包括绿色施工管理计划、防火安全管理计划、合同管理计划、组织协调管理计划、创优质工程管理计划、质量保修管理计划以及对施工现场人力资源、施工机械、材料设备等生产要素的管理计划等。其他管理计划可根据项目的特点和复杂程度加以取舍。

各项管理计划的内容应包括目标、组织机构、资源配置、管理制度和技术、组织措施等。

下面以楚雄职教办公楼工程项目绿色施工管理计划为例。

1. 绿色施工管理目标

项目部就该工程环境保护、节材、节水、节能、节地等方面制定了绿色施工管理目标，并将该目标值细化到每个子项和各施工阶段。绿色施工目标为"争创楚雄市绿色安全文明施工样板工地"。

① 通过优良的设计和管理，优化生产工艺，采用适用技术、材料和产品。

② 合理利用和优化资源配置，改变消费方式，减少对资源的占有和消耗。

③ 因地制宜，最大限度利用本地材料与资源。

④ 最大限度地提高资源的利用效率，积极促进资源的综合循环利用。

⑤ 尽可能使用可再生的、清洁的资源和能源。

2. 组织机构

项目部成立绿色施工领导小组，公司领导或项目经理作为第一责任人，所属单位相关部门参与，并落实相应的管理职责，实行分级负责制度。

为贯彻落实"以资源的高效利用为核心，以环境的优先保护为原则"的指导思想，达到高效、低耗、环保、统筹兼顾的目标，实现经济、社会、环保（生态）综合效益最大化的绿色施工要求，建设单位、监理单位、施工单位共同成立绿色施工领导小组。绿色施工组织机构图如图8-1-2所示。

3. 实施措施

实施措施包括如下方面：

① 钢材、木材、水泥等建筑材料的节约措施。

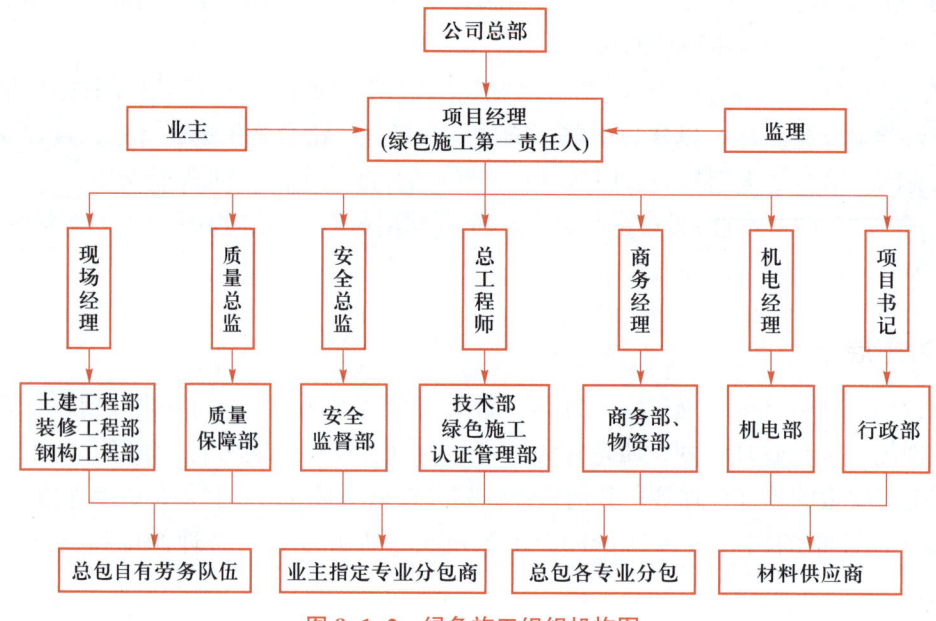

图8-1-2 绿色施工组织机构图

② 提高材料设备重复利用和周转次数、废旧材料的回收再利用措施。

③ 生产、生活、办公和大型施工设备的用水、用电等资源及能源的控制措施。

④ 环境保护措施如扬尘、噪声、光污染的控制及建筑垃圾的减量化措施等。

4. 技术措施

技术措施包括如下方面：

① 采用有利于绿色施工开展的新技术、新工艺、新材料、新设备。

② 采用创新的绿色施工技术及方法。

③ 采用工厂化生产的预制混凝土、配送钢筋等构配件。

④ 项目为达到方案设计中的节能要求而采取的措施等。

5. 智慧增绿在绿色施工中的应用

（1）环境在线监测系统

环境在线监测系统通过监测 24 小时环境变化曲线、月度环境变化曲线，对扬尘治理效果进行判断，或者根据趋势对未来情况进行预判，辅助管理人员对恶劣天气（如大风）做出应急措施（如塔吊停止运行），避免安全事故发生。环境在线监测系统如图 8-1-3 所示。

（2）自动喷淋控制系统

将项目环境监测系统与喷淋系统联动，当扬尘超过预警值时，自动启动喷淋系统进行降尘，并记录扬尘报警与恢复时间，完成扬尘管理闭环，即"报警—喷淋—恢复"。自动喷淋控制系统如图 8-1-4 所示。

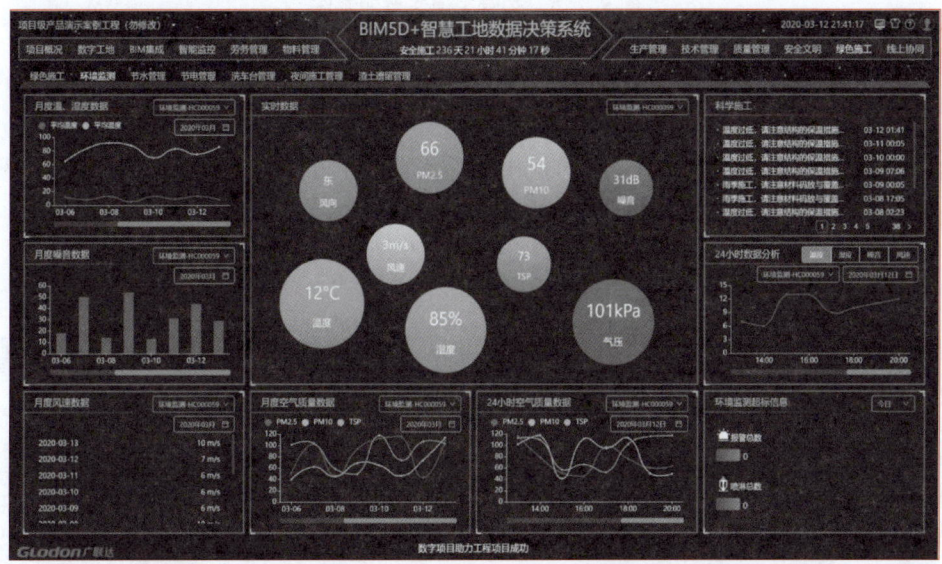

图 8-1-3　环境在线监测系统

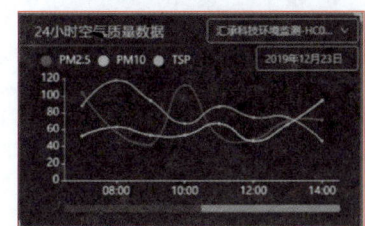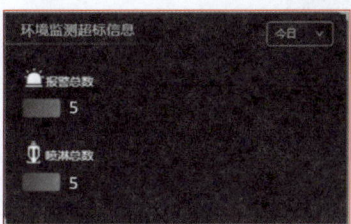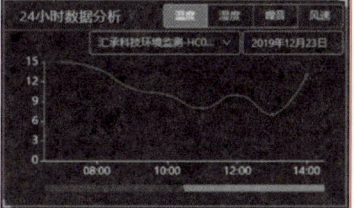

图 8-1-4　自动喷淋控制系统

（3）车辆未清洗监测系统

通过给洗车机加装红外对射装置和水流传感器，来判断离场车辆是否经过清洗，并抓拍洗车前后照片，自动识别车型及车牌信息。如果监测到离场车辆未清洗，将自动生成报警信息并汇总。车辆未清洗监测系统如图 8-1-5 所示。

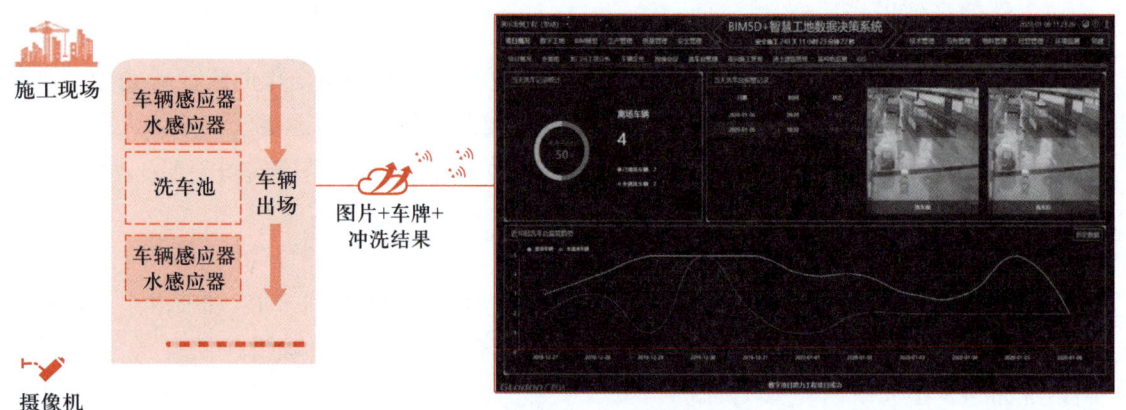

图 8-1-5　车辆未清洗监测系统

（4）智能水表

智能水表采用 NB-IoT 技术，实时监测用水量，通过与计划值进行对比，分析现场用水量是否超标，为项目节水管理提供数据支撑。智能水表如图 8-1-6 所示。

（5）智能电表

智能电表采用 NB-IoT 技术，实时监测用电量，通过与计划值进行对比，分析现场用电量是否超标，为项目节电管理提供管理依据。智能电表如图 8-1-7 所示。

图 8-1-6　智能水表

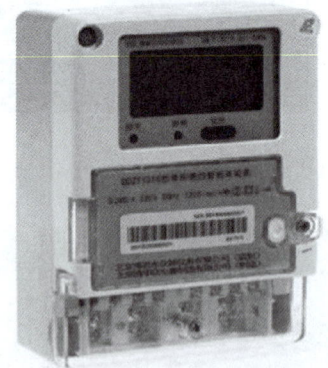

图 8-1-7　智能电表

❀【学习自测】

一、单项选择题

1. 以下哪项不属于进度计划管理的内容（　　　）。

A. 确定质量控制点，分析质量管理的重点和难点，确定关键过程和特殊过程

B. 对项目施工进度计划进行逐级分解，通过阶段性目标的实现保证最终工期目标的完成

C. 建立施工进度动态管理机制，及时纠正施工过程中的进度偏差，并制定特殊情况下的赶工措施

D. 建立施工进度管理组织机构并明确职责，制定相应管理制度

2. 以下不属于确保工程项目质量目标实现措施的是（　　　　）。

A. 原材料、构配件、机具的质量要求和检验

B. 制定夏期、冬期和雨期施工的技术措施

C. 建立质量检验制度

D. 合理使用资金，做好预算，按计划控制成本

3. 以下不属于施工现场安全生产管理制度的是（　　　　）。

A. 安全教育培训制度

B. 设备设施检验制度

C. 工程质量检查与验收制度

D. 安全生产责任目标考核制度

4. 以下哪项不属于环境计划的内容（　　　　）。

A. 噪声污染控制措施

B. 设置门卫室

C. 水源污染控制措施

D. 大气污染控制措施

5. 以下哪项不属于成本计划的内容（　　　　）。

A. 根据项目施工预算，制定项目施工成本目标

B. 建立质量过程检查制度，并对质量事故的处理做出相应规定

C. 建立施工成本管理的组织机构并明确职责，制定相应管理制度

D. 确定科学的成本分析方法，制定必要的纠偏措施和风险控制措施

二、技能实训

背景资料：某办公楼工程项目，建筑面积为 45 000 m²，包含地下 2 层与地上 26 层，采用框架剪力墙结构，设计基础底标高为 −9.0 m，整体由主楼和附属用房两部分组成。基坑支护采用复合土钉墙，地质资料显示，该开挖区域为粉质黏土且局部有滞水层。

项目部在编制的"项目环境管理计划"中，有下列内容：（1）确定了项目施工环境保护目标。包括：污染固废物 100% 回收处理；严格控制噪声排放；施工酸碱废水二次处理达标排放；杜绝放射性泄漏；及时修整、恢复施工过程中受到破坏的生态环境；施工生活区废水达二级排放。（2）根据项目特点，制定了一系列现场环境保护的控制措施。

问题：该事件中，项目环境管理计划还应包括哪些工作内容？

参考文献

［1］曹世勇 . BIM 施工组织设计 [M]. 武汉：中国地质大学出版社，2021.

［2］王利文 . 土木工程施工组织与管理 [M]. 北京：中国建筑工业出版社，2021.

［3］危道军 . 建筑施工组织 [M].4 版 . 北京：中国建筑工业出版社，2017.

［4］蔡雪峰 . 建筑工程施工组织管理 [M]. 北京：高等教育出版社，2021.

［5］建筑施工手册编写组 . 建筑施工 [M].5 版 . 北京：中国建筑工业出版社，1997.

读者意见反馈

为收集对教材的意见建议，进一步完善教材编写并做好服务工作，读者可将对本教材的意见建议通过如下渠道反馈至我社。

咨询电话　400-810-0598
反馈邮箱　gidzfwb@pub.hep.cn
通信地址　北京市朝阳区惠新东街 4 号富盛大厦 1 座
　　　　　高等教育出版社总编辑办公室
邮政编码　100029

授课教师如需获得本书配套教辅资源，请登录"高等教育出版社产品信息检索系统"（https://xuanshu.hep.com.cn/）搜索下载，首次使用本系统的用户，请先进行注册并完成教师资格认证。